In Geheimer Mission

Geheimakte MARS 15

© 2023 D. W. McGillen

Umschlagsfoto: Mit Lizenz

Paperback: ISBN: 9781537056012
Imprint: Independently published

Hardcover: ISBN: 9798857598672
Imprint: Independently published

ISBN-e-Book: ebenfalls erhältlich:

Das Werk, einschließlich seiner Teile ist urheberrechtlich geschützt. Jede Verwertung ist ohne die Zustimmung des Verlages und des Autors unzulässig. Die Namen der Personen und die Handlung sind frei erfunden.

D.W. McGillen, 15.08.2023

Auch erhältlich:

Geheimakte Mars 01: Suche nach dem Ursprung
Geheimakte Mars 02: Erde in Gefahr
Geheimakte Mars 03: Entscheidung an der Dunkelwolke
Geheimakte Mars 04: Rebellion auf Proxima-Centauri
Geheimakte Mars 05: Flug in die zweite Dimension
Geheimakte Mars 06: Die versunkene Basis
Geheimakte Mars 07: Krisenfall Andromeda
Geheimakte Mars 08: Flugverbots-Zone Sombrero-Nebel
Geheimakte Mars 09: Die Admiralität von Santarid
Geheimakte Mars 10: Die weiße Anomalie der Zierrakies
Geheimakte Mars 11: Konfrontation in der zweiten Dimension
Geheimakte Mars 12: Das gefallene Kaiser-Imperium
Geheimakte Mars 13: Operation in Centauri
Geheimakte Mars 14: Fluchtplanet Redartan
Geheimakte Mars 15: In Geheimer Mission

Inhaltsverzeichnis

RÜCKBLICK 4
DAS FREIE PLANETEN- SYSTEM DER WORGASS 11
RESIDENZ DER MÄCHTIGEN 109
ANGRIFF AUF DAS REDARTANISCHE SYSTEM 234
MISSION FLUCHTWELT REDARTAN 333
VORSCHAU: 472

Rückblick

Dank der natradischen Hinterlassenschaften war es der EWK gelungen, die Menschheit ins All zu führen. Die überlebenden Natrader wurden durch Admiral Tarin in unbekannte Regionen des Weltalls evakuiert. Zahlreiche Sternenreiche, Kolonien und bewohnten Planeten sahen sich gezwungen sich selbst zu verwalten. Major Travis versuchte für das Neue-Imperium von Tarid und Natrid zuverlässige Freunde zu finden. Er reiste mit seiner Crew und dem natradischen Angriffs-Kreuzer Termar 1 in die Tiefen der Milchstraße.

Er stieß auf Rassen und Sternenreiche, die sich nicht alle als zukünftige Freunde erwiesen. Hierzu gehörten auch die Worgass, welche am äußeren Rande der Andromeda-Galaxie massiv aufrüsteten und eine Invasion der Milchstraße planten. Durch einen Hinweis von Heran, einem Mitglied einer der ältesten Species der Galaxie, erfuhr Major Travis, dass die Worgass bereits eine ziemlich große Flotte produziert hatten und in Kürze mit dem Einfall in die Milchstraße beginnen würden. Davor musste das Neue-Imperium gewappnet sein. Eines war klar, bei einem Einfall der Worgass in die Milchstraße, würden alle humanoiden Rassen in Mitleidenschaft gezogen werden.

Trotz dieser grauen Wolken, die sich am Himmel zusammenzogen, konnte das Neue-Imperium erste Erfolge für sich verbuchen. Die im großen Krieg versunkene Atlantis-Basis konnte reaktiviert und als zusätzliche Sicherung auf der Erde etabliert werden. Die große Natrid-Hypertonic-KI auf Tarid musste als eigenständige Einheit gesehen werden und konnte nur im Verbund mit der allmächtigen KI von Natrid funktionieren. Derzeit wurde das Verteidigungs-Bollwerk der Natrader technisch auf den neuesten Stand gebracht und ihr atlantisches Personal geschult.

Die Angriffs-Flotte der Worgass, konnte mit vereinten Kräften verschiedener Rassen der Milchstraße noch rechtzeitig eliminiert werden und somit die Gefahr für eine längere Zeit aufgeschoben werden. Doch damit war der immense Hass der Worgass, auf alle humanoiden Völker nicht beseitigt. Zwischenzeitlich suchte Major Travis nach neuen Verbündeten und alten Völkern des natradischen Kaiser-Imperiums. Auch galt es ein Versprechen einzulösen. Der Gildor Barenseigs sollte in seiner Heimat überführt werden.

Nach der erfolgreichen Abwehr und Vernichtung der daranischen Flotte, welche die ehemaligen ausgewanderten Natrader auslöschen wollte, gelang es Major Travis, erste Kontakte zu der bislang verschollenen

Rasse aufzunehmen. Der große Sieg der Flotte aus dem Neuen-Imperium hatte bei der Admiralität des Kunst-Systems Erschrecken hervorgerufen. Sie erkannte die Überlegenheit ihrer ehemaligen Barbaren von der dritten Welt ihres alten Heimat-Systems. Sie schmiedete einen Plan, um die Flottenführung und auch den Gildor Barenseigs gefangen zu nehmen. Doch die Crew um Major Travis ist gewarnt.

Oberst Cameron, neuer Befehlshaber des ISD sucht nach Spuren der Piraten, um diese vor weiteren Beutezügen zu warnen.

Major Travis folgte einem Hilferuf von Sil'drock. Er war ein Angehöriger einer Rasse, die sich Ablonder nannten und als Hilfvolk der "Aller-Ersten" fungierten. Hinter der weißen Barriere verbarg sich eine alte Rasse, die neue Expansions-Pläne schmiedete. In ihrer Anomalie in der 2. Dimension wurden viele wertvolle Völker als Gefangene, auf unterschiedlichen Planeten, in speziellen Reservaten gefangen gehalten.

Das zierrakische Imperium rüstete auf und suchte nach den Ablondern. Es lief auf eine Eskalation hinaus. Sil'drock bat Major Travis und das Neue-Imperium um Hilfe. Heran verhandelte mit seiner Regierung um eine große Unterstützungs-Flotte. Die Befreiung der „Aller-Ersten" sollte ein primäres Ziel sein. Ebenso wollte man dem Einfluss der Zierrakies Einhalt gebieten.

Die Anomalie der weißen Wolke konnte durch die Zerstörung der übergroßen Sonnen-Giganten aufgelöst werden. Die verbliebenen Zierrakies flüchteten zu ihrem Heimat-Planeten. Die von Admiral Dragphan befehligten Worgass haben sich gegen ihre Herren gestellt. Falls sie den Zierrakies in die Hände fallen, blüht ihnen die Todesstrafe. Eine kaiserliche Flotte ist als Unterstützung auf dem Weg in die 2. Dimension, um den Brückenkopf der Vogelwesen zu retten. Sie werden in Kürze auf die Flotte des Neuen-Imperiums und seinen Verbündeten treffen.

Die Centauri-Scruffs verübten aus Verzweiflung Sabotage auf Natrid. Ihr Heimat-Planet wurde von den Daranern besetzt. General Poison befahl Oberst Cameron und Captain Hunter in die Region, um die Angelegenheit zu klären und um die Ansprüche des Neuen-Imperiums zu untermauern.

Währenddessen lag Major Travis mit seiner Flotte im Heimat-System der Zierrakies. Ihn begleiteten die großen Schiffsverbände der Ablonder und zahlreiche lantranische Evolutions-Schiffe. Der zierrakische Groß-Kaiser flüchtete und hinterließ den Zurückgebliebenen einen

Scherbenhaufen hinterlassen. Admiral Dragphan rief alle unterdrückten Worgass auf, der Knechtschaft der Zierrakies den Rücken zu kehren.

Doch neue Feinde flogen in das System ein und brachten die Zivilisation der Zierrakies an den Rand des Unterganges. Wieder muss die Flotte des Neuen-Imperiums von Natrid & Tarid eingreifen. Erst hiernach konnte über einen Waffenstillstand verhandelt werden. Die Aller-Ersten wollten die Weichen für die Zukunft stellen. Sie nahmen Kontakt zu den Kon-Ra-Tak auf, einer alten mystischen Rasse des Universums.

Währenddessen kämpfte die Flotte des ISD, unterstützt von Schiffen unter dem Befehl von Captain Hunter, gegen eindringende aggressive Daraner.

Der Gildor Barenseigs deckte Geheimnisse des letzten natradischen Kaisers auf. Die Spuren führten zu eine weit entfernten Welt. Lorin, die Amazone des Kaisers, konnte gerettet werden. Sie informierte Major Travis über den Verbleib der natradischen Elite und der Adelskaste.

Ein Worgass entpuppte sich als Schläfer des zierrakischen Kaisers. Er beabsichtigte den Aufbau der Kolonie zu sabotieren. Die Mächtigen sannen nach Rache für ihre vernichtete Patrouillen-Flotte. Eine Armada von 3.000

Schiffen nahm Kurs auf das redartanische Imperium. Doch der Flucht-Planet der ausgewanderten Natrader war wachsam. Eine schwere Raumschlacht begann. Piraten griffen eine kleine Flotte des Neuen-Imperiums an.

Major Travis versuchte die Gemüter zu beruhigen. Bei dieser Gelegenheit führten die Aller-Ersten den Oberbefehlshaber der natradischen Hinterlassenschaften zu den Kon-Ra-Tak, die sich als Bezwinger der Gezeiten und der Dimensionen betitelten. Weitere Hinweise auf die Mächtigen wurden gefunden. Lorin versuchte zu fliegen, um den ehemaligen natradischen Kaiser Quoltrin-Saar-Arel zu Rechenschaft zu ziehen.

Das freie Planeten-System der Worgass

Zwei Wochen waren vergangen, als die große Flotte des Neuen-Imperiums, mit den Evakuierten der Worgass-Armada, Kapteyns-Stern erreicht hatte.

Die Patrouillenflotte unter Captain Jefferson konnte das System im Vorfeld untersuchen. Es lag in einer Entfernung von lediglich 12,7 Lichtjahren, nicht weit von dem Sol-System entfernt. Die kleine Sonne besaß nur ein Drittel der Masse ihrer Schwester im Sol-System. Das Alter des Systems wurde auf 11,5 Milliarden Jahre geschätzt. Die Experten der EWK vermuteten, dass dieses System nicht in der Milchstraße entstanden war. In der habitablen Zone der Sonne befanden sich zwei Planeten, die in natradischen Archiven als ungewohnt eingestuft wurden.

Der innere Planet war unter dem Namen Sira verzeichnet und konnte seine Ähnlichkeit mit Tarid nicht leugnen. Neben einer vergleichbaren Größe, war er der ideale Ort für die Brut-Kultur der Worgass. Neben einigen Tropenzonen, subtropischen Zonen und Wasserbereichen, wies er Flüsse und Ozeane auf. Auf ihm herrschten freundliche Temperaturen. Der zweite Planet mit dem Namen Garth verfügte ebenfalls über freundliche Umweltbedingungen, die sich mit dem Heimatplaneten der Zierrakies vergleichen ließen. Er war bedeutend massereicher als sein Nachbar. In früheren natradischen Forschungs-Missionen wurden beide Planeten auf seltene Mineralien hin untersucht.

Die Patrouillen-Flotte von Captain Jefferson hatte den größeren Planeten bereits einer bedenkenlosen Kolonisierung durch die Worgass freigegeben. Auf dem kleineren Planeten wurden jedoch Artefakte einer alten ausgestorbenen Rasse gefunden. In den verfallenen Ruinen einer unbekannten Stadt, stießen Captain Jefferson und sein Team auf nicht erklärbare Geheimnisse. Das Erkundungsteam fand einen Sonnenstein, der wie später bekannt wurde, aus einer Sonne herausgelöst wurde.

Die erwachte Hypertronic-KI der Bewahrer registrierte skeptisch eine Annäherung der Fremden aus dem Sol-System. Ihr Auftrag war es, die Hinterlassenschaft der Bewahrer zu sichern, bis die radioaktive Strahlung abgeklungen war. Die Situation eskalierte, als ein Transportgleiter des Neuen-Imperiums durch die KI abgeschossen wurde. Dieser wollte sich der Stadt nähern, um ausgeschleustes Personal aufnehmen. Bevor es hierzu kam, führte der Abschuss des Gleiters zu dem tragischen Verlust des Piloten.

Um die weitere Situation zu entschärfen, bat der biomechanische Humanoide Thardrick, um ein Gespräch bei Major Travis. Er erklärte, dass vor gut 150.000 Jahren Schiffe der Zerstörer über den Heimat-Planeten seiner Herren herfielen.

»Sie nannten sich selbst Zierrakies, das restliche Universum betitelt sie als Zerstörer«, teilte er dem Team der Termar 1 mit. »Sie wurden auf uns aufmerksam. Diese brutale Militärmacht, mit ihren unzähligen Raumschiffen, verdunkelte den Himmel über unserem Planeten. Meine Herren waren auf einen solchen Kampf nicht eingerichtet. Sie besaßen keine mit Waffen gespickten Kampf-Raumschiffe. Mit eiskalter Brutalität schlachteten die Zerstörer mein Volk ab. Unsere Fern-Aufklärung sah im Vorfeld den Angriff bereits kommen und konnte eine unserer großen Wurmloch- Stationen zur Flucht vorbereiten.

Sie wurde an ein Generationen-Raumschiff gekoppelt. Wir hatten nur wenig Zeit, konnten aber die vollständige Bio-Datenbank unserer Herren sichern. Dann verabschiedeten wir die nächste Generation der Bewahrer in eine geheime Wurmloch-Verbindung und eine ungewisse Zukunft. Kurze Zeit später griffen die Zierrakies unseren Planeten an. Sie wüteten wie wilde Raubtiere. Unsere ganze Bevölkerung wurde ausgelöscht. Dann beuteten sie die Rohstoffe unseres Planeten aus. Als die Ressourcen erschöpft waren, wurde er von den tobenden Bestien glutflüssig geschlossen. Anschließend sprengten sie ihn in viele kleine Gesteinsbrocken. Unser Generationen-Raumschiff und unsere Station fanden nach langer Reise diesen kleinen Planeten, der außerhalb des Einflussgebietes der Zierrakies lag. Hier wurde die zweite Generation unserer Bewahrer ins Leben gerufen.«

Thardrick machte eine kurze Pause. Dann erzählte er weiter.

»Alles klappte gut«, erklärte er. »Wir konnten die Stadt und unsere Herren neu erschaffen. Die Bewahrer begaben sich wieder an die Arbeit, um neue Wurmloch-Verbindungen zu den Sterninseln zu bauen. Für eine lange Dauer von 80.000 Jahren konnten meine Herren ihrer Arbeit nachkommen. Dann wurde wieder eine Rasse auf sie aufmerksam. Vor 70.000 Jahren ereilte uns das gleiche Schicksal. Eine Species, die sich als Mächtige betitelte, wollte uns als Hilfsvolk unterwerfen. Wir lehnten dankend ab. Wieder wurden unsere Stadt und alle Lebewesen gnadenlos vernichtet. Zum Glück konnten die Mächtigen unsere Wurmloch-Station und das Generationen-Raumschiff nicht orten. Sie lagen tief versteckt in der Erde begraben, wo sie bis heute das Bio-Datenmaterial meiner Herren sichern.«

»Haben sie nicht daran gedacht, mit der Formation des Planeten zu beginnen und ihre Herren ins Leben zurückzurufen?«, fragte Heran.

»Doch«, erwiderte Thardrick. »Die Mächtigen hatten unsere Metropole mit radioaktiven Waffen angegriffen. Sie sahen deshalb auch nur Ruinen und keine vollständige Stadt auf diesem Planeten. Mit der Erneuerung wurde noch nicht begonnen. Die radioaktive Strahlung wird erst in 130.000 Jahre abklingen. Erst nach dieser Zeit ist es für uns möglich, auf die Bio- Datenbank unseres Schiffes zurückzugreifen und diese Welt wieder mit unseren Herren zu bereichern. Aus diesem Grund möchten wir gerne diesen Bereich des Planeten für uns beanspruchen. Es ist keine große Fläche, wie sie erkannt haben. Es handelt sich lediglich um 280.000 Quadratmeter, die wir für die Bewirtschaftung brauchen, um die autarke Ernährung für unsere Herren zu sichern.«

Nach weiteren Gesprächen wurde ersichtlich, dass der ganze Planet einem Anpassungs-Prozess unterzogen werden musste. Eine Beschränkung auf den benötigten Raum war technisch nicht möglich.

Major Travis zeigte sich nicht erfreut hierüber und bat um Bedenkzeit. Leider zeigte sich die Hypertronic-KI der Bewahrer nicht einsichtig. Der Oberbefehlshaber wies die biomechanische Person der Station darauf hin, dass der Planet Sira sich in dem Gebiet des Neuen-Imperiums befand. Falls keine Einigung zustande kommen würde, dann wäre es auch für das Neue-Imperium möglich, den Himmel über Sira mit Raumschiffen zu verdunkeln. Heran bot an, die radioaktive Strahlung zu beseitigen und einen Schutzschirm zu errichten, der den benötigten Raum von 280.000 Quadratmetern absicherte. So würde nicht der ganze Planet in Mitleidenschaft gezogen und für andere Lebewesen unbewohnbar werden.

Thardrick sagte zu, mit seiner Hypertronic-KI diesen Vorschlag zu besprechen. Er schlug vor, gegebenenfalls seine Herren vorzeitig zu erwecken, welche an die letzte Entscheidung treffen konnten.

So weit war es aber nicht gekommen. Die Hypertronic-KI der Bewahrer zeigte sich einsichtig und wog das für und das wieder sorgfältig ab. Nach intensiven Analysen bestätigte sie, dass der zugestandene Landstrich von 280.000 Quadratmetern, für die Ernährung und Versorgung der wieder erschaffenen Bewahrer ausreichen sollte. Nach der Zusage der Hypertronic-KI der Station, die nicht zuletzt durch die Befürwortung von Thardrick zustande kam, konnte mit der Arbeit begonnen werden.

Heran hatte Pläne ausgearbeitet, wie der Schutzschirm erbaut werden sollte. Dieser musste eine Fläche von 280.000 Quadratmetern abdecken. Aufgrund des Materialbedarfes hatte Major Travis weitere Versorgungs-Schiffe von Natrid angefordert, welche das benötigte Equipment anlieferten. Die EKW hatte schnell gehandelt. Bereits vor 10 Tagen waren die Lord-Schiffe mit dem Material gelandet. Vor der Ruinenstadt war eine moderne Maschinenhalle entstanden, die als zentrale Energieversorgung fungierte. Ganze 38 Groß-Energie-Generatoren waren aufgestellt worden, um den Energiebedarf des Absperr-Schirmes erzeugen zu können.

Zahlreiche Techniker des Neuen-Imperiums waren in Wechselschichten Tag und Nacht im Einsatz. Sie wurden von Kolonnen von Arbeits-Roboter unterstützt, welche die schweren die Erdarbeiten erledigten, Rohre und Kabel verlegten. Mit schwerem Gerät wurden die benötigten 50 Schirmfeld- Stabilisatoren in das Erdreich gerammt.

Heran konnte in der Zwischenzeit mit Robotern seines Evolutions-Schiffes, drei unbekannte Partikel-Strahler in dem Haus der Zusammenkunft aufstellen. Unter den skeptischen Augen von Thardrick, wurde der radioaktive Sonnenstein mehrfach mit einem komprimierten Fächerstrahl beschossen. Eine anschließende Messung ergab, dass die Strahlung in sich zusammengefallen war und keine Gefährdung mehr für die Bewahrer darstellte.

Der biomechanische Humanoide war begeistert. Er informierte die Hypertronic-KI seiner Station, die nach vorsorglichen Intensiv-Scans, zu dem gleichen Ergebnis kam. Eine Preisgabe von weiteren Informationen über den eingesetzten Partikel-Strahl lehnte der Lantraner bewusst ab. Eine Reproduktion der Bewahrer aus der eingelagerten Bio-Datenbank rückte immer näher.

Die Hypertronic-KI der Station registrierte, dass die fremden Humanoiden der Rasse der Bewahrer helfen wollten. Sie hatte die Station und das verankerte Generationen-Schiff zur Hälfte aus dem Erdboden ausgefahren. Das seltsam fremdartige Bauwerk erhob sich 750 Meter in die Luft. Die Breite wurde mit 400 Metern registriert. Mehrere hundert spinnenartige Roboter waren von ihr ausgeschleust worden, die sich auf sie sanierungsbedürftige Stadt stürzten.

Sie wurde von dem Wildbewuchs der Pflanzen gesäubert, Wände von Häusern und Unterkünften erneuert, Dächer saniert und Wege und Straßen freigelegt. Allein beim ersten Hinschauen konnten die Gäste des Neuen-Imperiums erkennen, dass hier mit viel Engagement gearbeitet wurde.

Major Travis, Commander Brenzby, Heinze, Heran, Thardrick und Admiral Dragphan standen auf einer Anhöhe und schauten dem regen Treiben in dem Tal zu.

»Jetzt haben sie doch mehr Komplikationen mit unserer Umsiedlung bekommen, als sie im Vorfeld vermuteten«, bemerkte der Admiral.

»Machen sie sich keine Gedanken«, antwortete Major Travis. »Solche hoheitlichen Aufgaben lassen sich nur schwer planen. Trotzdem erkennen sie, dass wir sie nicht allein lassen. Das Neue-Imperium kümmert sich um seine Mitglieder. «

»Das ist das erste Mal, dass uns eine fremde Rasse unterstützt«, bemerkte Thardrick. »Meine Herren hätten viel früher beginnen sollten, Kontakte zu anderen Species aufzunehmen. Vielleicht wäre uns dann viel erspart geblieben. «

»Das kann ich nicht beantworten«, entgegnete der Major. »Es scheint fast so, dass vor 100.000 Jahren das Universum noch anders war, als wir es heute vorfinden. Auch unser Heimat-System ist vor langer Zeit von einer aggressiven Rasse angegriffen, die Planeten verwüstet und die Lebewesen fast ausgelöscht worden. So etwas ist heute nicht mehr hinnehmbar. Wir werden alles dafür tun, um solche Angriffe im Keim zu ersticken. Aus diesem Grunde ist es auch notwendig, dass wir mehr Informationen über die Mächtigen erhalten. Wer ist diese Rasse, wo sind sie ansässig. Verhalten sie sich heute immer noch so aggressiv?«

»Vielleicht können unsere Herren ihnen mehr Informationen geben, wenn wir sie reproduziert haben«, antwortete Thardrick. »Sie haben Zugriff auf ihr gemeinsames kollektives Erinnerungsvermögen. Es ist möglich, dass nicht alles in der Datenbank unserer Station gespeichert wurde.«

»Das wäre äußerst hilfreich für uns«, lächelte Major Travis. »Ich erkenne Gemeinsamkeiten zu den Zierrakies. Es wird schon lange vermutet, dass eine mächtige Species hinter den ganzen nicht humanoiden Rassen steht, die auf eine Auslöschung unserer Lebensform aus ist.«

Die Gruppe schaute ins Tal und erkannte, dass die Arbeiten kurz vor dem Abschluss standen.

»Haben sie sich entschieden?«, fragte Admiral Dragphan die biomechanische Lebensform.» Bleiben sie uns erhalten. Nehmen sie die Aufgabe an, ein Vermittler zwischen unseren beiden Rassen zu sein?«

Thardrick lächelte den Admiral an.
»Ich habe gehofft, dass sie mich noch einmal fragen würden«, antwortete er. »Nach reiflichen Überlegungen möchte ich die natürliche Zeit meines verbleibenden Lebens hier auf dem Planeten verbringen. Es gibt viele neue Aspekte, die ich nicht aus der Datenbank unseres Schiffes lernen kann. Ich nehme diese Aufgabe gerne an. Vorausgesetzt sie akzeptieren mich, als Person einer fremden Rasse, die nicht ihrer eigenen entstammt? «

Admiral Dragphan lachte ihn an.
»So viel Bescheidenheit ehrt sie«, erwiderte er. »In unserer alten Lebens-Hemisphäre hatten wir es täglich mit neuen Species zu tun. Dort mussten wir Befehle ausführen, die nicht unseren Gefühlen entsprachen. Wir sind froh auf neue Rassen zu stoßen, denen wir unser richtiges Gesicht und unsere Treue zeigen können. «

»War das bisher nicht möglich? «, fragte Thardrick irritiert.

Admiral Dragphan nickte.
»Im ganzen Universum wird unsere Rasse verachtet«, erklärte er. »Wir stehen für das Böse, für die Vernichtung, den Untergang und den Tod. Doch wir haben es nicht aus eigenen Instinkten heraus gemacht. Viele Clans unseres

Volkes sind über die Sterneninseln des Universums verteilt. In einem frühen Wachstums-Stadium werden junge Worgass gentechnisch manipuliert, um für unterschiedliche Rassen die Schmutzarbeit zu erledigen.

Dass wir heute hier stehen dürfen, verdanken wir Major Travis und dem Neuen-Imperium. Nur dank dem Sieg über die Zierrakies konnten wir uns von dem Volk der Zerstörer lossagen. Das ist das erste Mal in der Geschichte des Universums, dass meine Rasse einen eigenen Planeten besitzt, um sich selbst zu verwalten und weiterzuentwickeln.«

»Das ist eine interessante Geschichte«, bemerkte Thardrick. »Dann stehen unsere beiden Rassen vor einem vielversprechenden Neuanfang.«

»Sie sind Mitglied des Neuen-Imperium von Natrid & Tarid«, betonte Heran. » Auch wir Lantraner beobachten die Abläufe in der Milchstraße und sorgen für Ordnung. Es ist wichtig, dass sie alle zu ihrer Entscheidung stehen. Nur so lassen sich mögliche Gefahren abwenden. Gemeinsam ist man stark und eine unüberwindliche Macht.«

»Ich glaube, dass unsere Hypertronic-KI das mittlerweile auch errechnet hat«, schmunzelte Thardrick. »Nach meinen Erkenntnissen ist sie wesentlich ruhiger und entspannter geworden. Sie hat erkannt, dass nicht alle Species über den gleichen Kamm zu scheren sind. «

Der Communicator des Majors summte.
»Hier ist Major Travis«, sprach er in das Gerät.

»Wir sind fertig«, meldete sich Sergeant Konza.
Er war der technische Leiter der Termar 1 und mit jedem Handgriff vertraut.

»Wir haben alle Generatoren verkabelt und den Schirm installiert. Eine erste Testaktivierung kann jetzt stattfinden. «

»Das ging schneller als erwartet«, antwortete der Major. »Ziehen sie unsere Techniker ab. Die Arbeits-Roboter möchten sich zurück zu ihren Einheiten begeben. Wenn alle den kritischen Bereich verlassen haben, aktivieren sie den Schirm. «

»Ich habe verstanden«, meldete der Technik-Offizier.
Major Travis beendete die Verbindung.

»Die Techniker sind fertig«, teilte er mit. »Der Schirm wird in Kürze aktiviert. Wir warten noch ab, bis sich unser Personal zurückgezogen hat. «

Gespannt verfolgten die Personen auf dem Hügel, wie sich die Arbeits-Roboter zu ihren Schiffen begaben. Reihen von Techniker schritten auf ihre Gleiter zu. Einige Transport-Gleiter hoben ab und flogen die geöffneten Hangar ihrer Mutterschiffe an. Die Arbeitstrupps folgten dem Befehl von Major Travis und begaben sich zu ihren Einheiten.

Er blickte Thardrick an.
»Wir sollten einige ihrer Herren in der Bedienung dieses Schutzschirmes schulen«, bemerkte der Major. »Es können immer wieder einmal technische Probleme entstehen, die es zu überwinden gilt. Deswegen halte ich eine entsprechende Ausbildung und Schulung, zumindest für die Personen, die sich um die Wartung und Erhaltung der Technik kümmern, für erforderlich.«

»Das versteht sich von selbst«, antwortete Thardrick. »Meine Herren werden hierfür dankbar sein.«

»Wie lange wird es dauern, bis ihre Herren zurück sind?«, fragte Commander Brenzby.

Der biomechanische Humanoide schaute ihn an.
»Das Reproduktions-Verfahren und die anschließende Ausreife wurden seit Jahrtausenden optimiert«,

erwiderte Thardrick. »Die ersten meiner Herren werden wohl in drei Monaten ihre Arbeit aufnehmen können.«

»Das ist eine kurze Zeit?«, staunte der Commander der Termar 1.

»Ist die Zeit zu lange für sie?«, fragte Thardrick.

»Keineswegs«, antwortete Major Travis. »Dann haben wir ja Gelegenheit, bald jemanden von ihrer Regierung kennenzulernen?«

»Wir verfügen über keine Regierung in dem Sinne ihres Imperiums«, bemerkte Thardrick. »Die Ältesten unseres Volkes weisen die Richtung. Sie geben die Aufgaben vor.«

»Das ist bei vielen Rassen so«, lächelte Heran. »In den frühen Zeiten des Universums war es grundsätzlich so üblich, auf den Rat der Weisen zu hören.«

Thardrick nickte.
»Seit dem Anbeginn der Zeit verfahren wir nach dem gleichen System«, teilte er mit.

Major Travis zeigte auf das Tal.
»Es ist gleich so weit«, bemerkte er. »Die letzten Arbeitstrupps konnten den Bereich verlassen.«

Er hatte seine Worte kaum ausgesprochen, als sie ein Flimmern an den Begrenzungs-Schirmfeld-Stabilisatoren erkannten. Die Feld-Energie verdichtete sich und zog sich exakt in dem eingegrenzten Gebiet zusammen. Dann schob sich das Energiegitter zum Himmel hoch und schloss sich dort zu einer Kuppel zusammen.

»Der Schirm steht«, lächelte Major Travis. »Dank den Planungen von Heran, gab es keine Komplikationen.«

Thardrick konnte seine Augen nicht von dem gelblichen Schutz-Schirm abwenden.

»Danke«, sagte er. »Wie sollen wir das jemals wieder gutmachen?«

»Die Antwort kennen sie bereits«, erwiderte Major Travis. »Halten sie Kontakt zu den Worgass und zu uns. Verstehen sie sich als ein Mitglied des Neuen-Imperiums. Geben sie alle Informationen weiter, auf die sie im Rahmen ihrer Konstruktion und Neubau von Wurmloch-Verbindungen gelangen.«

»Ich werde ihre Idee unseren Herren vorschlagen«, bedankte sich Thardrick. »Sie werden begeistert sein.«

»Wir werden im nächsten Tal unsere Kolonie aufbauen«, sagte Admiral Dragphan. »Somit ist keine große räumliche Trennung zwischen unseren Rassen gegeben. Ich hoffe, sie haben keine Einwände hiergegen? «

»Den Platz, den wir benötigen, wurde uns zugestanden«, antwortete Thardrick. »Mehr ist für unsere Bedürfnisse nicht erforderlich. «

»Danke«, antwortete der Admiral Dragphan.
Major Travis blickte ihn an.

»Ich werde das Kommando der Transportschiffe, des Urbanisierungs-Schiffes und des Personals zeitweise an sie übergeben«, sagte Major Travis. »Teilen sie die Techniker und die Arbeits-Roboter entsprechend ein. Überlegen sie mit ihrem Team, wie sie ihnen am nützlichsten sein können. Ich fliege kurz zu dem zweiten Planeten und überprüfe dort, wie die Arbeiten vorankommen. «

»Mein Stellvertreter hätte mich bereits informiert, falls dort Probleme aufgetreten wären«, antwortete der Admiral. »Da dies nicht erfolgt ist, gehe ich davon aus, das Commander Breckphan mit dem Fortschritt der Arbeiten zufrieden ist. «

»Trotzdem möchte ich mir den Arbeitsverlauf selbst anschauen«, lächelte der Major.

»Ich kümmere mich um diesen Planeten«, antwortete Admiral Dragphan. »Ihr Vertrauen in meine Person ehrt mich.«

Er verbeugte sich vor Major Travis und bedankte sich. In Gedanken versunken, ging zurück auf sein Schiff.

Major Travis informierte die Offiziere der wartenden Schiffe, dass er vorübergehend die Befehlsgewalt an Admiral Dragphan abgegeben hatte.

Thardrick verabschiedete sich und schlenderte ins Tal. Er sollte von Sergeant Konza in der Bedienung des Schirms und der Schleusen eingewiesen werden. Das Team der Termar 1 kehrte auf ihr Flaggschiff zurück und bereitete den Start nach Garth vor.

»Sende mir endlich die Daten der Feinabstimmung auf den zentralen Monitor«, bat Captain Fragphan.

Er war der 1. Sicherheits-Offizier in der Flotte, unter dem Kommando von Admiral Dragphan. Ebenso wie vielen weiteren Technikern, wurden ihm Wissens-Implantationen zugestanden. Hierdurch konnte eine optimale Bedienung und Wartung der natradischen Hochleistungstechnik ermöglicht werden. Captain Fragphan hatte von Admiral Dragphan den Befehl erhalten, die Vernetzung der zahlreichen Energie-Reaktoren zu überwachen.

Der Captain blickte durch die neue Halle, welche die gesamte Energie-Versorgung der Worgass-Kolonie abdecken sollte. Stolz blickte er in die weitläufige Halle.

»Die insgesamt 250 Reaktoren werden für die erste Zeit ausreichen, um unseren Lebensstandard zu sichern«, dachte er. »Wir können uns glücklich schätzen, dass die Menschen des Neuen-Imperiums so viel Geduld mit uns haben und uns in diese neue Technik einweisen. «

Er sah, wie unzählige Wissenschaftler des Neuen-Imperiums mit den Worgass-Technikern diskutierten und sie in dem Anschluss der großen Energie-Meiler schulten. Er wusste, dass er für den reibungslosen Aufbau dieser Maschinenhalle verantwortlich war.

Admiral Dragphan hatte ihm sein Vertrauen ausgesprochen.

»Bekomme ich endlich neue Daten? «, fragte er die erste Arbeits-Kolonne.

Die acht Techniker, die den ersten Energie-Reaktor umringten, reagierten nicht. Sie blickten über die diversen Schaltelemente hinweg zu ihren andern Kollegen, die ebenfalls emsig an den großen Energiemeilern arbeiteten. Sie alle mussten ihre erfolgreiche Wissens-Implantation jetzt in der Praxis beweisen. Spezialisten von Tarid, überwachten die Arbeiten und gaben Hinweise und zeigten Lösungen auf. Dennoch lief die Inbetriebnahme nicht ohne Probleme ab. Immer wieder wurden falsche Schaltungen vorgenommen, die zum sofortigen Abschalten einzelner Komponenten führten.

Leutnant Vartyth, die Chefin der geschulten Worgass, war die leitende technische Offizierin. Sie raufte sich mit ihren Händen in den Haaren.

»Was ist denn jetzt so schwierig?«, fragte sie das Team bei Reaktor 37. »Ihr alle habt eine intensive Schulung erhalten? Setzt euer Wissen in die Praxis um.«

»Reden kann jeder«, fluchte Leutnant Crorgohas. »Die Anlage fluktuiert weiterhin. Derzeit kann der Energiefluss nicht stabilisiert werden. Klären sie die Situation bei Reaktor 10. Ich brauche exakte Werte. Derzeit werden diese Meiler als fehlerhaft angezeigt. So kommen wir hier nicht weiter.«

Leutnant Vartyth blickte auf die digitale Anzeige des Generators und nickte.

»Die Berechnungen kommen zu spät«, bestätigte sie. »Teilweise sind die Energie-Verbindungen nicht sauber kalibriert. So wird die Synchronschaltung der Generatoren niemals funktionieren.«

»Wir brauchen aber einen synchronen Durchlauf des Energieflusses«, erklärte Leutnant Crorgohas. »Ohne ihn werden wir den Aufbau des zentralen Schutzschirmes nicht realisieren können?«

»Ohne einen Abgleich der Generatoren klappt es nicht«, bestätigte die Chefin. »Alle Energie-Erzeuger müssen neu eingestellt werden.«

Mit diesen Worten drehte sie sich ab und lief zu Captain Fragphan.

»Wir sind noch nicht so weit«, sagte sie. »Die Reihenschaltung der Energiemeiler ist schwieriger als gedacht.«

Der Captain blickte sie an.

»Das erkenne ich auf den Kontroll-Monitoren«, antwortete er. »Ich habe Messungen vorliegen, die 1/10 Millimeter außerhalb der Toleranzgrenze liegen.«

»Unsere Techniker nehmen die Einstellungen nach den Vorgaben der Wissenschaftler des Neuen-Imperiums vor«, erwiderte Leutnant Vartyth. »Nichts wurde geändert.«

»Es nützt nichts«, bemerkte Captain Fragphan. »Wir werden jeden Meiler einzeln manuell durchmessen. Sag den Technikern, dass sie vorsichtig mit ihren Abstimmungen sein sollen. Ein falsch angeschlossener Energiemeiler kann eine große Explosion verursachen.«

Er schaute auf die Kontroll-Monitore der zentralen Steuerung. Captain Fragphan korrigierte die Einstellung an einigen Reglern und registrierte wohlwollend, dass weitere rote Warnhinweise erloschen waren.

»Ich habe einen weiteren Fehler lokalisiert«, teilte einer der Techniker mit. » Wir sollten den Generator 17 austauschen. Von dort werden massive Fehl-Funktionen gemeldet.«

»Ich kümmere mich um das Problem«, antwortete Leutnant Vragryth.

Sie drehte sich um und lief zu dem besagten Reaktor.

Ein lauter Aufschrei ließ Captain Fragphan seinen Kopf drehen. Zuerst dachte er an einen Unfall bei den Energie-Meilern, dann rief ihm ein Techniker zu, dass alle Werte seines Generators 30 jetzt korrekt angezeigt würden. Der Captain schaute auf seine Monitore und bestätigte, dass weitere rote Warnhinweise erloschen waren. Er lächelte leise vor sich hin.

»Alles braucht seine Zeit«, dachte er. »Wir Worgass werden das schon hinbekommen. «

Die Spezialisten von Tarid gaben den frisch geschulten Worgass-Technikern gezielt Hilfestellung. Immer wieder wurden die Werte abgelesen und komprimiert. Die Techniker, die an den unterschiedlichen Meilern arbeiteten, gaben ihre Daten kontinuierlich an ihre Kollegen weiter.

Leutnant Crorgohas schaute sich verhalten um.
»Die Rache der Zierrakies wird sie alle vernichten«, schmunzelte er. »Diese Energie-Halle wird ihre ganze Kolonie ausrotten. Gewürdigt sind die Zierrakies. Doch

zuerst muss ich die Worgass in Sicherheit wiegen. Nach dem Aufbau der vollständigen Energieproduktion, werde ich sie auslöschen. Sie sind für die Flucht des zierrakischen Kaisers verantwortlich. Nur durch ihre Abspaltung und die Kaperung der zierrakischen Groß- Kampfschiffe, ist mein Volk in der jetzigen Situation.

Ich werde die Schiffe des Neuen-Imperiums vernichten und die Worgass-Kolonie dazu. Noch nie konnten sich minderwertige Diener gegen unsere Rasse auflehnen, ohne dass sie zur Rechenschaft gezogen wurden. « Leutnant Crorgohas war ein treu ergebener Diener des ehemaligen zierrakischen Kaisers. Er hatte persönlich den Auftrag bekommen, wie auch einige andere Worgass-Untergrundkämpfer, die Flucht der gehassten Dienerschaft zu vergelten. Bisher hatte sich keine Gelegenheit hierzu ergeben, da alle Getreuen des Kaisers auf unterschiedlichen Schiffen evakuiert wurden. Doch hier hatten sie wieder festen Boden unter den Füßen. Ihm war es egal, ob er bei seinen Aktionen sein Leben verlor.

»Gewürdigt sind die Zierrakies«, dachte er.

Leutnant Vragryth registrierte eine permanente Verbesserung der Kontroll-Anzeige von Reaktor 149. Der Energiedurchfluss des Generators stieg stetig an. Sie beschlich ein komisches Gefühl, als sie den Regler des

Energieflusses weiter nach oben drehte. Doch sie wusste, was sie tat.

»Können die Wissens-Implantationen nicht an die Grenzen unserer Fähigkeiten stoßen?«, fragte sie sich. »Vielleicht wären kürzere Schulungsintervalle besser gewesen, um die Effizienz des Verstehens ausgereifter zu gestalten?«

Sie wusste nicht, ob das Gehirn der Worgass die gleiche Aufnahmebereitschaft besaß, wie es die Techniker des Neuen-Imperiums aufwiesen.

Leutnant Vragryth erkannte, dass es nicht leicht werden würde, in der großen Halle mit den zahlreichen Energie-Generatoren, ein menschliches Bewusstsein nachzuempfinden. Leise vernahm sie die Informationen von Techniker-Kollegen in der Nähe ihres Reaktors. Sie konzentrierte sich wieder auf ihre Anzeigen und nahm an den zahlreichen Schaltern und Drehreglern die Feinabstimmung des Energieflusses vor.

»Was sagen die Messwerte?«, hörte sie eine Stimme hinter sich.

Der Chef-Kontrolleur Captain Fragphan war sichtbar ungeduldig.

»Wir haben unverändert zahlreiche rote Warnhinweise«, antwortete sie. »Ich habe improvisiert, soweit es möglich war. «

»Für mich sieht es fast so aus, als ob sich immer noch ein Fehler in der Frequenzmodulation befindet«, teilte der Chef-Kontroller mit. »Irgendeine Weiche blockiert den Weiterfluss der Hauptenergie? «

»Wir werden den Fehler schon finden«, antwortete Leutnant Vragryth. »Andernfalls müssen wir immer wieder neue Messungen durchführen. «

»Ich erhielt gerade eine Anfrage von der Admiralität«, teilte Captain Fragphan mit. »Commander Breckphan, der Stellvertreter des Admirals, wartet dringend auf eine Vollzugsmeldung. «

Leutnant Vragryth blickte ihn an.
»Wir tun, was wir können«, antwortete sie. »Wenn dem Commander langweilig ist, dann kann er gerne zur Unterstützung eingreifen. Er soll uns nicht auf die Nerven gehen. Wenn wir einen Fehler machen, geht die ganze Anlage hoch. «

Sie nahm einige Einstellungen an den Energiereglern vor. Die Warnhinweise erloschen.

»Hier zeigen die Messwerte eine exakte Abstimmung an«, sagte sie. »Gehen wir zu ihrem Kontroll-Point und schauen auf die anderen Werte.«

Captain Fragphan nickte.
Gemeinsam schritten sie zu dem Kontroll-Point in der Mitte der Halle.

Die Offiziere blickten auf die Anzeigen. Die roten Warnhinweise waren erloschen.

»Wir haben es«, lächelte Captain Fragphan.

»Drehen sie den Hauptregler um 10Prozent nach oben«, sagte Leutnant Vragryth.

Captain Fragphan tat wie ihm befohlen.

Hinten in der Halle bauten sich die ersten Transmitter-Energiebögen auf, welche den Durchgang nach Sira ermöglichten sollten. Ein blauer Lichtschein füllte die Bögen und durchzog die Halle mit einem flackernden Licht. Das Prasseln unterschiedlicher Energie-

Verbindungen übertönte das laute Gespräch der Techniker.

Captain Fragphan überprüfte die Anzeigen-Werte der Kontroll-Monitore. Die letzten roten Warnhinweise verschwanden. Endlich schienen alle Weiterleitungen aufeinander abgestimmt zu sein.

Leutnant Vragryth blickte ihren Vorgesetzten an. »Ich glaube, wir sind so weit«, bemerkte sie. »Die Warnhinweise sind komplett erloschen.«

Das Energie-Spektrum der Hauptleitung nahm an Intensität zu.

»Anschlüsse 13 und 47 wurden modifiziert«, meldete ein Techniker. »Nur der Anschluss 102 macht noch Probleme.«

»Schickt einen Techniker hin, um den Anschluss zu überprüfen«, befahl Leutnant Vragryth.

Der Techniker sprach in einen Communicator und gab den Befehl weiter.

Eine Techniker-Gruppe bei Generator 102 schaltete ihn ab. Die zentrale Hypertronic-KI erkannte ihn als Ausfall und leitete die Energie um.

Die Techniker zogen mit einem großen Schlüssel nochmals die Anschlüsse nach. Sorgfältig führten sie eine Sichtprüfung des Generators durch. Sie nickten zufrieden. Ein Techniker aktivierte den Energiemeiler wieder ein. Die Hypertronic-KI erkannte die Zuschaltung des zusätzlichen Reaktors und nahm seine Energieproduktion in den Hauptfluss auf.

Captain Fragphan erkannte die Koppelung des neuen Reaktors. Ungewisse Sekunden vergingen, bis die Anzeigen die positive Einbindung der neuen Energiequelle meldeten.

»Fehler behoben«, sagte er zu Leutnant Vragryth. »Generator 102 arbeitet vorschriftsmäßig. «

Captain Fragphan schaute noch einmal auf die Monitore der Energie-Verteilung. Erleichtert nickte er seiner Technikerin zu.

»Es funktioniert«, sagte er erleichtert. »So weit waren wir noch nie. Es werden keine Warnmeldungen mehr angezeigt. Der synchrone Energiefluss von Generator zu

Generator wird erfolgreich registriert. Ich informiere jetzt die Leitstelle der Admiralität.«

Er griff nach seinem Communicator.
»Hier ist Commander Breckphan«, tönte es aus dem Gerät.

»Captain Fragphan spricht«, antwortete er. »Wir haben es geschafft. Alle Energie-Meiler sind synchron verbunden und liefern ausreichende Energie für den Betrieb des großen Schutz-Schirmfeldes. Wir haben die Verkabelung der Energie-Erzeuger abgeschlossen. Es werden keine Fehler-Hinweise mehr angezeigt.«

»Gute Arbeit«, antwortete der Commander. »Admiral Dragphan wird sehr zufrieden sein. Bitte verlassen sie jetzt die Generatoren-Halle und begeben sie sich in den Schutzraum. Wir werden die Energien langsam hochfahren und versuchen den Schutzschirm zu aktiveren.«

»Geben sie uns einige Minuten«, antwortete Captain Fragphan. »Ich werde unsere Techniker auffordern, sich zurückzuziehen. Dann können sie die Feldgeneratoren mit Energie speisen.«

Commander Breckphan bestätigte und beendete die Verbindung.

Leutnant Vragryth war bereits losgelaufen und trieb die Techniker zusammen. Sie wies sie an, in den sicheren Schutzraum zu gehen.

Captain Fragphan griff nach dem Mikrofon. Seine Stimme wurde über die Außenlautsprecher in die große Halle übertragen.

»Alle Techniker verlassen unverzüglich die Generatoren-Halle«, befahl er. »Es wird ein erster Testlauf gestartet. Ich wiederhole, alle Techniker verlassen schnellstens den Maschinenraum.«

Der von Admiral Dragphan beauftragte Sicherheits-Offizier sah auf seinen Monitoren, wie die Techniker schnellen Schrittes seinen Befehlen folgten. Auch die Spezialisten von Tarid wussten, worum es ging. Sie steuerten auf die Ausgänge zu. Als der letzte von ihnen die große Halle verlassen hatte, informierte Captain Fragphan den Stellvertreter des Admirals. Wenige Sekunden später bemerkten die Spezialisten, wie das Brummen der Generatoren stärker wurde.

Hinter einer dicken Sicherheits-Verglasung sahen sie, wie sich blendende Helligkeit in der Halle aufbaute. Die Energiekupplungen wurden zusammengefahren und blaue Energie sprang von Weiche zu Weiche auf die nächsten Generatoren über. Das dumpfe Brummen der 250 Energie-Erzeuger verstärkte sich über den Boden der großen Halle, als die Anlage auf 75 Prozent ihrer Kapazität hochgefahren wurde.

Captain Fragphan stand mit seinen Kollegen an dem Sicherheitsfenster des Maschinenraumes.

»Die Geräuschkulisse ist anders als sonst«, bemerkte er. »Sie wirkt fremdartiger. Die Schwingungen setzen sich sogar in der Luft fort.«

»Das stimmt«, bestätigte Leutnant Vragryth.
Sie hatte den Satz kaum ausgesprochen, als mit einem lauten Knall eine Energiesäule zwischen drei Meilern entstand. In Sekundenschnelle verdichtete sie sich zu einer brodelnden Säule und jagte der Hallendecke entgegen. Hier zerfloss sie in alle Richtungen. Geistesgegenwärtig hatte ein Techniker die Notabschaltung gedrückt. Die Energiesäule fiel in sich zusammen und verschwand.

»Es ist noch immer mindestens ein Anschluss und nicht sauber installiert«, fluchte Leutnant Vragryth. »Wir haben eindeutig ein Leck.«

Captain Fragphan informierte den Stellvertreter von Admiral Dragphan über den Misserfolg des Versuches.

»Wir machen uns sofort auf die Fehlersuche«, teilte er mit.

Er hörte, wie der Commander auf seine Mitteilung nicht antwortete, sondern einfach den Communicator ausschaltete.

»Auf ein Neues«, sagte der Sicherheits-Offizier. »Die Fehler müssen beseitigt werden. Macht euch an die Arbeit. Wir brauchen den Schutzschirm zur Absicherung unserer Kolonie.«

Die Worgass-Techniker und die Spezialisten von Tarid waren bereits wieder in die Maschinenhalle gelaufen. Akribisch untersuchten sie jede Energiekupplung. Einer der Techniker hob seine Hände in die Höhe und war am Gestikulieren. Dann eilte er aus dem Blickfeld der Captains in den Gang zurück.

Leutnant Vragryth kam zu ihrem Vorgesetzten geschritten. Sie zeigte auf die Kontroll-Monitore. »Der 57. Energiemeiler verliert immer weiter an Leistung«, bemerkte sie. »Wir sollten das schleunigst überprüfen.«
Die Geräusche neben ihr irritierte sie. Sie drehte ihren Kopf und sah, wie Captain Fragphan aus der Sicherheits-Schleuse eilte und auf den besagten Generator zulief. Noch im Laufen griff er nach einem riesigen Haken-Schlüssel, der etwas abseits lag. Der Captain drückte die umherstehenden Techniker beiseite. Mit einem Energie-Messgerät prüfte er die einzelnen Anschlüsse.

»Hier ist der Übeltäter«, erkannte er.
Er setzte den Schlüssel an den Flansch und zog ihn fest. Die Kollegen schauten ihm verblüfft zu.

»Der Anschluss war nicht fest«, bemerkte er. »So etwas muss man doch merken? Ein undichter Verschluss verursacht einen Energieabfall. Die volle Kapazität der Anlage lässt sich hierdurch nicht aufbauen.«

»Das haben wir nicht erkannt«, entschuldigte sich ein Techniker.

»Benutzt zukünftig eure Messgeräte«, knurrte der Captain. »Dafür habt ihr sie doch.«

Leutnant Crorgohas hatte sich unter eine Gruppe Techniker gemischt. Niemand erkannte, dass seine Gesichtszüge entgleisten.

»Sie passen besser auf, als ich vermutet hatte«, dachte er verbissen. »Sie haben den losen Flansch entdeckt. Ich werde mir etwas anderes überlegen müssen. Die Notabschaltung hat Schlimmeres verhindern können. Der Chef-Techniker hat den Fehler entdeckt. Jetzt kann ich es nicht mehr verhindern, dass der Schutzschirm aufgebaut wird. Leider wird es jetzt für mich schwieriger, die Kolonie ungesehen zu verlassen. Aber die Zeit läuft für mich. Es ist noch viel zu tun. «

Die Techniker strömten aus der Halle. Vor ihnen lag ihre neue Welt. Laut und belebend erfüllten die Worgass den Planeten mit Leben. Er schien für sie so, als ob sie nach den Leiden auf der zierrakischen Welt, jeden neuen Planeten als ihr Gelobtes Land in ihre Herzen aufgenommen hätten. Die Worgass wussten, dass ihnen hier niemand ein Leid antun wollte. Vor der großen Maschinenhalle waren zahlreiche Arbeits-Roboter, Techniker und Monteure im Einsatz. Sie bedienten die Kräne, Baumaschinen, Entlade-Roboter und fuhren neues Material herbei, die aus den abseitsstehenden Lord-Schiffen herausgegeben wurden. Worgass-Offiziere hielten Pläne in ihren Händen und wiesen die Materiallieferungen ihren Bestimmungsorten zu.

Unterkünfte, Leitstellen und Technikhallen waren bereits montiert worden und präsentierten das Bild einer neuen Kolonie. Überall wurde eifrig gearbeitet und Kabel, Leitungen und Rohre verlegt. Wiederum andere Spezialisten montierten Hyperkomm-Funkanlagen und schleppten technische Gerätschaften in die montierten Fertighallen. Hinter der großen Kolonie war ein großer Raumflug-Hafen für die 13.900 Worgass-Schiffe planiert worden. Das Urbanisierungs-Schiff schwebte in geringer Höhe hierüber und kristallisierte den Sand mit einem besonderen Fächerstrahl zu einer festen Kruste. Die Sonne und der innere Planet Sira leuchteten am Firmament.

»Wir haben es geschafft«, sagte Leutnant Vragryth.

Die junge intelligente Worgass-Frau, kaum älter als 30 Jahre, stand am Ausgang der Generatoren-Halle und blickte ihren Vorgesetzten an. Blitzartig drückte sie ihm einen Kuss auf die Backe.

»Wofür ist das? «, fragte Captain Fragphan irritiert. »Für alles«, antwortete der weibliche Leutnant. »Ich bin nur glücklich, dass wir hier auf dem Planeten neu anfangen können. Dass es hier keine Zierrakies gibt und es uns gelungen ist, die Maschinenhalle in Betrieb zu nehmen.«

Sie zeigte in den Himmel. Die Offiziere sahen, wie sich der aktivierte Schutzschirm aufbaute, sich in den Himmel schob und sich dort als Kuppel verdichtete. Leicht gelblich leuchtete der transparente Schirm am Himmel und sicherte die große Worgass-Kolonie vor Gefahren ab.

»Dank dem Neuen-Imperiums ist uns hier ein Neuanfang möglich«, bemerkte Captain Fragphan. »Admiral Dragphan weist uns alle daraufhin, dass mit dem Entgegenkommen der Menschen auch Verpflichtungen auf uns zukommen. Ein sorgenfreies Leben ist nicht ohne Verantwortung und Pflichten möglich. Selbst die Implantation ihres technischen Wissens in ausgesuchte Personen unseres Volkes, zeigt ihr Vertrauen in uns. Wir sollten mit aller uns zur Verfügung stehenden Macht versuchen, ihren Wünschen gerecht zu werden. Ihr Vertrauen dürfen wir in keinem Fall verspielen.«

Leutnant Vragryth hielt ihrem Vorgesetzten eine Flasche hin.

»Was ist das?«, fragte Captain Fragphan.
»Die Menschen nennen den Inhalt Sekt«, antwortete die Technikerin. »Es soll ein besonderes Getränk sein. Es wird

aus Trauben hergestellt und prickelt. Bei einem übermäßigen Genuss kann das Getränk die Sinne vernebeln. Die Menschen informierten mich, dass diese Flaschen meistens aufgemacht werden, wenn es etwas zu feiern gibt.«

Geräuschvoll entkorkte sie die Flasche. Ein Teil des Inhaltes sprudelte heraus. Sie setzte die Flasche an ihren Mund an und nahm einen kräftigen Schluck. Dann reichte sie die Flasche an den Captain weiter. Dieser blickte sich die Flache erst an, dann nahm er ebenfalls einen Schluck aus der Flasche.

»Schmeckt gut«, bemerkte er. »Es prickelt richtig auf der Zunge.«

Er drehte sich um und gab die Flasche an einen anderen Techniker weiter.

»Das Getränk ist gut«, sagt er. »Es ist vergleichbar mit den Tränen der Götter. Jeder trinkt einen Schluck und gibt die Flasche weiter. Wir haben etwas zu feiern.«

Alarmsirenen heulten auf. Das war das vereinbarte Zeichen. Der Schutzschirm sollte auf seine Wirksamkeit getestet werden. Commander Breckphan hatte alle Worgass im Vorfeld informieren lassen, dass ein Angriff aus der Luft geflogen würde, um den Schutzschirm des Neuen-Imperiums zu testen. In breiten geordneten Reihen, suchten die Wissenschaftler, Techniker und Arbeiter die unterirdischen Schutzräume auf. Es war die Hölle, das Schlimmste, was man sich vorstellen konnte.

Tief unter den Natridstahl-Metallbauten, schienen die Service-Teams lebendig begraben zu sein. Tausende Worgass drängten sich in den Schutzräumen zusammen und machten von ihrer neugewonnenen Redefreiheit regen Gebrauch. Die Geräuschkulisse nahm zu. Über installierte Lautsprecher informierte die Admiralität ihre Untergebenen über die bevorstehende Flugaktion.

»Dies ist eine Übung«, tönte es aus den Lautsprechern. »Die Schutzräume sind als Sicherheitszone für unsere Clans gedacht, falls ein Angriff fremder Species erfolgt. Das ist jetzt nicht der Fall. Verhalten sie sich ruhig. Unser Schutzschirm wurde aktiviert und hat seine maximale Leistungsgrenze erreicht. «

Furcht und Panik machte sich in einigen Worgass breit. Auf großen Monitoren konnten sie das Geschehen außerhalb der Schutzräume mit verfolgen. Sie wussten, dass ein Testfeuer auf den Schutzschirm mindestens 60 Minuten andauern würde. Mit den Daten der Leistungsfähigkeit der zierrakischen Schutzschirme in ihren Köpfen, konnten sie sich nicht vorstellen, dass der Schirm des Neuen-Imperiums diesen massiven Beschuss standhalten würde.

Captain Fragphan blickte Leutnant Vragryth an.
»Hoffen wir einmal, dass die Angaben auf den EWK-Datenfolien der Wahrheit entsprechen«, flüsterte er. »Mir ist nicht ganz geheuer bei dem Versuch.«

»Es wird schon schiefgehen, sagen die Menschen in solchen Situationen«, lächelte Leutnant Vragryth. »Aus Fehlern kann man nur lernen.«

»Wo haben sie denn diesen Spruch her?«, fragte der Captain.

»Den habe ich bei einigen Technikern des Neuen-Imperiums aufgeschnappt«, antwortete der weibliche Offizier. »Sie sehen das alles etwas gelassener als wir.«

Captain Fragphan konnte sich vorstellen, dass der Schirm bis an die Grenzen seiner Leistungsfähigkeit getestet wurde. Er blickte auf den großen Bildschirm an der Wand des Schutzraumes. Exakt 90 zierrakische Groß-Kampfschiffe waren von dem Landefeld gestartet und beschleunigten dem Himmel entgegen.

»Die Schiffe sind gestartet«, sagte Captain Fragphan. »Sie werden ihre Positionen in der Umlaufbahn des Planeten einnehmen und von dort aus, den von den Menschen so gelobten Super-Schutzschirm testen. «

Er fühlte sich nicht mehr wohl. Der Captain fragte sich, warum er nicht versucht hatte, sich anderenorts zu verstecken. Warum mussten es unbedingt diese Schutzräume sein, die alle unterhalb des Schirmes lagen. Warum konnte er sich nichts Besseres einfallen lassen, als diesen Ort, unter der Erde eines neuen Planeten.

Er war müde, Schlaf hatte er auch noch keinen gehabt. Vielleicht störten ihn aber auch die lauten Diskussionen der umherstehenden Personen, die offensichtlich der Ansicht waren, dass sie in dem gelobten Land angekommen seien.

»Müssen uns die Spezialisten immer wieder weiß machen, dass nichts passieren kann? «, fragte er. » Die teilweise haarsträubenden Geschichten, von einem undurchdringbaren Schutzschirm, kann ich nicht glauben.«

»Jetzt höre endlich auf«, fuhr Leutnant Vragryth ihn an. »Ein wenig Vertrauen sollten wir der Technik des Neuen-Imperiums schon entgegenbringen. «

»Du hast nicht die geringste Ahnung, von was du redest«, knurrte der Captain. »Jeder Schutzschirm hat seine Schwachstellen.«

»Möglicherweise weißt du es aber«, antwortete die Technikerin ärgerlich. »Die Schutzschirme der Flotte von Tarid waren auch bei dem Angriff auf die zierrakische Flotte wesentlich leistungsstärker. Es gibt derzeit keinen besseren Schutz in der Galaxis. Wenn du dich verrückt machen möchtest, dann nur zu.«

»Ich bin nicht der einzige Captain hier, der seine negativen Erfahrungen mit den zierrakischen Schutzschirmen gemacht hat«, erwiderte Captain Fragphan. »Sie sind zwar eine Technikerin von Bord eines zierrakischen Kampfschiffes, trotzdem verstehe ich ihre Blauäugigkeit nicht. Wir haben alle gesehen, wie eine große Anzahl Schiffe die zierrakischen Schutzschirme zum Kollabieren bringen konnte. Warum sollte es diesmal anders sein?«

»Die Konstruktionsweise dieses Schutzschirmes ist völlig anders«, antwortete Leutnant Vragryth. »Ich habe mir die Konstruktionszeichnungen genau angesehen. Der Schirm ist ein ausgeklügeltes, durchdachtes Meisterwerk. Die Energien eines möglichen Strahlenbeschusses werden von dem Schirm verwendet, um zusätzlich seine Struktur zu verstärken. Er leitet die Strahlen nicht ab, sondern nimmt diese in sich auf und verstärkt hierdurch nochmals sein Absorber-Feld. Sobald der aktuelle Test-Angriff vorüber ist, werden sie es erkennen.«

Captain Fragphan antwortete nicht auf die Aussage des weiblichen Leutnants. Er drehte seinen Kopf zur Seite. Hinter ihm steigerte sich die Unruhe bei einigen Personen. Offensichtlich war jemand unter der Anspannung zusammengebrochen. Viele Stimmen redeten wirr durcheinander. Captain Fragphan sah einen Mann wild um sich schlagen. Er wurde von anderen Worgass beruhigt, doch er entwickelte ziemlich starke Kräfte. Erst herbeigeeilte Personen des Sicherheitsdienstes konnten ihn beruhigen.

»Proton 137 muss abgeschaltet werden«, bemerkte der Mann. »Er soll sabotiert werden und ist gefährlich. Wir können ihn nicht ans Netz gehen lassen.«

Die meisten Personen in dem Schutzraum drehten ihren Kopf dem Mann zu.

Leutnant Crorgohas, ein Vertrauter des ehemaligen zierrakischen Kaisers, versteckte sich hinter einem Pfeiler. Er hatte genug gehört.

»Was weiß dieser Mann von Proton 137?«, fragte er sich. » Wird mein neuer Plan ebenfalls misslingen?«

Er sah, wie medizinisches Personal versuchte, den Mann auf eine Bahre zu leben. Wieder schlug er wild um sich. Die Mediziner versuchten ihn erfolglos auf die Seite zu drehen.

»Es ist Proton 137«, sagte der Mann. »Er stürzt uns alle ins Unglück. Proton 137 ist eine Bedrohung.

»Was ist Proton 137?«, fragte eine Krankenschwester.

Der Blick des Verwirrten traf sie. Ein Medi-Roboter eilte herbei und injizierte dem Unruhestifter ein starkes Beruhigungsmittel. Die Bewegungen des Mannes erlahmten, trotzdem spiegelte sich in seinem Blick noch immer die gleiche wilde Entschlossenheit. Er schien noch etwas sagen zu wollen, doch er brachte nichts mehr über seine Lippen.

»Welchen Beruf haben sie?«, fragte die Krankenschwester.

Der Mann lachte laut auf.

»Proton hat mich gerufen«, antwortete er. »Ich bin sein Sprecher. «

Die Mediziner transportierten den kollabierenden Mann ab. Leutnant Crorgohas hatte ihn nicht aus den Augen gelassen.

»Dieser Mann weiß etwas«, dachte er. »Ich muss ihn noch vor meinem Plan ausschalten. Er wird sicherlich in der zentralen medizinischen Halle versorgt werden. «

Langsam schritt der Leutnant dem medizinischen Personal hinterher. Captain Fragphan und Leutnant Vragryth blickten dem Abtransport des verwirrten Mannes eine Zeit lang nach. Dann drehten sie wieder ihren Kopf und blickten auf den großen Monitor, welcher die Außen-Szenen übertrug. In der Hektik des Geschehens hatten sie den Beginn des Angriffes der Worgass-Schiffe auf dem Schirm verpasst. Sie sahen, wie tausende Laser-Strahlen in den Schirm schlugen.

Die Energie wurde von ihm aufgenommen. Der Super-Schutzschirm strahlte in einem kräftigen Gelb. Fast wütend erhöhten die Worgass-Schiffe ihren Beschuss. Doch der Schirm hielt. Noch nicht einmal eine leichte Rotverfärbung war zu erkennen. Nach langen 30 Minuten sahen die Angreifer die Nutzlosigkeit ihres Beschusses ein. Der Trommelbeschluss des Super-Schutzschirmes endete schlagartig. Der Schirm hatte seine Bewährungsprobe bestanden.

Die Ansagen der Lautsprecher wiesen auf die Beendigung des Testes hin. Die versammelten Personen durften die Schutzräume wieder verlassen und sich ins Freie begeben. Die Erleichterung war ihnen auf dem Gesicht anzusehen.

Captain Fragphan stand der Schweiß auf der Stirne. Leutnant Vragryth lachte laut auf.

»Was habe ich dir gesagt«, bemerkte sie. »Die Datenfolien waren korrekt.«

»Es freut mich, dass du Recht hattest«, antwortete er. »Ich lasse mich gerne eines Besseren belehren.«

Sie folgten den Massen der Worgass, die auf den großen Platz in der Mitte der Kolonie zuströmten.

»Vermutlich wird uns jetzt Commander Breckphan den Schutz-Schirm schönreden«, bemerkte der Captain. »Doch ich bleibe bei meiner Meinung. Eine Schwachstelle hat jeder Schirm. Auch dieser aus der Fertigung des

Neuen-Imperiums. Vermutlich ist er nur noch nicht entdeckt worden.«

Leutnant Vragryth blickte nach links und erkannte eine Person, die sich gegen den Strom der Worgass- Personen bewegte. Sie sah genauer hin und erkannte Leutnant Crorgohas. Für eine Weile ließ sie ihn nicht aus den Augen, bis sie sicher war, wohin er wollte.

»Hast du Leutnant Crorgohas einen Sonderbefehl gegeben?«, fragte sie ihren Vorgesetzten.

»Nein«, antwortete dieser. »Wir alle sollen uns doch auf dem großen Platz versammeln, um der Rede von Commander Breckphan beizuwohnen. Warum fragst du?«

»Ich habe ihn gerade gesehen«, antwortete die Technikerin. » Er läuft in die entgegengesetzte Richtung. Vermutlich will er zur Maschinenhalle? «

»Er wird etwas kontrollieren wollen?«, antwortete der Captain. » Der Leutnant wird sich noch einmal die Werte der Generatoren ansehen wollen? «

»Aber in die Halle kommt er jetzt nicht mehr hinein«, erwiderte Leutnant Vragryth. »Ich habe das Schott verschlossen und den Sicherheits-Code aktiviert. Die Öffnung kann nur zu den regulären Wartungsintervallen, oder durch die Eingabe eines übergeordneten Codes durchgeführt werden.

»Das ist die Vorschrift«, lächelte der Captain. »Dann wird er sicherlich gleich zurückkehren. «

»Proton 137«, wiederholte sie in ihren Gedanken. Aber der Name sagte ihr nichts.

Die Begleit-Flotte des Neuen-Imperiums sicherte jeweils zur Hälfte die Planeten Sira und Garth mit jeweils 250 Schiffen der Naada-Klasse ab. Major Travis rechnete zwar nicht mit dem Auftauchen fremder Flotten- Verbände, jedoch wusste er auch, dass es immer noch Rassen in der Milchtrasse gab, die dem Neuen-Imperium nicht besonders gut gesonnen waren. Hierzu gehörten speziell die Piraten-Clans und das Volk der Najekesio. Aus diesem Grunde bevorzugte er den Schutz eines starken Kampf-Verbandes.

Das Flaggschiff von Commander Hanks, hatte die Termar 1 und das Evolutions-Schiff von Heran bereits in den Ortungstastern, als beide Schiffe von Sira aufgestiegen waren. Ihr Flug wurde lückenlos erfasst. Nach einer kurzen Rückfrage bot er Major Travis, sein Schiff mit zwölf seiner Angriffs-Kreuzer bei der Landung auf dem Planeten zu eskortieren.

Major Travis sagte zu, nicht zuletzt, weil die Sicherheitsbestimmungen des Neuen-Imperiums es so vorsahen.

Die 14 Schiffe flogen langsam in die Umlaufbahn des großen Planeten ein. Mit gedrosselter Geschwindigkeit tauchten sie in die Atmosphäre ein und gingen in den Sinkflug über. Nur 3.000 Meter über dem Erdboden, reduzierte die Flotte ein weiteres Mal ihr Tempo.

»Bitte den Außen-Monitor einschalten«, sagte Major Travis.

Der große Panorama-Bildschirm der Termar 1 erhellte sich und gab die andersartige, neue Welt der Worgass wieder. Der Boden zeigte sich wild porös. Er bestand größtenteils aus trockener brauner sandiger Erde. Die kümmerlichen Bäume und Sträucher wirkten wesentlich kleiner als in grünen Ebenen, welche durch Flüsse durchzogen wurden.

Langsam flog die Flotte auf die breite Ebene zu, auf denen die Worgass ihre Kolonie errichteten. Bereits von Weiten konnte die Crew den gewaltigen Raum-Flughafen erkennen, auf denen die zahlreichen Worgass-Großkampfschiffe abgestellt waren. Die mächtigen Ladeschotts der Schiffe waren geöffnet. Techniker standen in den Luken und übergaben Gegenstände an Roboter, die hiermit Transportgleiter beluden.

Ständig hoben Gleiter ab und flogen die Stadt an, um Material nachzuliefern. Die Kolonie glich einem Ameisenhaufen. Unzählige arbeitende Personen hielten sich an unterschiedlichen Baustellen auf. Kolonnen von Arbeits- Roboter passten Material an. Sie wurden von dem technischen Personal des Neuen-Imperiums unterstützt.

»Sie sind sehr fleißig«, bemerkte Major Travis. »Die Worgass konnten innerhalb kürzester Zeit bereits alle Unterkünfte für ihre Leute fertigstellen. Sie lernen sehr schnell.«

»Vermutlich ist das auch ein Grund, warum sie gerne von anderen Rassen als Diener missbraucht wurden«, bemerkte Commander Brenzby. »Sie arbeiten zuverlässig.«

Sergeant Farmer hatte bereits Commander Breckphan über die bevorstehende Landung der kleinen Flotte informiert.

»Suchen sie sich einen freien Landeplatz«, teilte der Commander mit. »Wir konnten noch keine organisierte Anflugs-Kontrolle einrichten. Der Raum-Flughafen ist aber groß genug geplant worden. Er kann weitere Schiffe aufnehmen.«

»Wir sehen es«, antwortete Major Travis. »Trotzdem haben sie unseren vollen Respekt, was sie in dieser kurzen Zeit schon alles geschafft haben.«

Das Gespräch wurde beendet.
Sergeant Hausmann setzte das Schiff gekonnt vorsichtig auf einen freien Platz des Landefeldes auf. Versetzt dahinter landeten das Evolutions-Schiff von Heran und die zwölf Naada-Kreuzer, welche unter dem Befehl von Commander Hanks standen.

Major Travis übergab das Kommando der Termar 1 an den stellvertretenden Leutnant Bender. Dann eilte die Bodengruppe zur Schleuse.

Ein großer Transport-Gleiter der Worgass wartete vor den Schiffen. Commander Breckphan ließ es sich nicht nehmen, die Gäste persönlich zu begrüßen. Er hatte sich an den Anblick der beiden Tart- Personenschutz-Roboter nur mühsam gewöhnt. Sie begleiteten den Major bei jedem seiner Außenmissionen. Commander Breckphan trat auf die Gruppe zu.

»Was sagen sie?«, fragte er sichtbar stolz. »Sind wir nicht schon weit vorangekommen?«

Major Travis nickte
»Ich bin erstaunt«, antwortete er. »Sie haben die Wissensimplantation schneller umgesetzt, als wir vermuten konnten. Wenn sie in diesem Tempo weiterarbeiten, dann können wir sie in Kürze allein lassen, um wieder unseren Aufgaben nachkommen zu können.«

Commander Breckphan zeigte auf den wartenden Gleiter.

»Darf ich sie bitten, mich zu begleiten?«, fragte der Commander. »Wir haben eine erste Leitstelle eingerichtet, von der wir alle Arbeiten überwachen und steuern können. Dort warten noch einige unserer Offiziere, die sie kennenlernen möchten.«

»Gerne«, antwortete der Major.
Die Gruppe folgte dem Commander in den großzügigen Truppen-Transportgleiter, vor dessen Schott zwei Sicherheits-Offiziere warteten. Als die Gäste auf sie

zutraten, salutieren sie nach Vorgaben des Neuen-Imperiums.

Major Travis lachte.
»Ich sehe, sie haben sich schon einige Gepflogenheiten von uns zu Eigen gemacht? «

»Es geht um ein besseres Verständnis«, antwortete Commander Breckphan. »Einheitliche Begrüßungsformeln werden sicherlich nicht falsch verstanden werden. «

Heinze war unterdessen sichtbar nachdenklich geworden. Auf seiner Stirn waren zwei tiefe Falten entstanden.

Major Travis wusste, dass der Ro ihn sofort informieren würde, wenn er etwas Handfestes herausfinden sollte.

Die Sicherheits-Offiziere von Commander Breckphan ließen die Gäste in den Gleiter einsteigen und schlossen das Schott. Anschließend stiegen sie in den vorderen Bereich des Gleiters ein. Langsam hob die Maschine vom Boden ab und gewann an Höhe. Der Pilot flog eine Schleife und hielten auf die neugebaute Kolonie zu. Nach einer kurzen Flugdauer war der zentrale Platz, in der Mitte der Kolonie erreicht.

Der Gleiter setzte auf dem glasierten Boden auf. Ein Sicherheits-Offizier sprang aus dem Cockpit des Gleiters und öffnete das Schott. Die Gäste blickten sich interessiert um. Es gab nicht eine Stelle, an der nicht fleißig gearbeitet wurde. Scheinbar hatte jeder Worgass eine Aufgabe übernommen.

»Wie sie sehen, haben wir mit einer Großbaustelle begonnen«, bemerkte Commander Breckphan. »Sie muss für sie unüberschaubar aussehen, doch es wird genau nach Plan gearbeitet und es sind bereits erste Fortschritte zu verzeichnen. Die Wasserversorgung konnte erfolgreich aufgebaut, ebenso die Energieversorgung installiert werden. Selbst die große Generatoren-Halle ist von unseren Technikern nach ihren Plänen verkabelt und angeschlossen werden. Der von ihnen zur Verfügung gestellte Super-Schutzschirm verrichtet perfekt seine Funktion. Wir haben ihn auf seine Wirksamkeit getestet. Ihre von uns im Vorfeld belächelten Angaben wurden bestätigt. Entschuldigen sie bitte unsere Zweifel. Einen solchen wirksamen Schirm haben wir bislang noch nicht gesehen. Er ist auch durch einen massiven Dauerbeschuss von 90 Kampfschiffen nicht zum Kollabieren gebracht worden.«

Major Travis lachte.

»Sie können uns vertrauen«, antwortete er. »Wir haben kein Interesse daran, sie mit falschen Angaben zu versorgen. Wir sind es gewohnt, ehrlich mit unseren Partnern umzugehen. «

Commander Breckphan blickte ihn an und nickte.
»Sie haben es bereits bei unserem Anflug gesehen«, teilte der Worgass Commander mit. »In der Peripherie unserer Kolonie legen Agra-Wissenschaftler bereits große Felder an und sähen den von ihnen übergebenen Samen aus. Ich hoffe, dass wir in Kürze eine eigene Ernte einbringen und uns selbst versorgen können. Ab diesem Zeitpunkt sind wir nicht mehr von ihren Hilfsgütern abhängig, die sie uns freundlicherweise zur Verfügung stellen. «

»Überstürzen sie nichts«, antwortete der Major. »Wir haben ihnen zugesichert, dass wir sie bis zu ihrer Selbstversorgung unterstützen. Hieran halten wir uns auch. «

»Wie sieht es auf Sira aus? «, fragte Commander Breckphan. » Wie weit ist Admiral Dragon mit der dortigen Kolonie gekommen? «

»Es waren noch einige Vorarbeiten zu erledigen«, bemerkte Heran. »Die Strahlung des radioaktiven Sonnensteins der Bewahrer konnte neutralisiert werden.

Wir konnten erfolgreich, den für ihren Lebensbereich so notwendigen Eingrenzungs-Schirm aufbauen, der die von ihnen benötigte Handfläche von 280.000 Quadratmeter abschließt. Der Abgrenzungs-Schirm wurde bereits aktiviert. Die Hypertronic-KI der Bewahrer beginnt derzeit mit dem Anpassung der Fläche, um den Lebensraum für das Volk der Bewahrer zu erstellen.

Synchron hierzu hat Admiral Dragphan den Startschuss gegeben, mit dem Aufbau der Kolonie zu beginnen. Sie wird in dem angrenzenden Tal errichtet, nicht weit von der Fläche der Bewahrer entfernt. Admiral Dragphan wollte die Kommunikation mit den Bewahrern nicht erschweren und hat auf einen entfernten Standort für die Kolonie verzichtet.«

»Das halte ich für eine gute Entscheidung«, bemerkte Commander Breckphan.»Speziell auf Sira werden wir uns mit den Bewahrern absprechen müssen.«

»Der Planet ist wesentlich rohstoffreicher als Garth«, teilte Major Travis mit.»Admiral Dragphan hat mich beauftragt ihnen mitzuteilen, dass sie unbedingt die Transmitter-Verbindung aufbauen möchten, damit ein problemloser Personentransport zwischen den Planeten möglich ist.«

»Das höre ich gerne«, erwiderte der Commander. »Der Aufbau des Transmitter-Zentrums wird unsere nächste Aufgabe sein. «

Er drehte sich um und winkte zwei Worgass-Offiziere zu sich.

»Darf ich ihnen unsere leitenden technischen Offiziere vorstellen, die auch schon für den Aufbau unserer Energieversorgung zuständig waren. Sie haben den Aufbau und die Verkabelung der vielen Energie-Generatoren problemlos gemeistert. «

Die beiden Offiziere traten näher und salutierten vorschriftsmäßig.

»Es ist schön sie kennenzulernen«, sagte Major Travis. »Wie wir sehen, haben sie ja schon die wichtigste Aufgabe ihrer Kolonie gelöst? «

»So einfach war es nicht«, lächelte Captain Fragphan. »Ohne ihr technisches Personal wären wir noch nicht so weit. Wir hatten einige Probleme mit der korrekten Verkabelung der Generatoren. Doch dank ihrer Experten konnten wir alle Fehler beseitigen. «

Leutnant Vragryth blickte auf Heinze.

»Was haben sie denn für ein niedliches Maskottchen dabei?«, fragte sie. »Ist es auf ihren Schiffen üblich, ein Tier mitzunehmen?«

Der Gesichtsausdruck von Heinze veränderte sich. Ärgerlich blickte er die Worgass-Technikerin an.

»Ich bin kein Tier«, erklärte er.

Leutnant Vragryth trat irritiert einen Schritt zurück.

»Es kann ja reden«, sagte sie erstaunt.

»Warum sollte es nicht sprechen können?«, imitierte Heinze die Stimmlage des Leutnants.

»Entschuldige bitte«, antwortete sie. »Ich wollte dich nicht beleidigen. Ein so niedliches Wesen ist mir bisher noch nicht begegnet.«

»Es ist immer wieder das Gleiche«, murrte Heinze. »Wesen mit einem Pelz werden auf allen Planeten als Tiere angesehen.«

Schnell trat Leutnant Vragryth etwas näher an Heinze heran. Sie kraulte ihm den dichten Haarbesatz auf seinem

Kopf. Dann fuhr sie liebevoll mit ihrer Hand auf seinem Rücken und streichelte ihn.

Genussvoll knurrte Heinze. Es schien ihm zu gefallen. Der Ro ließ es gewähren. Fast schon instinktiv fasste er mit seinen Psi-Kräften nach ihren Gedanken.

Vorsichtig trat er einen Schritt von ihr zurück. Irritiert blickte er sie an.

»Sie machen sich gerade Gedanken, wegen einem ihrer Techniker«, bemerkte Heinze. »Warum verwundert sie sein Verhalten? «

Mit aufgerissenen Augen blickte Leutnant Vragryth den Ro an.

Major Travis hatte die Reaktion der Worgass-Technikerin registriert.

»Machen sie sich keine Gedanken«, sagte er. »Heinze ist unser Verbündeter. Eine seiner Fähigkeiten ist es, die Gedanken anderer Wesen lesen zu können. «

Auch das Gesicht von Commander Breckphan verdunkelte sich.

»Kann man sich davor schützen?«, fragte er.

»Nein«, antwortete Major Travis. »Hiergegen hilft nur Ehrlichkeit. Sehen sie das als eine zusätzliche Sicherheits-Überwachung an. Heinze kann nur niederträchtige Gedanken auffangen. Er filtert Übertragungen heraus, die ihrer Kolonie, oder dem Neuen-Imperium schaden möchten.«

Major Travis hatte bewusst dem Commander nicht alle Fähigkeiten von Heinze mitgeteilt. Der Stellvertreter von Admiral Dragphan schien zufrieden zu sein. Major wusste nicht, wie die Worgass hierauf reagieren würden.

»Es ist richtig«, beantwortete Leutnant Vragryth die Frage. »Mir ist ein Techniker aufgefallen, der sich seltsam verhielt. Als wir alle zu dem Platz der Versammlung gerufen wurden, ist er in die entgegengesetzte Richtung gelaufen. Vermutlich um noch einmal die Generatoren-Halle zu kontrollieren?«

Major Travis blickte den Ro an.
»Kannst du einen Scan der evakuierten Worgass vornehmen«, fragte er. »Fallen dir irgendwo negative Gedanken auf?«

Heinze nickte.

»Ich probiere es«, erklärte er.

Der Ro legte seinen Kopf schräg und ließ die Kräfte seines Geistes freien Lauf. Diese schnappte nach allen Gedanken, welche die zahlreichen Lebewesen auf dem Planeten aussandten. Nach einer kurzen Weile schüttelte er den Kopf.

»Fehlanzeige«, teilte er mit. »Ich kann keine negativen Gedanken in der Worgass-Kolonie erfassen.«

»Das habe ich auch nicht anders vermutet«, antwortete Commander Breckphan. »Wir haben die Evakuierten sorgfältig geprüft. Sie alle hassen ihr altes Leben. Niemand wollte in der Hemisphäre der Zierrakies bleiben.«

»Vermutlich sind meine Befürchtungen unangebracht«, sagte, Leutnant Vragryth. »Warum sollte einer unserer Leute uns schaden wollen? Es war nur so und ein Gefühl.«

»Solche Aussagen bringen unsere ganze Gemeinschaft in Misskredit«, bemerkte Commander Breckphan. » Halten sie solche Gedanken zukünftig für sich. Ohne Beweise können wir nichts unternehmen.«

Verlegen blickte die gescholtene Technikerin zu Boden. »Ich hätte es eigentlich nicht erwähnen wollen, doch Heinze hat meine Gedanken erkannt«, erwiderte sie.

Major Travis hob seine Hand und gebot dem Commander Einhalt.

»Sie sollten Leutnant Vragryth nicht böse sein«, sagte er. »Ich verstehe ihre Gedanken lediglich als Sorge. Sie können stolz auf ihre Technikerin sein. Sie identifiziert sich bereits mit ihrer neuen Kolonie.«

Heinze blickte den Commander an.
»Wenn ich derzeit keine negativen Gedanken aufspüren kann, könnte das mehrere Ursachen haben«, erklärte er. »Die betreffende Person ist im Moment nicht auf diesem Planeten, oder sie befindet sich in einem Schlafzustand. Mir ist es nur möglich, Gedanken von wachen Personen zu erfassen.«

Commander Breckphan verstand.
»Bleiben sie weiter wachsam«, befahl er an die Anschrift von Leutnant Vragryth. »Wir können uns keinen Saboteur in unserer Kolonie leisten.«

Leutnant Crorgohas, der Vertraute des zierrakischen Kaisers lag auf einer Pritsche in dem Worgass-Schiff, mit dem er evakuiert wurde. Der große Gemeinschaftsraum war fast leer. Drei weitere kranke Worgass wurden von einem Mediziner-Team behandelt. Sie lagen etwas abseits in isolierten Kabinen. Scheinbar hatten sie den langen Flug nicht gut überstanden. Leutnant Crorgohas, hatte zwei Stunden geschlafen, um wieder zu Kräften zu kommen. Er richtete sich auf der Pritsche auf. Zahlreiche Gedanken schwirrten durch seinen Kopf. Er wusste, dass in Kürze die Wartungsgruppe wieder einen Zugang zu den Energie-Generatoren erhalten würde.

»Das ist vermutlich meine letzte Gelegenheit? «, dachte er. » Zukünftig dürfen nur noch eingeteilte Techniker diesen gesicherten Bereich betreten. Für fremde Personen ist der Zugang verboten. «

Bedächtig stand er von seiner Pritsche auf und schaute sich um. Niemand beachtete ihn.

Er blickte die zahlreichen Container an, die an den Wänden gestapelt waren. Hierin waren wichtige Geräte der zierrakischen Technik verstaut, die aber erst später benötigt wurden. Dort hatte er ein Versteck für seine Utensilien gefunden. Unauffällig schritt er auf sie zu. Zwischen dem vierten und fünften Container klaffte eine breite Nische. Der Leutnant bückte sich und griff mit einer Hand hinein. Er zog eine Art Sack heraus. Vorsichtig, fast zögernd griff er hinein. Erleichtert atmete aus. Die fünf Mikrobomben langen unversehrt in dem Versorgungs-Beutel. Den Rücken den Medizinern gewandt, verstaute er die Mikro-Bomben in den Taschen seiner Arbeitskleidung. Den leeren Sack warf er wieder in die Nische zwischen den Containern.

Lächelnd schaute an seiner Arbeitskleidung herunter. »Die Mikro-Bomben in meinen Taschen fallen nicht auf, « dachte er. »Die Ausführung meines Befehls kann beginnen. «

Erleichtert drehte er sich um und schritt auf die Schleuse des Großraum-Schiffes zu. Als er die ausgefahrene Rampe des Schiffes herunter schritt, blickte er voller Skepsis auf die errichtete Kolonie der evakuierten Worgass. Obwohl er ebenfalls der gleichen Rasse entstammte, hatte er sich immer unter der Regentschaft der Zierrakies wohlgefühlt. Keiner der gefederten Vogelköpfe hatte ihn jemals diskriminiert, oder ihn an seine degenerierte Lebensform erinnert. Im ganzen Universum leisteten unzählige Worgass-Stämme ihren Herren hilfreiche Dienste.

»Warum soll sich das zukünftig ändern«, dachte er. »Ich verstehe den plötzlichen Sinneswandel meiner Brüder nicht. Vielleicht reicht es aus, sie daran zu erinnern, wer die wirklichen Befehlshaber in der Galaxis sind. «

Leutnant Crorgohas dachte an die letzten Stunden des zierrakischen Imperiums zurück. Voller Wut, Entsetzen und Hass, riefen die Offiziere der kaiserlichen Kaste ihm und seinen Kollegen unsinnige Befehle zu. Der Leutnant erkannte damals die völlige Ratlosigkeit der zierrakischen Führung. Der lange vermutete Angriff der Ablonder war über die Flotte der Zierrakies hinweg gerollt und hatte sie problemlos ausgeschaltet. Er erinnerte sich an die Begegnung mit dem Kaiser und an seine letzten Worte.

Der zierrakische Kaiser ließ die aufgeregte Befehlsgebung der zierrakischen Lordschaft mit einer scharfen Handbewegung verstummen. Ärgerlich blickte er seine Führung an und schüttelte seinen Kopf. Dann gab er Lord Byrdrasith ein Zeichen.

»Das heillose Durcheinander hilft niemanden«, sagte er. »Die Situation ist nicht mehr zu retten. Ich erteile Lord Byrdrasith das Wort.«

Dieser nickte und trat nach vorne. Der Lord blickte die Infiltranten an.

»Den lange von uns totgesagten Ablondern ist es gelungen, mit Hilfe von weißhäutigen Humanoiden aus der Milchtrasse, unsere glorreiche Flotte erfolgreich zu besiegen«, sagte er. »Das erste Mal in unserer Geschichte wurden wir von minderwertigen Rassen geschlagen. Die Zeit läuft uns davon. Die Flucht unseres Kaisers und aller seiner Getreuen wird vorbereitet. Wir werden unser Heimat-System verlassen und an anderer Stelle das zierrakische Imperium neu entstehen lassen. Erst wenn wir unsere alte Flottenstärke wieder erreicht haben, werden wir zurückkehren. Dann Gnade allen Species, die sich mit den Ablondern vereinigt und ihre Waffen gegen die Zierrakies erhoben haben. Unsere Vergeltung wird das Universum reinigen und die Angreifer aus den Geschichtsbüchern verbannen.«

Laute Zustimmung und Beifall wurde laut.
Lord Byrdrasith hob seine rechte Hand.

»Lassen sie mich bitte ausreden«, sagte er. »Der Schrei der hinterhältigen Worgass nach Freiheit und Selbstbestimmung wurde von den Siegermächten erfüllt. Sie verlassen unseren Lebensraum.«

Er zeigte mit seiner Hand auf die vor ihm stehende Gruppe.

»Sie sind unserer verlängerter Arm«, teilte er mit. »Ihre Ausbildung hat sie zu unseren besten Geheimagenten gemacht. Alle ihre bisherigen Aufgaben konnten sie erfolgreich zum Abschluss bringen. Unser Kaiser ist stolz auf sie. Wir haben eine letzte Aufgabe für sie. Vernichten sie die Kolonie der Worgass auf ihrem neuen Planeten.«

Ein Raunen ging durch die Menge der Zuhörer. Der Kaiser war aufgestanden.

»Macht mit ihnen, was ihr wollt«, tobte der Kaiser hysterisch. »Aber sorgt dafür, dass sie nicht überleben. Diese Worgass waren unsere Brüder, unsere Diener und unsere Vertrauten. Leider haben sie sich zu großem Abschaum gewandelt. Die evakuierten Worgass sind allenfalls noch dazu geeignet, getötet zu werden. Vernichtet alle Abtrünnigen, zerstört ihre Stadt und sprengt ihren Planeten. Sie verdienen ihn nicht. Statuiert ein Exempel für alle Worgass-Clans in der Galaxie. Zeigt ihnen was passieren kann, wenn einzelne Clans ihren Herren in den Rücken fallen.

Macht euch keine großen Gedanken über sie. Niemand unter der abtrünnigen Dienerschaft ist es würdig, als Krieger behandelt zu werden. Mischt euch unter Gleichgesinnte und lasst sie eure Absichten nicht merken. Werdet erst aktiv, wenn der neue Planet der Worgass vor euch liegt und der Aufbau der Kolonie begonnen hat. Bringt mir den Kopf von Admiral Dragphan. Er ist für das ganze Übel verantwortlich.«

Die Erinnerungen verblassten. Leutnant Crorgohas wusste, dass Admiral Dragphan von seinen Sicherheits-Offizieren abgesichert wurde.

» Diesen Wunsch des Kaisers werde ich kurzfristig nicht erfüllen können«, dachte er. » Aber vielleicht ergibt sich später einmal die Gelegenheit hierzu. «

Er schritt durch die breiten Straßen der neuen Kolonie, auf die vor ihm liegende technische Leitstelle der Generatoren-Halle zu. Das Licht in dem gesicherten Gebäude brannte bereits. Der Leutnant ging durch die Türe, auf den stellvertretenden diensthabenden Techniker zu.

»Leutnant Crorgohas meldet sich zum Dienst«, sagte er. Der Einsatzleiter blickte auf den Belegungsplan und schüttelte seinen Kopf.

»Leutnant Vragryth hat sie heute nicht eingeteilt«, antwortete er.»Ich kann ihnen keinen Zutritt gewähren.«

»Ich habe den Auftrag die Synchron-Schaltung der Energie-Generatoren zu optimieren«, antwortete der Leutnant verärgert

Er schlug mit seiner Hand auf den Tisch der Anmeldung. »Captain Fragphan hat mir persönlich den Auftrag hierzu erteilt«, sagte er.

»Darüber habe ich keine Informationen«, erwiderte der Stellvertreter. »Ich kann sie nicht hineinlassen. «

Vier Kampf-Roboter standen an den Wänden. Sie verfolgten das Gespräch emotionslos. Ohne Zuruf bewegten sie sich auf den Leutnant zu. In bedrohlicher Stellung bauten sich vor ihm auf. Ihre Laser-Gewehre lagen aktiviert in ihren Armbeugen.

Leutnant Crorgohas trat etwas von dem Anmelde-Tresen zurück.

»Fragen sie bitte nach und lassen sie sich den Befehl bestätigen«, erwiderte er. »Es ist von äußerster Wichtigkeit, dass die Generatoren exakt aufeinander abgestimmt werden. «

Der Stellvertreter der technischen Leitung griff nach seinem Communicator. Er drückte die Nummer von Captain Fragphan.

Geduldig wartete Leutnant Crorgohas. Äußerlich wirkte er gelassen. Nur innerlich war er zerrissen. Seine Augen suchten nach einem Fluchtweg. Erleichtert registrierte er, dass keine Verbindung zu Captain Fragphan zustande kam.

»Ich erhalte keine Verbindung«, erwiderte der Stellvertreter. »Captain Fragphan und Leutnant Vragryth wurden zu einem Gespräch bei Commander Breckphan gerufen. Ich kann sie im Moment nicht erreichen. «

»Dann gehe ich jetzt wieder«, sagte Leutnant Crorgohas. »Informieren sie bitte Captain Fragphan, dass ich mich rechtzeitig zum Dienst gemeldet habe, doch von ihnen daran gehindert wurde. Sie werden dem Commander ebenfalls erklären müssen, warum einige der neuen Generatoren explodieren konnten, weil sie mich an der Feineinstellung gehindert haben. Sie werden sich hierfür verantworten müssen. «

Der Techniker Hragphan war die rechte Hand von Leutnant Vragryth. Er fühlte sich nicht wohl in seiner Rolle. Noch nie hatte er die Vertretung für eine so wichtige Aufgabe übertragen bekommen. Unsicher trat er von einem Bein auf das andere.

»Wie lautet ihr Name? «, erkundigte er sich noch einmal.

»Ich bin Leutnant Crorgohas«, antwortete der Vertraute des zierrakischen Kaisers.

Der Stellvertreter rief einige Arbeitslisten über sein Terminal auf.

»Da habe ich sie«, antwortete er. »Ihre Evakuierung wurde mit dem Schiff 7.987 durchgeführt. Sie konnten bei der Installation der neuen Energie-Generatoren helfen. Ihnen wurde eine Zulassung erteilt. «

Techniker Hragphan hob seinen Kopf und blickte den Leutnant intensiv an.

»Ich dürfte ihnen heute keinen Zutritt gewähren«, erklärte er. »Doch falls etwas mit den neuen Energie-Generatoren passieren sollte, sehe ich größere Probleme auf mich zukommen. Die Generatoren dürfen nicht beschädigt werden. Sehen sie zu, dass sie ihre Arbeit schnell erledigt bekommen. Dann verlassen sie die Sicherheitszone sofort wieder. Ich denke, so können wir verhindern, dass ihr Zutritt bekannt wird. «

»Ich werde mich beeilen«, antwortete Leutnant Crorgohas.

»Doch ich verstehe nicht, warum Captain Fragphan mich nicht in die Listen eingetragen hat? «

Techniker Hragphan schüttelte seinen Kopf.

»Die Listen werden manuell erstellt«, erklärte er. »Sie sehen doch selbst, was hier los ist. Bis wir eine gewisse Ordnung in unsere Verwaltung bekommen haben, wird noch einige Zeit vergehen. «

»Ich werde meine Arbeit machen und die Generatoren-Halle sofort wieder verlassen«, antwortete Leutnant Crorgohas »Hierauf haben sie mein Wort. «

Der Techniker nickte.
»Bringen sie mich bitte nicht in Verlegenheit«, sagte er.

Er richtete sich auf und blickte die beiden Sicherheits-Offiziere an der Schleuse zu der Maschinenhalle an.

»Leutnant Crorgohas kann passieren«, sagte er. »Er wird den Energiefluss der Generatoren abstimmen. Lassen sie ihn bitte passieren. «

Der Leutnant drehte sich um und ging auf die Schleuse zu. Der stellvertretende Techniker blickte dem Mitarbeiter mit gemischten Gefühlen hinterher. Dann sprang er auf und lief zu einem weiteren Techniker, der an einem Monitor saß.

»Aktivieren sie das Überwachungssystem«, flüsterte er. »Wenn die Sensoren und Fühler eingeschaltet sind, wird mir bedeutend wohler sein. Fahren sie vorsichtshalber die Generatoren hoch, die für die Eindämmungs-Felder zuständig sind. Mein System hat eine Unstimmigkeit registriert. Ich versuche weiter Captain Fragphan zu erreichen, um mir seinen Befehl bestätigen zu lassen.«

Der Techniker nickte und nahm die entsprechenden Schaltungen an seinem Terminal vor.

»Soll ich den Sicherheits-Dienst informieren?«, fragte er. Hragphan blickte seinen Kollegen an.

»Ich bin mir unsicher«, erwiderte er. » Es ist nur so ein Gefühl. Falls die Angaben stimmen, machen wir uns lächerlich. «

»Sie haben ihn durchgelassen«, bemerkte der Techniker. »Falls er etwas anderes im Schilde führt, dann kann uns das unseren Job kosten? Admiral Dragphan ist in solchen Dingen sehr unnachgiebig«

»Rufen sie den Sicherheitsdienst«, entgegnete Hragphan. »Wir werden die Sicherheits-Vorschriften einhalten.«

Der Techniker schlug mit seiner Faust auf einen roten Knopf. Rote Leuchten schalteten sich an und wiesen auf einen stillen Alarm hin.

Die Führung der Worgass-Kolonie saß mit ihren Gästen in der neuen Admiralität zusammen. Major Travis, Commander Brenzby, Captain Hanks und Heran besprachen mit Commander Breckphan und einigen Offizieren aus Admiral Dragphans Verwaltung, die zukünftige Vorgehensweise der interplanetaren Zusammenarbeit.

Die Worgass zeigten sich sehr interessiert und nahmen dankbar jegliche Unterstützung an. Sie waren sichtbar bemüht, sich in dem neuen Sternen-System zurechtzufinden.

»Wir installieren in Kürze bei ihnen eine Transmitter-Straße in unser Heimat-System«, erklärte Major Travis. » Diese wird direkt auf Titan enden. Von dort können sie unsere inneren Weiterleitungs-Transmitter nehmen. Es ist jedoch von extremer Wichtigkeit, dass sie vor einem geplanten Transport, eine Bestätigung per Hyperkomm-Funkverkehr von uns anfordern. Das ist eine reine

Vorsichtsmaßnahme. Erst wenn sie diese Bestätigung erhalten haben, wird unsere Gegenstelle aktiviert. Dieser Gegenimpuls aktiviert das grüne Freigabesignal an ihrem Transmitter. Hierdurch erkennen sie, dass der Durchgang stabil ist. Bitte betreten sie erst dann das Portal.«

»Das haben wir verstanden«, antwortete Commander Breckphan. »Diese Transportmittel sind auch ein Bestandteil unserer Wissensimplantation. Der Aufbau einer Transmitter-Verbindung ins Sol-System ist immer mit einer Anfrage der Genehmigung des Transportes verbunden.«

Commander Brenzby nickte.
»Das ist eine reine Sicherheits-Maßnahme«, erklärte er. »Wir erhalten nicht gerne unangemeldete Transporte, oder auch Sendungen, in denen sich möglicherweise Sprengstoffe verbergen. Das gleiche System würden wir ihnen auch empfehlen.«

Commander Breckphan wollte noch etwas sagen, als Alarmsirenen aufheulten. Ein greller Ton füllte den Raum. Der Commander blickte einen seiner Offiziere an. Der sprang auf und eilte aus dem Raum.

»Was ist passiert?«, fragte Major Travis.

»Es ist vermutlich nur eine Verletzung unserer Sicherheitskontrollen«, antwortete der Commander. »Wir werden gleich mehr erfahren. Captain Yockphan kümmert sich bereits hierum.«

Der beauftragte Captain kam wieder in den Sitzungssaal gestürmt.

»Der Alarm wurde in der technischen Kontrollstelle der neuen Generatoren-Halle aktiviert«, teilte er den Gästen mit.

»Das kann nicht sein«, fluchte Leutnant Vragryth. »Wir haben die Anlage mehrfach überprüft. Es können keine Störfälle mehr auftreten.«

»Der Alarm kommt eindeutig aus der Generatoren-Halle«, bestätigte Commander Breckphan. »Ich sehe es auf meinem Kontrollmonitor. Ein Irrtum ist ausgeschlossen.«

Captain Fragphan aktivierte seinen Communicator. Während der Besprechung hatte er ihn vorübergehend ausgeschaltet.

Erstaunt stellte er fest, dass ein Techniker ihn versucht hatte zu erreichen.

Captain Fragphan blickte erstaunt Leutnant Vragryth an. »Hragphan versuchte uns anzufunken«, teilte er mit. »Leider hatte ich meinen Communicator während der Besprechung deaktiviert.«

Er drückte die eingespeicherte Nummer der technischen Kontrollstelle.

»Hier spricht Captain Fragphan«, meldete er sich. »Haben sie den Alarm ausgelöst.«

»Ja«, bestätigte der Techniker nervös. »Wir haben eine personelle Unregelmäßigkeit.«

»Um was für eine Irritation handelt es sich?«, fragte der Captain nach.

»Leutnant Crorgohas hat sich vor wenigen Minuten zum Dienst gemeldet«, teilte der stellvertretende Techniker mit.» Doch wir haben ihn nicht in der heutigen Einteilung. Laut dem aktuellen Dienstplan hat er heut dienstfrei«

»Warum haben sie ihn nicht abgewiesen?«, erkundigte sich Captain Fragphan. »Die Vorgehensweise in solchen Fällen ist doch eindeutig dokumentiert?«

»Leutnant Crorgohas ließ sich von uns nicht abweisen, erwiderte der Techniker. »Er teilte uns mit, dass sie ihm persönlich den Einsatz-Befehl gegeben hätten. Er sollte Schwankungen zwischen den Energie-Generatoren beseitigen. Ich habe versucht sie zu erreichen, jedoch leider ohne Erfolg.«

Captain Fragphan hörte, wie Techniker Hragphan nach Luft schnappte. Dann fuhr er fort.

»Plötzlich fing er an zu schimpfen«, teilte er mit. »Er drehte sich um und wollte gehen. Vorher informierte er uns darüber, falls er die Einstellungen nicht vornehmen könnte, dass wir mit dem Ausfall mehrerer Generatoren rechnen müssten. Bei der kompletten Anlage könnte im schlimmsten Fall ein größerer Schaden entstehen.«

Wieder ließ der Techniker eine kurze Pause entstehen. »Ich habe nachgeschaut, ob er bei der Installation der Energie-Generatoren eingeteilt war. Die Arbeitslisten bestätigten meine Vermutung. Von daher dachte ich, dass er ein entsprechend ausgebildeter Techniker für diese Großanlagen sei. Ich habe ihn dann auf Verdacht eingelassen, aber nur weil er sich auf sie berufen hatte.«

»Die Vorschriften sagen doch klar aus, dass nur Personen eingelassen werden dürfen, die in dem aktuellen

Dienstplan stehen«, erwiderte Captain Fragphan. »Warum müssen alle Bediensteten immer wieder diese Vorschriften umgehen?«

Ohne die Antwort des Technikers abzuwarten, unterbrach er die Verbindung.

»Wir müssen zu unserer Generatoren-Halle«, teilte er den Offizieren der Leitstelle mit. »Ein Techniker hat sich eingeschlichen, der laut Dienstplan heute nicht eingeteilt war.«

»Wie lautet der Name des Technikers?«, fragte Leutnant Vragryth.

Der Captain schaute sie durchdringend an.
»Der Name lautet Leutnant Crorgohas«, antwortete er.

»Ich habe es gewusst«, antwortete der weibliche Leutnant. »Er war mir von Anfang an sehr suspekt.«

»Wann hast du den letzten Personen-Scan gemacht?«, fragte Major Travis den Ro.

Heinze blickte ihn irritiert an.
»Das ist jetzt 60 Minuten her«, antwortete er. »Ich habe nichts Besonderes registriert.«

»Versuche es jetzt noch einmal«, drängte der Major seinen Freund.

Heinze legte seinen Kopf schräg und esperte nach auffälligen Gedanken. Es vergingen nur wenige Sekunden. Dann hatte Heinze ihn aufgespürt.

»Ich habe ihn«, teilte er mit. »Es ist Leutnant Crorgohas. »Leutnant Vragryth hat es richtig vermutet. Seine Gedanken drehen sich nur darum, die große Generatoren-Halle zu zerstören. Er ist ein treuer Agent des zierrakischen Kaisers. Die zierrakischen Führung hat ihn beauftragt, die Kolonie der Worgass zu zerstören und alle Evakuierten zu töten. Der Hass des zierrakischen Kaiser hat die abtrünnigen Worgass im Visier.«

»Wir müssen zu der großen Generatoren-Halle«, entschied Captain Fragphan. »Falls es eine Kettenreaktion gibt, wird die gewaltige Explosion unsere ganze Kolonie vernichten.«

Er blickte die Gäste des Neuen-Imperiums an.
»Sie sind hier auch nicht mehr sicher«, erklärte er. »Ziehen sie sich mit ihrem Raumschiff zurück und bringen sie sich in Sicherheit. Falls es eine Explosion geben sollte, dann werden große Stücke aus der Planetenkruste

herausgesprengt. Diese Worgass-Kolonie hat sich dann erledigt. Wir müssen schnell zu den Energie-Generatoren. Vielleicht können wir noch etwas retten?«

»Wir begleiten sie«, bemerkte Major Travis. »Letztendlich sind die Generatoren von uns.«

»Informieren sie ihre Sicherheits-Dienste«, empfahl Heran.

»Sie sind schon auf dem Weg«, antwortete Commander Breckphan. »Die Einsatz-Trupps wurden bereits in Bewegung gesetzt.«

Die kleine Gruppe unter der Führung von Commander Breckphan eilte aus dem Besprechungs-Saal. Vor dem Gebäude wartete ein schwarzer Transport-Gleiter mit geöffnetem Schott und laufendem Antrieb. Die Gruppe sprang hinein. Commander Breckphan gab dem Piloten ein Zeichen loszufliegen. Das Schott schloss sich. Der Pilot hob Gleiter vom Boden ab und steuerte ihn durch die breiten Straßen der Kolonie. Vorsorglich erhöhte er die Geschwindigkeit. Nach langen 80 Sekunden war die große Generatoren-Halle erreicht. Sie war auf einer großen Fläche, außerhalb des Wohnbereiches der Worgass-Kolonie, aufgebaut worden.

Die Führung der Kolonie und die Gäste des Neuen-Imperiums sprangen aus dem Gleiter und liefen auf den Eingang der Generatoren-Halle zu. Tart 1 und Tart 2 marschierten rechts und links von Major Travis und sorgten für seinen Flankenschutz. Nichts entging ihren Augen und hochsensiblen Sensoren. Die am Eingang stehenden Sicherheits-Offiziere der Worgass öffneten die Flügeltüren des Einganges und ließ die Gruppe eintreten.

Leutnant Crorgohas hatte einen wichtigen zentralen Energie-Generator entdeckt, von dem aus viele Leitungen in unterschiedliche Richtungen abgelenkt wurden.

»Hier bin ich richtig«, dachte er. »Proton 137 ist ein Kreuzungselement, der Energien in alle Richtungen umleitet. Falls ich ihn zerstöre, wird es eine Kettenreaktion geben. Alle restlichen Generatoren werden ebenfalls betroffen sein.«

Er griff nach einem großen Schraubenschlüssel und wollte ihn auf den Sockel des Generators legen. Ein Geräusch hinter ihm ließ ihn aufschrecken.

Ein Sicherheits-Offizier war hinter ihn getreten.
»Ihren Ausweis bitte«, sprach er Leutnant Crorgohas an.

»Warum? «, fragte er. » Ich bin doch bereits am Eingang kontrolliert worden? «

»Das ist richtig«, antwortete der Offizier. »Doch wir haben einen stillen Alarm. Jeder Bedienstete wird nochmals kontrolliert. Wir suchen nach einem Eindringling. «

»Was für einen Eindringling? «, fragte der Leutnant nach. » Ich habe niemanden gesehen. «

»Es ist reine Routine«, erwiderte der Offizier. »Geben sie mir endlich ihren Ausweis. «

Seine linke Hand schwebte bedrohlich über einem Laser-Strahler, der in dem Holster seines Gürtels steckte.

»Natürlich«, lächelte Leutnant Crorgohas ihn an. »Warten sie kurz. «

Er trat einen Schritt auf den Offizier zu und griff mit seiner freien Hand in seine Innentasche. Der Offizier beobachte ihn skeptisch. Blitzschnell bewegte sich Leutnant Crorgohas aus der Bewegung heraus nach vorne und schlug mit dem Schraubenschlüssel zu. Der Schädel des Sicherheits-Offiziers platzte auf. Ohne ein weiteres Wort fiel der Offizier bewegungslos und schwer verletzt nach hinten.

Leutnant Crorgohas griff nach der Laser-Waffe und steckte sie ein. Dann zog er den Sicherheits-Offizier aus dem Blickfeld des Generators und ließ ihn seitlich achtlos liegen. Er war von dem normalen Hauptgang aus nicht mehr zu sehen. Ärgerlich trat er dem Verletzten in die Seite.

»Du hast mich kostbare Zeit gekostet«, schimpfte er. »Das hast du jetzt davon, elender Abtrünniger.«

Alarmsirenen heulten auf. Das Licht schaltete sich aus. Rote Lampen an der Decke aktivierten sich und drehten sich warnend im Kreis.

»Verflucht«, erkannte der Leutnant. »Sie haben bereits etwas entdeckt. Warum ist der Alarm so früh ausgelöst worden?«

Hastig griff er nach den fünf Mikro-Bomben in seiner Innentasche. Sie hatten ein Zeitfeld auf ihrer Vorderseite. Leutnant Crorgohas stellte alle auf die gleiche Uhrzeit und aktivierte sie.

»Die Explosion wird in 45 Minuten erfolgen«, lächelte er. »Ich habe Zeit genug zu flüchten.«

Dann versteckte er die Mikro-Bomben in tiefen Aussparungen des großen Energie-Meilers.

Leutnant Crorgohas drehte sich um und schlich zurück in die Richtung der Schleuse der Halle. Auf halber Strecke sah er eine Bewegung des Schotts. Sicherheits-Offiziere mit aktivierten Waffen drangen in die Halle ein.

»Zu spät«, dachte er. »Die Sicherheits-Soldaten sind bereits eingetroffen. Sie werden von Commander Breckphan, Captain Fragphan und Leutnant Vragryth angeführt. Damit habe ich sie alle in der gleichen Falle. Der Kaiser wird mit mir zufrieden sein. Ihnen folgt eine unbekannte Gruppe mit zwei großen Robotern, die sich bewusst im Hintergrund halten. Sie eskortierten einen Mann, der scheinbar ein Würdenträger ist. Begleitet werden sie von einem kleineren Wesen. Es ist vergleichbar mit einem Tier, dass ich von einem der zierrakischen Reservations-Planeten kenne. Werden jetzt schon Tiere in die Generatoren-Halle hereingelassen? Nur bei den eigenen Leuten wird im Vorfeld eine gründliche Personen-Kontrolle durchgeführt.«

Er wusste natürlich, dass die Sicherheits-Offiziere nach ihm suchten. Leutnant Crorgohas versteckte sich in einer dunklen Nische, die zwischen zwei großen Energie-Generatoren lag. Er hielt die Luft an und versuchte kein Geräusch von sich zu geben.

Vorsichtig blickte er um die Kante des schützenden Generators. Seine Augen suchten nach den Sicherheits-Soldaten.

»Er versteckt sich hinter dem Generator 47«, hörte er eine hohe Stimme schreien. »Achtung, er ist über unser Vorrücken informiert.«

Die pelzige Gestalt zeigte mit ihrem Finger auf sein Versteck.

Leutnant Crorgohas verstand nicht, wie das kleine Wesen sein Versteck ermitteln konnte. Er sah, dass die Sicherheits-Soldaten von Leutnant Vragryth angeführt wurden. Sie kamen auf sein Versteck zugelaufen.

Der Agent der Zierrakies aktivierte den erbeuteten Laser. Er sprang aus seinem Versteck und schoss auf die Soldaten des heranstürmenden Sicherheits-Dienstes. Er drückte mehrmals den Auslöser. Zischend lösten sich vier Strahlen aus der Laserpistole. Zufrieden registrierte er, wie ein Offizier seitlich getroffen, herumgewirbelt und zu Boden geworfen wurde. Die anderen Personen sprangen in Deckung.

Erneut sprang Leutnant Crorgohas aus seinem Versteck und feuerte auf die Deckung des Sicherheits-Teams. Funken sprühten auf, als er eine Metallabdeckung traf. Schnell begab er sich wieder in den Schutz des Generators.

Leutnant Vragryth fluchte.
»Verdammt«, sagte sie. »Weiter vorrücken. Wir müssen verhindern, dass Schlimmeres passiert.«

Die Offiziere erhoben sich und rannten einige Schritte vorwärts. Wieder sprang der gesuchte Leutnant aus seinem Versteck und feuerte. Einer der Sicherheits-Offiziere riss die weibliche Technikerin zu Boden. Mit Schmerz verzogenen Gesicht blickte sie nach links und erkannte, dass ein weiterer Soldat getroffen zu Boden sackte.

»Ich hasse es, wenn ich Recht behalte«, dachte sie. »Leutnant Crorgohas ist ein Schläfer des zierrakischen Kaisers. Es muss ausgeschaltet werden.«

Erleichtert bemerkte sie, wie eine weitere Einheit Soldaten des Sicherheitsdienstes durch die Schleuse in die Generatoren-Halle stürmte.

Leutnant Crorgohas fluchte.
»Eine Flucht wird jetzt immer schwieriger für mich«, dachte er. »Ich werde meine Haut so teuer verkaufen, wie es nur möglich ist. «

Er änderte die Einstellung seiner Laserpistole und bestätigte die Taste für das Dauerfeuer.

Wieder sprang er aus seinem Versteck und drückte den Abzug der Laser-Pistole. Zischend spritzten die Strahlen aus seiner Pistole. Zwei vorrückende Soldaten brachen getroffen zusammen.

Leutnant Vragryth klaffte vor Überraschung der Mund auf, als sie den gesuchten Leutnant trotz der personellen Überzahl des Sicherheits-Dienstes, aus seiner Deckung springen sah. Sie erkannte, dass die Laserwaffe in seiner Hand aktiviert war. Vorsichtshalber zog sie ihren Kopf ein. Die heißen Strahlen schossen über sie hinweg und zertrümmerten Glasscheiben am Ende der Halle.

Einige Regale, die mit Kartons von Ersatzteilen bestückt waren, wurden zusammengeschmolzen. Die zweite

Gruppe der Sicherheits-Soldaten wurde von Captain Fragphan angeführt. Die Offiziere hatten ihre Waffen gezogen. Zielsicher schossen sie zurück und versuchten den Eindringling seitlich des Generators zu erwischen.

Leutnant Crorgohas war jedoch wieder in Deckung gesprungen.

»Vorsichtig mit den Laser-Waffen«, warnte Captain Fragphan. »Auf keinen Fall auf die Generatoren zielen. Wir werden hier ansonsten das Ende unserer Kolonie erleben.«

Die Feuerpause nutzend, sprangen die Soldaten des Sicherheits-Dienstes aus ihrem Schutz und rückten geduckt vor. Doch es gelang ihnen nur vier Schritte voranzukommen, als Leutnant Crorgohas wieder aus seinem Versteck sprang und erbarmungslos feuerte. Gnadenlos bestrich er die vorrückenden Soldaten mit einem Dauerfeuer seines Lasers. Erneut wurden zwei Offiziere des Sicherheits-Dienstes getroffen und fielen schwer auf ihre Seite. Captain Fragphan gelang es noch, sich mit einem Hechtsprung in Sicherheit zu bringen.

Major Travis und Heran waren im Schutz der Generatoren nachgerückt. Sie erkannten, dass die Offiziere der

Worgass scheinbar nicht in der Lage waren, den Saboteur unschädlich zu machen.

Sie griffen nach ihren Waffen.
In diesem Moment sprang Leutnant Crorgohas hinter seinem Generator hervor. Er lief auf eine kleine Türe zu, die in der Seitenwand der großen Halle eingelassen war. Heran war stehengeblieben. Er hatte den Flüchtenden anvisiert. Das laute Geräusch seines Blasters ließ die Soldaten des Sicherheits-Dienstes erschreckt zurückblicken. Der dumpfe Donner der lantranischen Waffe wurde von der großen Generatoren-Halle massiv verstärkt. Auch Major Travis hatte seine TM 520 auf den Flüchtigen abgefeuert.

Major Travis und Heran erkannten, wie der Leutnant getroffen wurde. Seine Schritte verlangsamten sich. Dann versagten seine Beine ihren Dienst. Die Arme ausgebreitet, fiel er der Länge nach auf den Boden. Seine Waffe wurde nochmals ausgelöst. Drei Laser- Strahlen zerfetzten die vor ihm liegende Seitentür und rissen sie aus der Verankerung.

Leutnant Vragryth hatte alles mitbekommen. Sie stürmte mit ihren Soldaten auf den am Boden liegenden Leutnant zu. Mit ihrem Fuß trat sie seine Waffe beiseite. Leutnant Vragryth bückte sich und fühlte nach seinem Puls.

Die restlichen Soldaten des Sicherheits-Dienstes kamen herangeeilt.

Major Travis und Heran blickten die Technikerin an. Sie schüttelte ihren Kopf.

»Er wird es nicht schaffen«, bemerkte sie. »Leutnant Crorgohas ist nur noch sehr schwach.«

Vier Mediziner rückten an. Sie schlossen Instrumente und Geräte an den Körper des Schwerverletzten an.

»Er blutet aus zwei tiefen Wunden«, teilte der Arzt mit. »Ich weiß nicht, ob er noch zu retten ist.«

Commander Breckphan nickte.
»Lassen sie ihn, er wollte es nicht anders haben«, bemerkte er.

Er kniete nieder und hielt sein Ohr über den Mund des Leutnants.

»Wer hat ihnen den Auftrag erteilt?«, fragte er. »Nennen sie mir ihre Auftragsgeber?«

Leutnant Crorgohas riss seine Augen auf und lachte den Commander hämisch an. Dann beugte er seinen Oberkörper auf.

»Gewürdigt sind die Zierrakies«, sagte er.
Dann sackte er in sich zusammen und verstarb. Nur Sekunden später veränderte sich sein Körper. Zuckend und wabbelnd wurde die Haut fast ledrig. Sein Körper brodelte, zog sich zusammen und verformte sich in ein tentakelartiges Quallen-ähnliches Wesen.

Commander Breckphan stand auf und blickte Heran und Major Travis an.

»Sie kennen unsere normale Lebensform? «, fragte er. » Wenn der Tod uns ereilt, dann sind alle Worgass wieder gleich. «

Major Travis nickte.
»Ihre reguläre Körperform ist uns bekannt«, erwiderte er. »Konnte ihnen der Leutnant noch etwas mitteilen? «

»Der letzte Satz von Leutnant Crorgohas war eine Wertschätzung seiner Auftraggeber«, antwortete Commander Breckphan. »Gewürdigt sind die Zierrakies, kam lediglich über seine Lippen. Nach meiner Einschätzung war er ein Sympathisant des zierrakischen

Kaisers. Vermutlich wurde er von dem kaiserlichen Geheimdienst beauftragt. «

»Der Kaiser ist auf Vergeltung aus«, entgegnete Captain Fragphan. »Ich hoffe wirklich nicht, dass wir noch mehr Schläfer des zierrakischen Geheimdienstes evakuiert haben. «

»Wie wollte Leutnant Crorgohas die Generatoren-Halle zerstören? «, fragte Leutnant Vragryth. » Ist es ihm vielleicht bereits gelungen, die Vorbereitungen hierfür zu treffen? Wir sollten die ganze Halle nach Sprengstoffen absuchen. «

»Das wird einige Zeit in Anspruch nehmen«, teilte Commander Breckphan mit. »Ich kann hierfür nur entsprechende Roboter beauftragen. Eigenes Personal zu entsenden, das wäre zu gefährlich. «

»Gehen wir zurück in den Kontrollraum«, entschied der Major. »Achten wir auf weitere Unregelmäßigkeiten. Mehr können wir im Moment nicht tun. «

Er blickte Captain Fragphan.
»Sind die Energie-Meiler für die Eindämmungs-Felder aktiv«, fragte er.

Der leitende technische Offizier nickte bestätigend.

»Ich habe vorsorglich die Generatoren hochfahren lassen«, antwortete er.

»Dann legen sie die Energieschilde um die Generatoren«, entschied Major Travis. »Falls einer von ihnen manipuliert wurde, können die anderen nicht in Mitleidenschaft gezogen werden. Deaktivieren sie den kompletten Energiefluss der Anlage. Sämtliche Generatoren müssen abgeschaltet werden.«

Captain Fragphan gab die Anweisung sofort weiter. Das Brummen der Generatoren wurde hörbar leiser. Nach und nach erloschen die grünen Betriebsanzeigen auf dem zentralen Steuermonitor.

Im Anschluss wurden die Eindämmungs-Felder aktiviert. Der Reihe nach legten sich transparente, fluoreszierende Schirme um die Generatoren.

»Die Anlage ist gesichert«, meldete der Captain. »Die Energie-Versorgung unserer Kolonie wurde abgeschaltet.«

»Das müssen wir in diesem Fall in Kauf nehmen«, erwiderte Commander Breckphan. »Die Generatoren-

Halle ist zu wichtig für uns, als dass wir sie einer mutwilligen Zerstörung preisgeben können.«

Er blickte die Offiziere des Neuen-Imperiums an.
»Danke für ihre Unterstützung«, sagte Commander Breckphan. »Wir scheinen noch viel lernen zu müssen.«

Major Travis drehte sich dem Ausgang entgegen. Plötzlich bemerkte er, wie der Boden anfing zu vibrieren. Teller und Tassen auf einem Tisch fielen polternd zu Boden. Erschreckt blickten die Techniker Captain Fragphan an.

»Eine Explosion innerhalb eines Eindämmungs-Feldes«, erklärte er. »Leutnant Crorgohas hat den Kreuzungs-Generator Proton 137 vermint, oder dort Mikro-Bomben platziert.«

Ein greller Alarmton heulte durch die Kontrollstelle. Auf den zentralen Anzeigen wurde der Generator 137 als defekt und ausgefallen angezeigt. Die Personen der Kontrollstelle blickten durch das große Fenster in das Innere der Halle. Im vorderen Drittel blähte sich ein Eindämmungs-Feld auf. Grelles Feuer und Rauch waren innerhalb des Feldes gefangen. Es nahm zusehend an Größe zu. Dann öffnete am oberen Ende des Feldes ein Strukturloch, aus dem gezielt und kontrolliert Druck abgelassen wurde. Nur langsam verringerte sich die Größe des Feldes wieder.

»Die Gefahr ist vorüber«, bemerkte Major Travis. »Die Zeit hat nicht gereicht, um weitere Generatoren mit Bomben zu bestücken. Ich hoffe sehr, dass sie keine weiteren Schläfer mehr in ihren Reihen gibt? «

»Wir werden alle Personen noch einmal überprüfen«, teilte Commander Breckphan mit. »Warum sollten wir es einfacher haben als jene Rassen, die früher von uns infiltriert wurden. «

»Verlieren sie nicht ihren Mut«, schmunzelte Heran. »Jeder Anfang ist schwer. Wir fliegen zu Admiral Dragphan und berichten ihm von der Situation auf Garth. Beginnen sie mit der Installation der Transmitter-Brücke.«

»Danke für alles«, antwortete der Commander. »Ich hoffe, der Admiral ist mit uns zufrieden? «

Major Travis lachte.
»Warum sollte er nicht? «, erwiderte er. » Wir können nur Gutes über ihre Kolonie berichten. «

Dann verließen die Gäste die Kontroll-Stelle der Generatoren-Halle.

Residenz der Mächtigen

Imperium der Mächtigen

Die verbliebenen zwanzig Schiffe des Kommandos von Adra'Sussor hatten ein Wurmloch geöffnet, dass sie wieder in die Mächtigkeitsballung ihres Imperiums brachte. Sadra'Tatun, der Stellvertreter des Flottenführers hatte den Befehl über die Schiffe übernommen. Bereits während seines Rückfluges war er den Vorschriften der Obersten Vollkommenheit nachgekommen und hatte die Flottenführung über den Verlust der zehn Schiffe informiert. Er teilte mit, dass unter dem Kommando seines Vorgesetzten ein neu entstandenes Imperium von humanoiden Wesen mit zehn Schiffen angegriffen wurde. Er wusste, dass durch seine Angaben eine Krisensitzung der Obersten Vollkommenheit einberufen würde.

Nach der Landung der Flotte war Sadra'Tatun in das Gremium der imperialen Führung beordert worden, um einen detaillierteren Bericht abzulegen. Obwohl die Oberste Vollkommenheit das gesetzgebende Organ des Imperiums war, ließ sich der Regent es sich diesmal nicht nehmen, persönlich zu der Anhörung zu erscheinen. Verhüllt in einer dunklen Kutte, schritt der Regent durch den Versammlungssaal. Er wurde von sechs Elite-Soldaten seiner persönlichen Leibwache begleitet, die in schwere Körperpanzer gehüllt waren. Eisige Stille herrschte in dem Saal, als der Regent ihn durchquerte. Sein Gesicht war durch eine Kapuze verborgen. Nur wenige Regierungsmitglieder kannten sein wirkliches Aussehen.

»Beachten sie mich nicht«, hallte die dumpfe Stimme des Regenten durch den Saal. »Fahren sie mit ihren Schilderungen fort.«

Während der Stellvertreter des geschätzten Adra'Sussor seine Erlebnisse schilderte, hörte das Gremium der Obersten Vollkommenheit und Regent Zadra-Scharun interessiert zu. Sadra'Tatun verheimlichte nichts. Er teilte dem Gremium mit, dass seine Kontroll- Flotte nur durch einen Zufall die fremden Schiffe der Humanoiden orten konnte. Die Koordinaten in den Navigations-Datenbanken waren veraltet. Aus diesem Grunde waren die Schiffe von Adra'Sussor einige Klicks von ihren ursprünglichen Koordinaten abgekommen. Als er geendet hatte, erhob sich der Regent.

»Mich beschleicht das Gefühl, dass der Rat der Obersten Vollkommenheit nachlässig in der Umsetzung unserer Befehle geworden ist?«, sagte er mit zorniger dunkler Stimme.» Wie ist es anders zu erklären, dass nach einer Reinigung des Universums an vielen Stellen wieder das humanoide Leben sprießen kann und wir nichts hiervon mitbekommen?«

»Adra'Sussor hat übereilt gehandelt«, bemerkte ein Angehöriger des Gremiums der Vollkommenheit. »Er hätte vor seinem Angriff unbedingt weitere Informationen einholen müssen.«

Ein Raunen ging durch den Saal. Der Regent blickte den Sprecher an.

»Worüber reden wir?«, fragte er. » Wir nennen uns die Mächtigen und haben die Galaxis nach unseren Wünschen verändert. Müssen wir uns jetzt von einer neuen heranwachsenden humanoiden Zivilisation einschüchtern lassen?«

Der Regent blickte sich in dem prunkvollen Saal um und bemerkte die große Zustimmung unter den Offizieren und den Vertretern des Rates.

»Die Frage nach der Vorherrschaft der Species in der Galaxis gibt es, seit sich das bekannte Universum nach allen Seiten ausdehnt«, teilte er mit. »Wir haben unseren Besiegten stets ganze Planeten, Sonnensysteme und Imperien abgenommen. Diejenigen, die sich widersetzten, wurden gezüchtigt, bestraft, oder getötet.

Ihre sogenannten Sternenreiche zerfielen. Seit Jahrtausenden sind wir auf keine Rassen mehr gestoßen, die sich dem Willen unserer Mächtigkeitsballung widersetzen konnten. Die lange Zeit der Reinigung hat meinen Offizieren scheinbar nicht gutgetan. Sie sind nachlässig geworden. Liegt es vielleicht daran, dass unsere Flotten zu klein geworden sind?«

»Nein«, geschätzter Regent«, antwortete der Sprecher der Obersten Vollkommenheit.

Der Regent ereiferte sich und unterbrach den Sprecher. »Liegt es vielleicht an einer sich ausbreitenden Gleichgültigkeit?«, fragte der Regent.

»Nein«, antwortete der Sprecher erneut.«

Der Regent blickte mürrisch auf seine Untergebenen. »Liegt es an dem Alter unserer Rasse?«, fragte er nach.

»Keineswegs«, erwiderten die Mitglieder der Obersten Vollkommenheit aus einem Munde.

»Woran liegt es dann?«, kreischte der Imperator.» Wie kann sich in der Nähe zu unserem Imperiums eine neue Rasse von Humanoiden entwickeln. Sie dehnen sich aus und erdreisten sich, ein eigenes Imperium zu errichten

Das alles findet in unserer Mächtigkeitsballung statt. Schlimmer noch, scheinbar sind sie in der Lage gegen die Technik unserer ausgereiften Schiffe den Kampf aufzunehmen. Wie ist ansonsten der Verlust von zehn unserer Schiffe zu erklären, die von unseren Wissenschaftlern als unschlagbar angesehen wurden?«

Betroffenen senkte die Führung der Obersten Vollkommenheit ihre Blicke zu Boden.

Der Regent blickte ärgerlich in die Runde der Zuhörer.
»Ist keiner von ihnen in der Lage, mir eine entsprechende Antwort zu geben?«, fluchte er.

Prinz Dadra'Katyn trat vor.
»Geschätzter Imperator«, sagte er und verbeugte sich tief.

»Mir untersteht der Geheimdienst unseres Imperiums«, erklärte er. »Ihrem Wunsch folgend, haben wir in alle Regionen unserer Mächtigkeitsballung Flotten-Verbände entsandt. Die Schiffe scannten neuen Lebensformen. Ihnen obliegt es, unsere Datenbanken mit den aktuellen Gegebenheiten abzustimmen. Trotz dieses immensen Aufwandes konnten wir keine humanoiden Rassen aufspüren. Wir hätten sie, als den obersten Führer unseres Imperiums, bereits lange informiert, wenn wir

Hinweise gefunden hätten. Uns ist es nicht erklärbar, wie sich diese Species in unserer Mächtigkeitsballung entwickeln konnte? «

»Trotzdem sind sie da«, erwiderte der Regent kopfschüttelnd. »Sie haben zehn unserer Schiffe unter dem Kommando des werten Adra'Sussor vernichtet. Er war auf der richtigen Spur und hat anscheinend eine neue Sterneninsel mit humanoiden Lebewesen entdeckt. «

Er blickte den Stellvertretender der Kontroll-Flotte an. »Sadra'Tatun«, fragte er. » Haben wir Koordinaten von dem Sternsystem der Humanoiden aufzeichnen können?«

»Ja«, antwortete dieser. » Das zerstörte Flaggschiff unseres Flottenführers hatte die Daten gespeichert. Leider ist es vernichtet worden. Adra'Sussor war sehr zurückhaltend mit der Weitergabe von Informationen. Wir sind unerwartet auf eine Flotte von 120 Schiffen einer unbekannten humanoiden Rasse gestoßen. Adra'Sussor befahl den sofortigen Angriff. Die Humanoiden verhielten sich abwartend. Es gelang uns die Schiffe der fremden Flotte vollständig zu vernichten. Nur wenigen Fluchtgleitern gelang es, der Vernichtung zu entkommen.

Wir wollten die Verfolgung aufnehmen, doch unser Flottenführer untersagte das. Er hatte einen der Flucht-Jets mit Fangstrahlen erfasst und das Wesen an Bord genommen. Er wollte es verhören und sein Gehirn neu programmieren. Adra'Sussor beabsichtigte Informationen zu erhalten, wo sich das System der Humanoiden befand.«

»Der werte Adra'Sussor plante das Gehirn des Humanoiden umzupolen«, bestätigte der Regent. »So wie es in unseren Statuten vorgeschrieben ist.«

»Davon ist auszugehen«, antwortete Sadra'Tatun. »Nach einer gewissen Zeit in unserem Gedanken- und Gehirnwellen-Manipulator, teilte uns der Humanoide die Koordinaten seines Heimat-Systems mit. Adra'Sussor war wie von Sinnen. Die Euphorie der problemlosen Vernichtung der humanoiden Flotte hatte unseren Kommandeur befallen. Er war nicht mehr zu einer sachlichen Beurteilung in der Lage. Er befahl unseren Schiffen, an den derzeitigen Koordinaten zu verbleiben. In seiner maßlosen Überschätzung flog er mit nur zehn Schiffen zu den von den humanoiden Wesen genannten Koordinaten. Er öffnete einen Wurmloch-Portal und entschwand. Vorher bestätigte er, mit uns in Funkkontakt bleiben zu wollen. Adra'Sussor beabsichtigte dem

Imperium der fremden Wesen einen vernichtenden Schlag zu versetzen.«

»Warum ist er nicht mit allen Schiffen geflogen?«, fragte der Regent.

»Ich weiß es nicht«, antwortete Sadra'Tatun. »Adra'Sussor war vermutlich der Meinung, dass ein Angriff auf das System der Humanoiden keine große Aufgabe wäre. Diese Einschätzung hatte er aus der Vernichtung der 120 Schiffe der Fremden gezogen.«

Sadra'Tatun wartete einen Augenblick und schaute die Zuhörer, den Regenten und die Mitglieder des Gremium der Obersten Vollkommenheit an. Dann fuhr er fort.

»Wir warteten wie befohlen auf die Rückkehr von Adra'Sussor. Seine Kommunikation brach nach einer kurzen Zeit ab. Wir vermuteten Schlimmes. Die Flotte von Adra'Sussor kehrte nicht mehr zu den vereinbarten Koordinaten zurück. Viele unserer Offiziere konnten es nicht glauben. Wir blieben noch zwei weitere Tage an den Koordinaten, bevor wir uns auf den Rückflug in das heimatliche Territorium machten. Die zehn Schiffe von Adra'Sussor galten nach unserer Einschätzung als zerstört.«

Zadra-Scharun, der Regent des Wissens und der Erleuchtung blickte Sadra'Tatun mit strengen Augen an.

»Ist das ihre Einschätzung der Lage?«, fragte er. » Die Vernichtung der Flotte von Adra'Sussor wurde nicht bestätigt. Wir haben keine stichhaltigen Beweise erhalten. Sie haben hoffentlich die exakten Koordinaten in ihre Schiffs-Hypertronic eingespeist, wohin er mit seiner Flotte geflogen ist? In welchen Raumsektor liegt das Heimat- System der fremden Humanoiden? «

Der Stellvertreter von Adra'Sussor nickte zurückhaltend. »Wie ich schon mitteilte«, antwortete er. »Die Koordinaten des Heimat-Systems der fremden Wesen, wurden mit dem Flaggschiff von Adra'Sussor vernichtet. Wir haben lediglich die Daten der Koordinaten in unserem Bordcomputer, an der wir auf die fremden Schiffe der Humanoiden getroffen sind. «

Lord Pidra'Borxon, ein hochrangiger Militär aus der Gefolgschaft des Regenten war vorgetreten.

»Eure Eminenz«, sagte er und verbeugte sich tief vor dem Regenten. »Ich rufe zur Jagd auf. Zeigt uns die Minderwertigen und wir werden sie vernichten. So wie wir es immer gemacht haben.«

Der Regent blickte zur Seite und suchte mit seinen Augen seine Berater. Er schaute seinen ergrauten Ratgebern ins Gesicht. Sein fragender Blick blieb auf einem älteren hochdekorierten Militärberater hängen.

»Admiral Gordra'Wetun«, fragte er. » Sie sind der Älteste und gleichzeitig auch der Erfahrenste unter meinen Beratern. Darf ich ihre Meinung erfahren. Werden die jungen Nachkommen unserer Rasse den Statuten unserer Gründerväter noch gerecht? Handeln sie vielleicht zu sorglos, wenn wir sie mit unseren Flotten losschicken, um unsere Territorien zu sichern? Welche Meinung vertretet ihr? «

Admiral Gordra'Wetun war etwas vorgetreten und verbeugte sich vor dem Regenten.

»Ich danke ihnen eure Eminenz, dass sie mich nach meiner Meinung fragen«, antwortete er. »Ich halte es für die falsche Zeit, die Galaxis mit einem neuen Krieg zu überziehen. Um eine erneute Reinigung in unserer Mächtigkeitsballung durchzuführen, benötigen wir die Mobilmachung unserer Flottenwerften und die Freigabe aller finanziellen Reserven des Imperiums. Sie wissen von der Größe ihres Hoheitsgebietes. Es ist nur schwer zu kontrollieren. Derzeit verfügen wir nicht über genügend moderne Schiffe, um in allen Sektoren Flottenverbände zu stationieren.

Wir sollten nichts überstürzen. Lord Pidra'Borxon ist ein junger General der neuen Generation. Es ist keine Schande, sich erst vernünftig vorzubereiten. Ich schlage vor, die Reproduktion von Adra'Sussor abzuwarten. Nach seiner Auferstehung kann unser Geheimdienst die entsprechenden Koordinaten des Heimat-Systems der Fremden erfragen. So vermeiden wir eine planlose Suche unserer Schiffe.

Ein jüngerer Adramelech war neben den Admiral getreten.

Er verbeugte sich vor Regenten.
»Adra'Sussor sollte über die entsprechenden Informationen verfügen«, sagte er. »Falls nicht, dann hat er fahrlässig gehandelt und müsste von ihnen zur Rechenschaft gezogen werden. Wir können davon ausgehen, dass die Humanoiden die Schwachstellen an unseren Schiffen erkannt haben. Ansonsten hätten sie die Schiffe unter dem Kommando von Adra'Sussor nicht zerstören können. Mit den Humanoiden ist nicht zu spaßen. Wir sollten äußerst vorsichtig sein. «

»Wie ist dein Name? «, fragte der Regent.

Der Angesprochene verbeugte sich.
»Ich bin Adra'Narun «, antwortete er auf die Frage. »Admiral Gordra'Wetun ist mein Mentor. Ich schätze seine wohlüberlegten Entscheidungen sehr. Das Sternen-System Hyaszon hat mich als ihren Gesandten an den Palast ihrer Regentschaft geschickt. Wir befehlen über 823 bewohnte Planeten und haben ihre Wünsche stets unterstützt. Ich unterstütze die Meinung von Admiral Gordra'Wetun, wegen der Vernichtung der Schiffe nichts zu übereilen. «

Der Regent blickte Adra'Narun kritisch an.
»Vermutlich will sich ihr Sternen-System nicht mit Ruhm schmücken«, erwiderte er. »Sie scheinen mehr Steuerzahler in ihrem System zu haben als wertvolle Krieger? «

»Wollen sie uns beleidigen? «, schimpfte Adra'Narun verärgert. »Wir sind ein wertvolles System in ihrem Imperium, dass ihnen stets hohe Steuereinkommen übereignet. Die Adramelech unseres Territoriums gehören schon immer zu ihrem Imperium. Wir alle sind intelligente Wesen. Reden sie ruhig weiter in diesem abwertenden Ton, wenn sie unsere Unterstützung verlieren wollen. «

Admiral Gordra'Wetun versuchte seinen anvertrauten Jüngeren zu beruhigen. Doch es war zu spät

Der Regent war aufgesprungen.
»Sie wagen es die Befehle der Obersten Vollkommenheit zu hinterfragen?«, tobte er.» Zusätzlich erdreisten sie sich, dem Regenten die Gefolgschaft zu verwehren? Auch ihr Sternen-System gehört zu meiner Mächtigkeitsballung. Fordern sie mich nicht heraus. Wir werden es nicht hinnehmen, dass sich ein einzelnes System unseren Befehlen widersetzt.«.

Der alte Admiral war noch etwas weiter vorgetreten. Vorsichtig hob er seine Hände in die Luft.

»Gegenseitige Beleidigungen bringen uns nicht weiter«, bemerkte er sachlich.»Ich bitte eure Regentschaft aufrichtig, die hitzigen Aussagen von Adra'Narun zu entschuldigen. Seine Ausbildung ist noch nicht abgeschlossen.«

Der Jüngere wollte etwas sagen, doch der Admiral blickte ihn mit strengen Augen an.

Adra'Narun verzichtete auf weitere Bemerkungen.
»Wir sollten uns auf den Befehl konzentrieren, der das Ziel vorgibt«, teilte Admiral Gordra'Wetun mit. »Unsere

Wenigkeit dient bedingungslos eurer Regentschaft. Wir können nur Vorschläge unterbreiten. Die letzte Entscheidung liegt bei ihnen. Die Grenzen unseres Reiches weiten sich immer weiter aus. Unser System wird hierdurch unübersichtlich und schwerer kontrollierbar. Wir sind an der Grenze der Möglichkeiten angelangt, was unsere Schiffe hergeben. Wir brauchen bessere Lösungen, um an vielen Fronten des Imperiums weiter Krieg führen zu können. Der Gesandte Adra'Narun wollte mit seinen Worten ausdrücken, dass ein zusätzlicher Krieg gegen das Imperium der Humanoiden viele unsere Kräfte binden könnte.«

»Die Humanoiden sind unserer Technik nicht gewachsen«, antwortete Lord Pidra'Borxon.» Niemals hat eine Rasse von ihnen unsere technische Überlegenheit erreichen können. Ihre Gehirne sind für so komplexe Überlegungen nicht ausgelegt.«

»Das stimmt«, antwortete der alte Admiral.»Doch das sagt nichts darüber aus, ob es immer so sein wird. Ein wenig Bescheidenheit würde uns allen guttun. Ich unterstütze den Vorschlag von Prinz Dadra'Kalyn, weitere Geheimdienst-Informationen einzuholen, bevor wir uns abschließend entscheiden. Wenn uns die Technik der humanoiden Minderwertigen nichts anhaben kann, dann haben wir doch nichts zu verlieren. Der Verlust von zehn großen Kampfschiffen sollte uns jedoch zu denken geben.«

Der Regent war nachdenklich geworden.
»Wer nicht unsere Gene in sich trägt, dessen Blut muss vergossen werden«, antwortete er. »So steht es in den heiligen Schriften unserer Vater. Die Anordnungen müssen befolgt werden. Ein Zeitpunkt wurde von ihnen nicht genannt. «

»Das steht außer Frage«, entgegnete Admiral Gordra'Wetun beschwichtigend. »Wir antworten zu gegebener Zeit auf die Herausforderung. Überlegt, schnell und gnadenlos. Unsere Schiffe werden gegen das Imperium der Humanoiden vorgehen. Alles das, was sich uns in den Weg stellt, wird vernichtet und ausgerottet. Wir fürchten uns vor niemanden. Jeder Offizier schärft seine Sinne. Alle neuen Feldzüge tragen dazu bei, unsere Waffen-Systeme zu verbessern und die Geheimnisse unserer Feinde auszukundschaften. «

Zustimmende Laute waren zu hören. Der Blick des Regenten entspannte sich. Der Admiral hatte die richtigen Worte gewählt.

»Viele der neuen Rassen versuchten als Freunde zu uns zu kommen«, fuhr der Regent fort. »Sie wollten das

Geheimnis unserer ausgereiften Technologie und unsere Auferstehung auskundschaften. Ihre Leichtsinnigkeit war auch ihr Verderben. Sie kannten unsere Einstellung nicht. Nachdem wir alle ihre Geheimnisse offengelegt hatten, vernichteten wir sie. So werden wir es auch mit dieser neuen Rasse von Humanoiden tun.«

Laute Zustimmung strömte von allen Seiten auf den Regenten zu. Zufrieden blickte er sich um.

»Ich erinnere alle Zuhörer noch einmal, dass es für unsere Rasse ein weiter Weg der Entwicklung war, bis zu dem heutigen Punkt«, teilte der Admiral mit. »In den früheren Zeiten haben uns immer wieder humanoide und andersartige Rassen angegriffen und unser Sternen-System verwüstet. Obwohl ihre Technik der unseren überlegen war, konnten wir uns wehren und das Schlimmste verhindern.

Ab diesem Zeitpunkt wurde von unseren Vätern der Befehl erlassen, unser ständig expandierendes Imperium zu schützen. Sämtliche neuen humanoiden Rassen sollten bereits in ihrer Entwicklungsphase vernichtet werden. Hieran haben wir uns stets gehalten. Das von uns kontrollierte Universum ist frei von solchen Wesen.«

»In diesem Fall muss ich sie leider korrigieren«, unterbrach der Regent den Admiral. »Es wurde von uns nicht bemerkt, dass sich in unserem Hoheitsgebiet eine humanoide Rasse entwickelte. Angehörige dieser Species waren in der Lage, zehn unserer modernsten Raumschiffe erfolgreich zu vernichten. Es gibt eine Lücke in unserem Überwachungssystem. Es kann nicht sein, dass wir Teile unseres Imperiums unbeaufsichtigt lassen und wir uns auf den Erfolgen der früheren Jahre ausruhen.«

»Wir haben bereits zusätzliche Informationen erhalten«, entgegnete Prinz Dadra'Katyn, der Leiter des Geheimdienstes. »Das Zusammentreffen der Flotten wurde aufgezeichnet. Die Koordinaten liegen uns vor. Noch vor einigen Jahren konnten wir unserem Imperium zahlreiche unbewohnte Sternen-Systeme anschließen. Auf diesen weiten Flügen sind wir nie auf Rassen gestoßen, die sich annähernd auch nur mit humanoiden Lebensformen vergleichen ließen. Geschätzter Regent, sie haben vor vielen Jahrtausenden eine Verordnung herausgebracht, die es fremden Species verbot, in unser Imperium einzufliegen. Alle registrierten minderwertigen Rassen hielten sich hieran. Zumindest dachten wir das.«

»Wir sind das Volk der Adramelech«, fuhr Admiral Gordra'Wetun fort. »Von vielen fremden Species werden wir auch die Mächtigen genannt. Zu gerne benutzen wir den Titel für uns selbst, weil er uns exakt darlegt, wie wir sind. Zweifellos verfügen wir über die technisch am weitesten fortgeschrittene Flotte in der Galaxis. Jedoch verfügen wir über keine Infrastruktur. Wir greifen an, zerstören und entvölkern fremde Welten. Viel besser wäre es, sie zu Verbündeten zu machen und ihnen Steuerlasten aufzuerlegen. Dies käme wieder dem Ausbau unserer Flotte zugute.«

»Ich danke ihnen für ihre Meinung«, antwortete der Regent. »Das sind gute Gedanken, die in der Zukunft diskutiert werden sollten. Doch im Moment benötigen wir eine kurzfristige Lösung gegen die aufsässigen Humanoiden, die unsere Schiffe zerstört haben.«

Er zeigte mit dem Finger seiner Hand auf Adra'Narun. »Die jungen Adramelech erdreisten sich, gegen die heiligen Anordnungen unserer Väter aufzubegehren«, sagte der Regent. »Auch diese Vorfälle bedürfen unserer intensiven Beobachtung. Ich fordere die Oberste Vollkommenheit auf, solche Aussagen unter Strafe zu stellen.«

»Wenn ich sie unterbrechen darf«, bemerkte Admiral Gordra'Wetun. »Ich möchte noch einmal auf die Humanoiden zu sprechen kommen. Die Vernichtung unserer Schiffe kann man auch aus ihrer Sicht betrachten.«

Er schaute die Zuhörer der Reihe nach an.
»Die Wahrheit sieht so aus, dass sie vermutlich denken, dass wir in ihr Heimat-System eingedrungen sind«, erklärte er. »Sie wollten sich nur verteidigen. Dass sie die Schwachstelle an unseren Schiffen erkannt haben, zeugt von ihrer Intelligenz. Ich habe immer drauf hingewiesen, das blaue Energie-Eindämmungsfeld dringend umzukonstruieren. Es ist ein Schwachpunkt an unseren Schiffen.«

»Sie wissen, dass dieses Feld nur schwer zu kontrollieren ist«, teilte ein Techniker mit. »Würden wir es innerhalb unser Schiffe einbauen, dann bestünde die Gefahr, dass bei einer unkontrollierten Ausdehnung der blauen Energie unsere Schiffe zerrissen werden.«

»Wir hatten Zeit genug unsere Schiffe zu modifizieren und sie weiterzuentwickeln«, antwortete der Admiral. »Die ganzen Jahrtausende ist nichts passiert. Wir haben uns auf unserem Ruhm ausgeruht. Ist es jetzt verwunderlich, dass intelligente Wesen diesen Fehler ausnutzen?«

Der General schaute sich im Raum um. Er erkannte viele nachdenkliche Gesichter.

»Wir sollten mehr Informationen auskundschaften«, teilte der Regent mit. »Wer sind diese Wesen, was leisten sie? Wie fortgeschritten ist ihre Technologie. Besteht die Möglichkeit, unsere Hilfsvölker zu aktivieren? Wir könnten sie auf das Imperium der Humanoiden ansetzen?«

Der Admiral hob den Finger seiner Hand in die Luft. »Was wir jetzt hier besprechen, werden die Humanoiden auf ihrer Seite ebenfalls tun«, bemerkte er. »Sie sehen uns als eine Bedrohung für ihr Imperium an. Sicherlich werden sie ihre Sicherheit verstärken. Es ist davon auszugehen, dass sie starke Flotten-Verbände zusammenziehen, um nach den Verursachern der Vernichtung ihrer Flotte zu suchen. «

»Heißt das, sie suchen den Krieg mit uns Mächtigen? «, lachte der Regent.

»Das wäre durchaus denkbar«, antwortete der Admiral. »Theoretisch brauchen wir uns nur zurückzulehnen und abzuwarten, bis sie auf uns stoßen werden. Sie werden uns nicht kennen, darum hatten wir bisher keinen Kontakt zu ihnen. «

»Falls es zu einem Krieg kommt, werden sie unsere ganze Stärke kennenlernen«, tobte der Regent. »Wir werden sie zu einem Rückzug zwingen und dann einen vernichtenden Schlag gegen sie führen. Ihr lächerliches Imperium wird in den Grundfesten erschüttert werden und aufhören zu existieren. «

Der Regent blickte seine Zuhörer an. Einige von ihnen schüttelten ihren Kopf.

»Ich sehe sie nicht alle meiner Meinung? «, fragte Zadra-Scharun.

»Die generelle Frage ist, ob diese Vernichtungspolitik unserer Väter noch weiter praktiziert werden sollte? «, fragte einer der Zuhörer. » Die Jüngeren unseres Volkes verstehen diese Anordnungen nicht mehr. Sie identifizieren sich nicht mehr hiermit. Diese fremden Rassen haben ihnen nichts getan. Viele von ihnen sind der Meinung, dass ein freundschaftlicher Kontakt zu ihnen, unsere Zivilisation weiterbringen könnte. «

Der Regent war empört aufgesprungen. Voller Hass sah er den jungen Sprecher an. Blitzschnell griff er nach seinem Strahler und schoss auf den Adramelech. Der junge Sprecher konnte sich gerade noch mit einem Sprung aus der Gefahrenzone bringen. Lautes Gelächter füllte den Saal. Der Regent hatte sich von seinen Gefühlen überwältigen lassen. Nach wenigen Sekunden hatte er sich wieder im Griff.

»Diese Gedanken widersprechen den Gesetzen unserer Vorfahren«, antwortete er scharf. »Ihr wisst alle, was sie durchmachen mussten und auf wessen Blut unser Imperium gegründet wurde. Nur durch eine Auslöschung der humanoiden Wesen können wir weiter den Anspruch für uns geltend machen, Herrscher über das bekannte Universum zu sein.«

Zustimmende Laute wurden hörbar. Die Gefolgschaft des Regenten jubelte.

»Sucht die Humanoiden«, befahl er. »Bringt mir mehr hilfreiche Informationen über sie. Zieht unsere starken Flotten-Verbände auf den Koordinaten des ersten Zusammentreffens zusammen. Ermittelt den Standort ihres Versteckes. Plant den Angriff ihrer Vernichtung. Sie dürfen nicht länger ein Bestandteil des Universums sein.«

Die Offiziere verbeugten sich.
»Wir werden alles in die Wege leiten«, antwortete Admiral Gordra'Wetun. »Die Koordinaten ihres Heimat-Systems werden ermittelt.«

»Admiral Gordra'Wetun«, sagte der Regent. »Ich beauftrage sie mit dieser Mission. Sie sind der erfahrenste unter meinen Admiralen. Ich reaktiviere sie in den Dienst meiner Flotte. «

Der Admiral verbeugte sich.
»Ich bedanke mich für ihr Vertrauen«, antwortete er. »Ich stelle ein Team zusammen und begebe mich sofort an die Arbeit. «

Imperium der Redartaner

Adra'Metun war kurz vor dem Versagen seiner Lebenserhaltungs-Systeme gerettet worden. Ausgesandte redartanische Suchverbände konnten sein Schiff orten. Er bemerkte, wie sein Gleiter mit einem Fangstrahl an Bord eines großen Schiffes gezogen wurde. Adra'Metun machte sich keine großen Hoffnungen.

»Mein vorzeitiges Ableben wird nur aufgeschoben sein?«, dachte er. » Die Fremden werden sicherlich Informationen von mir haben wollen. Das gleiche würden wir auch mit Wesen fremder Rassen machen. «

Er lehnte sich in seinem Stuhl zurück und wartete ab. Es wurde hell um ihn herum. Ein Licht drang durch sein Cockpit in das Schiff ein. Er sah, wie sich die großen

Schleusentore schlossen. Bewaffnete Soldaten und Kampf-Roboter schritten auf seinen Gleiter zu. Geräusche an der Schleuse sagten ihm, dass die Fremden versuchten gewaltsam das Schott seines Gleiters zu öffnen. Er erhob sich und schritt in den hinteren Teil seines Fluggefährtes. Adra'Metun hob seine Hand und fuhr hiermit über einen Tür-Sensor. Geräuschlos öffnete sich das Schott.

Erstaunte Soldaten erblickten ein Wesen mit blau-grauer Hautfarbe. Sie riefen ihm etwas in natradischer Sprache zu.

»Also doch Natrader«, dachte er. »Die Rasse hat sich neu entwickelt und ist zu alter Stärke angewachsen. Adra'Metun lächelte plötzlich.

»Die Oberste Vollkommenheit ist doch nicht unfehlbar«, dachte er.

Er hatte die Sprachen vieler ausgelöschter Rassen erlernt. Niemand seiner Vorgesetzten wusste das. Adra'Metun war ein Adramelech, ein Vernichter des Universums, wie sein Volk sich gerne betitelte. Doch er war als Nachkomme einer neuen Generation herangewachsen, die gerne alle alten Gesetze der Urväter ablegen wollten.

Adra'Metun hob seine Arme.

»Ich bitte um Asyl«, teilte er den Soldaten mit. »Meine Waffen habe ich im Schiff gelassen. Ich habe wichtige Informationen für ihre Führung.«

Die Soldaten blickten ihn irritiert an. Dann führten sie ihn aus seinem Gleiter und legten ihm einen Sicherheits-Riegel an. Die Hände von Adra'Metun wurden auf seinem Rücken gekreuzt.

»Folgen sie uns«, teilte der Anführer der Soldaten mit. »Sie haben in feindlicher Absicht unser Hoheitsgebiet angeflogen. Wir betrachten sie als Kriegsverbrecher. Sie werden unserer Gerichtsbarkeit überstellt. Bis auf Weiteres betrachten sie sich bitte als unser Gefangener.«

Adra'Metun nickte.
»Das habe ich nicht anders erwartet«, antwortete er.

Die Soldaten stießen ihn vorwärts. Bereitwillig folgte er dem Anführer der Truppe.

Adra'Metun war nach Redartan gebracht worden, zu der Zentralwelt des Imperiums. Er saß in einer spärlich eingerichteten Arrestzelle. Sie besaß kein Fenster, nur ein diffuses Kunstlicht war eingeschaltet. Der Adramelech war hungrig und durstig. Er ärgerte sich, dass er jetzt die

Folgen des sträflichen Vorgehens seines Mentors ausbügeln durfte.

»Habe ich nicht immer davor gewarnt, weitere Vernichtungsfeldzüge durchzuführen«, erinnerte er sich. »Ich bin ausgelacht und verspottet worden. Mein Mentor hat seine Strafe erhalten. Mit seiner überzogenen Überheblichkeit wollte er das System der natradischen Nachkommen vernichten. Hierfür schienen ihm zehn Kampf-Schiffe auszureichen. Jetzt wurde der Spieß einmal umgedreht. Es wird einige Zeit dauern, bis er auferstehen wird. Hoffentlich ändert sich etwas in seiner Einstellung.«

Innerlich hatte er immer gehofft, dass dies einmal passieren würde. Nur so konnte der Verblendung seines Volkes Einhalt geboten werden. Er wusste, dass viele Jüngere diese Vernichtungsfeldzüge ablehnten. Nur durch die Zustimmung der Ältesten wurden sie noch praktiziert. Der oberste Klerus schwor den amtierenden Regenten auf diese Vorgehensweise ein. Nur er durfte die Gesetze der Ahnen weitergeben.

Adra'Metun hielt diese Maßnahme für lange überholt. Doch niemand der Jüngeren wagte sein Wort gegen den hysterischen Regenten zu erheben. Seine Macht war unendlich. War er einmal im Amt, konnte er wahllos über das Leben seiner Untertanen entscheiden.

Eine schwere Stahlplatte zog sich zur Seite und gab ein abgedunkeltes Fenster frei. Adra'Metun saß auf einem Hocker und blickte in das Glas. Er konnte nichts erkennen. Doch er wusste, dass die Fremden ihn anschauten.

»Vermutlich beratschlagen sie, wie sie am besten etwas aus mir herausbekommen«, dachte er.

Ohne den Hauch von Nervosität blickte er weiter auf das Fenster. Keine Regung war ihm anzusehen.

»Was ist das für ein Wesen?«, fragte Lord Grun-Baris. »Es besitzt eine blau-graue Hautfarbe. Auf Wesen dieser Rasse sind wir bisher nicht gestoßen?«

Er war der Leiter des redartanischen Geheimdienstes. In seiner Begleitung befanden sich sein Assistent, drei Verhör-Spezialisten und drei redartanische Kampf-Roboter.

»Wir haben nichts über sie«, antwortete Ryran-Lack, der Assistent des Lords. »Unsere Datenbanken verfügen über keinerlei Informationen über diese Species. Es gab bisher keinen Kontakt mit ihnen.«

»Habt ihr einen Körperscan gemacht?«, erkundigte sich der Lord.

Der Assistent nickte.
»Sein Körper unterscheidet sich von unserer Anatomie«, antwortete der Assistent. »Er ist von zahlreichen Stacheln geschützt. Um mehr sagen zu können, müssten wir ihn sezieren. «

»Dazu werden wir sicherlich noch Gelegenheit bekommen«, antwortete Lord Grun-Baris. »Falls er unsere Fragen nicht zufriedenstellend beantwortet, kann das schneller passieren, als ihm das lieb sein wird. «

»Hier wird keiner seziert«, teilte eine Stimme im Hintergrund mit.

Die Personen des Geheimdienstes drehten sich um. Admiral Tarn-Lim, Befehlshaber des Flotten-Oberkommandos, Commander Niras-Tok und drei Soldaten des Flotten-Sicherheitsdienstes waren eingetroffen.

Der Leiter des Geheimdienstes blickte sie erstaunt an. »Was verschafft mir die Ehre des Besuches des Flotten-Oberkommandos?«, fragte er.

»Wir sind hier, um sie zu unterstützen«, antwortete der Admiral. »Es ist uns zu Ohren gekommen, dass sie gerne über die Stränge schlagen. Ein toter Gefangener hilft uns nichts mehr. Sie werden sich genau an die Statuten der kaiserlichen Kaste halten, in denen Verhöre mit fremden Rassen geregelt sind. «

»Ich verbitte mir diese Bevormundung«, tobte der Lord. »Sie haben hier keine Weisungsbefugnisse. «

»Da irren sie sich«, antwortete Admiral Tarn-Lim. »Wir wurden von dem Kaiser mit uneingeschränkten Befugnissen ausgestattet. «

Er zog eine Folie aus seiner Innentasche, die mit der kaiserlichen Unterschrift und seinem Siegel versehen war. Der Admiral hielt sie dem Lord hin.

Lord Grun-Baris griff nach der Folie und las sie mit großen Augen durch.

»Wenn das so ist, dann können wir uns auch zurückziehen«, erwiderte er.

Der Admiral schüttelte seinen Kopf.

»Sie werden das Verhör durchfuhren«, befahl er. »Erst wenn wir es als notwendig ansehen, schreiten wir ein. Ist das verständlich? «

Der Lord nickte zurückhaltend.
»Lassen sie uns anfangen«, entschied Admiral Tarn-Lim.

Er winkte einen seiner Soldaten heran.
»Öffnen sie die Zelle«, wies er ihn an.

Der Soldat gab seinen Sicherheits-Code ein. Das Schloss der Zelle öffnete sich knackend.

Die Kampf-Roboter schritten als Erstes hinein, ihnen folgten die Soldaten des Flotten-Sicherheitsdienstes. Niras-Tok schmunzelte, als er den Gefangenen erkannte.

»So sieht man sich wieder«, sagte er. »Eigentlich hatte ich gehofft, nie mehr wieder auf sie zu treffen. «

Jetzt erkannte auch Adra'Metun seinen Gesprächspartner.

»Ich bin sichtlich erfreut, sie gesund wiederzusehen«, antwortete er auf Natradisch. »Die Maschine der Adramelech scheint bei ihnen nicht wirksam gewesen zu sein. Das ist bisher noch nie passiert. Sie müssen ein besonderes Lebewesen sein?«

Niras-Tok blickte seinen Vorgesetzten an.
Der hob seine Hand.
»Reden sie weiter«, flüsterte er. »Der Fremde gibt bereitwillig Informationen preis. Horchen sie ihn aus.«

»Was sind die Adramelech?«, fragte Niras-Tok.

»Wir sind ein altes Volk des Universums«, antwortete Adra'Metun. »Unsere Oberste Vollkommenheit vertritt die Auffassung, dass unser Universum zu klein ist, für zu viele unterschiedliche Rassen. Seit dem Auseinanderdriften der Sternen-Inseln leben wir in diesem Teil des Universums. Andersartige Species, oder speziell humanoide Rassen, werden von uns unnachgiebig verfolgt und ausgelöscht.«

»Wo befindet sich ihr Sternen-System?«, fragte der Redartaner nach.

»Das weiß ich nicht«, antwortete der Adramelech. »Meine Ausbildung ist noch nicht abgeschlossen. Mein Mentor wurde mit den zehn Schiffen seiner Flotte von ihnen vernichtet. Nur er besaß die Koordinaten unseres Heimat-Systems.«

»Das kann ich nicht glauben«, entgegnete Niras-Tok. »Sie sollten doch über ein entsprechendes Wissen verfügen?«

»Es gibt hochsensible Daten in unserem System«, erwiderte Adra'Metun. »Hierzu gehören auch die Koordinaten unserer Heimat-Planeten. Nur der Obersten Vollkommenheit und die von ihnen eingeschworenen Adramelech, erhalten nach ihrer Ausbildung einen Zugriff auf diese Informationen. «

Niras-Tok blickte Admiral Tarn-Lim. Dieser schüttelte mit seinen Schultern.

»Die Antworten halte ich nicht für besonders realistisch«, antwortete er. »Wir werden unser Wahrheits-Serum einsetzen. Dann sehen wir, ob seine Aussagen der Wahrheit entsprechen. «

»Die Anatomie des fremden Körper ist mit unserer nicht zu vergleichen«, entgegnete der Assistent des Geheimdienstes. »Wir übernehmen keine Garantie, ob er das Serum überleben wird. «

»Wir haben keine andere Lösung«, erwiderte der Admiral. »Ansonsten bleibt nur noch die Folter übrig. «

»Das ist ihre Entscheidung«, entgegnete Lord Grun-Baris.

Der Admiral winkte den Assistenten des Geheimdienstes heran.

»Setzen sie bitte eine Spritze mit dem Wahrheitsserum«, befahl er. »Ich möchte ganz sicher gehen, dass wir keine falschen Informationen erhalten. «

Der Assistent hatte bereits eine Spritze aufgezogen. Er war zu dem Gefangenen getreten. Zwei der Kampf-Roboter hielten den Adramelech fest. Die Stacheln am Kopf und am Rücken des Gefangenen richteten sich auf und wurden zu scharfen langen Messer. Irritiert blickten die Redartaner das Wesen an. Die Kampf-Roboter justierten den Adramelech. Er konnte sich nicht mehr bewegen. Der Assistent des Geheimdienstes trat näher und setzte die Spritze an. Schnell drückte er den Auslöser. Der Strahl der Injektion durchfuhr die Kleidung des Gefangenen und suchte sich den Weg in die Blutbahn.

Adra'Metun bemerkte, wie sich seine Sinne öffneten. Er kämpfte erfolglos gegen einen Drang an, der seine Erinnerungen offenzulegen. Doch die Machtlosigkeit ihn ihm breitete sich weiter aus. Die ausgefahrenen Stacheln legten sich wieder dem Körper an.

»Wo befindet sich ihr Sternen-System?«, fragte Admiral Tarn-Lim erneut.

»Ich weiß es nicht«, antwortete der Adramelech wahrheitsgetreu. »Meine Ausbildung wurde noch nicht abgeschlossen. Nur mein Mentor kann ihnen diese Frage beantworten. Leider wurde er mit seinen zehn Schiffen von ihrer Flotte vernichtet. Nur er hatte Zugang zu den Koordinaten unseres Heimat-Systems. Es gab hochsensible Daten im System unseres Flaggschiffes. Hierzu gehörten auch die Koordinaten aller bewohnten Welten unseres Imperiums. Nur die Oberste Vollkommenheit verfügt über einen uneingeschränkten Zugriff auf diese Informationen.«

Der Assistent blickte den Admiral an.
»Er hat die Wahrheit gesagt«, entgegnete er. »Das Serum wirkt.«

»Warum haben sie unsere Patrouillen-Flotte angegriffen?«, fragte der Admiral.

Adra'Metun blickte ihn mit glasigen Augen an.
»Unsere Oberste Vollkommenheit vertritt die Auffassung, dass unser Universum zu klein ist, für viele unterschiedliche Rassen«, teilte er mit. »Seit dem Auseinanderdriften der Sternen-Inseln leben wir in

diesem Teil des Universums. Andersartige Species, oder speziell humanoide Rassen, werden von uns unnachgiebig verfolgt und ausgelöscht. Die Gründer unserer Zivilisation mussten sich kontinuierlich gegen sie wehren. Als sie schließlich kurz vor ihrer Ausrottung durch humanoide Lebensformen standen, entschieden sie sich in die Offensive zu gehen. Sie baten ihre Götter um Gnade. Sie versicherten ihnen, wenn sie die letzte Schlacht überleben sollten, dann würden sie es nicht mehr zulassen, dass sich humanoide Lebensformen derart ausbreiten können.

Sie versprachen alle nachwachsenden Rassen zu vernichten und ihre Körper den Göttern zu opfern. Im Laufe der vielen Jahrtausenden hat sich diese Idee verselbstständigt. Unsere Gesetze wurden entsprechend geändert. Es wurden alle Species angegriffen, die sich unserem Hoheitsgebiet näherten, oder auf den vielen Planeten unseres Imperiums selbstständig heranwuchsen. Es macht für uns Adramelech keinen Unterschied mehr, ob es sich um humanoide Wesen, oder um eine andere Species handelt.«

»Ich verstehe«, bemerkte der Admiral. »Ihre Oberste Vollkommenheit besteht immer noch auf den Gesetzen ihrer Vorfahren. Veränderungen werden nicht akzeptiert.«

»Das entspricht der Wahrheit«, antwortete Adra'Metun. »Für die Jüngeren von uns ist das schon lange ein Problem. Alle nachwachsenden Adramelech, die solche Gedanken äußern, verschwinden nach kurzer Zeit spurlos und werden nicht mehr gesehen.«

»Wo befindet sich ihr Imperium?«, fragte der Admiral.

»Sie befinden sich mitten in ihm«, erwiderte der Gefangene bereitwillig. »Obwohl dieser Sektor lange nicht mehr kontrolliert wurde, beansprucht das Imperium der Adramelech dieses Territorium für sich. Es werden keine Raumsektoren von unserer Regierung abgetreten. Das war immer schon eine Devise unserer Obersten Vollkommenheit.«

»Wie ist es möglich, dass wir uns über 100.000 Jahre entwickeln konnten, ohne dass wir einen Hinweis auf ihre Existenz erlangt haben?«, fragte Niras-Tok.

»Wir sind unsterblich«, antwortete der Adramelech. »Kommen wir versehentlich ums Leben, werden wir auf unserer Heimatwelt automatisch neu reproduziert. Unser bisheriges Wissen, das wir uns als Schüler eines Mentors erworben haben, wird automatisch in unser Gehirn gespeist. Falls unsere Ausbildung noch nicht abgeschlossen war, werden wir diese in dem neuen Körper beenden müssen. Unsere Oberste Vollkommenheit erfährt von den Ursachen unseres unfreiwilligen Todes. Es werden unweigerlich Strafmaßnahmen an die Verursacher befohlen.«

Admiral Tarn-Lim blickte Niras-Tok und Lord Grun-Baris an. Diese wirkten irritiert und konnten die Aussagen des Gefangenen nicht glauben.

»Trifft das auch für die Vernichtung ihrer Kampf-Schiffe zu?«, fragte der Admiral. »Dann ist ihre Besatzung nicht verloren?«

»Nein«, antwortete Adra'Metun. »Es braucht zwar einige Zeit, doch alle Schiffsbesatzungen werden wiedergeboren. Unsere Oberste Vollkommenheit ist jetzt von der Leistungsfähigkeit ihrer Flotte informiert. Sie wird nicht noch einmal den Fehler machen, mit nur zehn Schiffen einen Angriff auf ihr Imperium zu befehlen.«

»Über wie viele Schiffe verfügt ihr Imperium?«, fragte Lord Grun-Baris. »Können sie uns verlässliche Zahlen nennen?«.

»Sie sprechen von Kampf-Einheiten«, fragte der Gefangene nach.

Lord Grun-Baris nickte.
»Das ist richtig «, antwortete er.

»Die genauen Zahlen liegen mir nicht vor «, antwortete Adra'Metun. »Auf der Zentralwelt unseres Imperiums verdunkeln die anfliegenden Schiffe das Tageslicht unserer drei Sonnen. «

Der Admiral blickte Commander Niras-Tok an. Der nickte kaum merkbar.

»Er sagt die Wahrheit«, bemerkte er. »Ich spüre seine Aufrichtigkeit. Er ist gewillt etwas in dem Denken seines Volkes zu verändern. «

Adra'Metun riss seine Augen auf.
»Unsere Maschine konnte in ihnen neue Fähigkeiten erwecken«, staunte er. »Das Gehirn eines Humanoiden ist doch nicht so einfach, wie es uns unsere Oberste Vollkommenheit immer mitteilt. Ich bin begeistert über die Komplexität ihres Gehirns. Bei anderen Species konnte das Gehirn problemlos umprogrammiert werden. Sie wurden zu leblosen Befehlsempfängern. Sie sind das erste Lebewesen, an dem dies nicht gelang. «

»Soll ich ihnen jetzt noch dankbar sein?«, fragte der Commander.» Welchem Zweck diente der Einsatz ihrer Maschine?«

Adra'Metun lächelte ihn an.
»Seien sie uns nicht böse«, bemerkte er. »Dieses Verfahren wird seit vielen Tausenden von Jahren angewandt. Unserer Obersten Vollkommenheit ist die Wertschätzung für andersartiges Leben verlorengegangen.«

»Welche Experimente wurden an mir durchgeführt?«, fragte der Commander.

»Experimente?«, wiederholte der Adramelech die Frage.» Die Maschine, die wir während ihrer Gefangenschaft eingesetzt haben, manipuliert ihr Gehirn. Jedenfalls funktionierte das bei allen anderen Species. Ihnen wurden Befehle eingegeben, wichtige Einrichtungen ihres Imperiums zu vernichten. Speziell der Weltraum-Bahnhof, den wir ihren Gedanken entnehmen konnten, stieß bei meinem Mentor auf ein sehr großes Interesse. Er erkannte, dass dieses Bauwerk ein wichtiger Anflugs-Punkt in ihrem System darstellte. Sie sollten es komplett zerstören.

Der Befehl wurde in ihr Gehirn verpflanzt. Die Art und Weise, wie sie den Befehl ausführen würden, überließ er ihrer freien Entscheidung. Mein Mentor wusste nur, dass dieser Befehl in ihnen immer stärker werden würde. Zumindest konnten wir das bei anderen Species beobachten. Ihr Gehirn scheint unseren Befehl neutralisiert zu haben. Ich bin begeistert.«

»Die Maschine hat etwas verändert«, bestätigte Niras-Tok. »Ich kann die Anwesenheit ihrer Rasse über viele Raumsektoren fühlen und auch ihre Gedanken lesen.«

»Das ist ausgeschlossen«, antwortete Adra'Metun. »Wir alle wurden gegen Psi-Kräfte immunisiert. Sobald unser Gehirn bemerkt, dass äußere Kräfte unsere Gedanken auslesen wollen, blockiert es den Zugriff. Es baut eine konzentrierte Sperre auf.«

Commander Niras-Tok blickte seinen Vorgesetzten an. Admiral Tarn-Lim nickte nur.

»Machen sie weiter«, bemerkte er. »Wir hören ihnen zu. Kommen sie zu dem Wichtigen, das uns bei unserer Planung weiterhilft, einen möglichen Angriff der Rasse zu vereiteln.«

Der Commander wandte sich wieder dem Gefangenen zu.

Er brauchte sich nicht lange zu bemühen. Sofort lagen die Gedanken des Adramelech für ihn offen.

»Sie sind froh, nicht mehr für ihren Mentor arbeiten zu müssen«, sagte er. » Sie denken gerade, dass fast drei Monate vergehen werden, bis er auferstehen wird. «

Adra'Metun kniff seine Augen zusammen. Er musterte den Humanoiden.

»Das ist zu bewundern«, antwortete er. »Noch niemandem ist es gelungen, in unser Gehirn vorzudringen. Wir Adramelech hielten uns bisher immer für die Spitze der Evolution. «

»Diese Einstellung rächt sich irgendwann«, antwortete der Commander. »Wie können wir ihr Heimat-System finden, um mit ihrer Regierung Gespräche über eine friedliche Koexistenz aufzunehmen? «

Der Gefangene lachte laut auf.
»Sie scheinen meinen Aussagen keine Bedeutung zu geben«, erwiderte er. »Ich teilte ihnen mit, dass sie bereits auf der Suche nach ihnen sind. Spätestens, wenn mein Mentor Adra'Sussor reproduziert wurde, werden die Koordinaten ihres Heimat-Systems bekannt werden.

Sie bekommen dann die geballte Kraft unserer Mächtigkeitsballung zu spüren.«

»Sie haben um Asyl gebeten«, bemerkte Admiral Tarn-Lim. »Falls ihr Volk es wirklich schaffen sollte, die Flotten-Verbände unseres Imperiums vernichtend zu schlagen, dann werden sie auch mit untergehen. Haben sie eine Idee, wie wir das verhindern könnten? «

»Wenn sie mir Asyl gewähren, dann bin ich bereit zu kooperieren«, antwortete der junge Adramelech. »Nur wenn der Regent von seinem Thron gestürzt wird, ist ein Umdenken in unserer Gesellschaft möglich. Wir Jüngeren möchten die Vernichtungsfeldzüge unserer Obersten Vollkommenheit beenden. Viele von uns sind der Meinung, dass ein freundliches Miteinander der Rassen im Universum unsere Zivilisation weiterbringt. Ich habe zwei Ideen, die möglicherweise einen Vernichtungsfeldzug verhindern könnten. «

Admiral Tarn-Lim blickte Niras-Tok an.

Dieser nickte.
»Ich bestätige die Aussagen von Adra'Metun«, sagte er. »Er meint es ehrlich. Seine Gedanken sorgen sich um die Weiterentwicklung der jüngeren Bevölkerung. «

»Das reicht mir«, antwortete der Admiral. »Ich werde unseren Kaiser kontaktieren. Vermutlich wird es ein schweres Gespräch werden.«

»Ich begleite sie«, flüsterte Niras-Tok. »Vielleicht kann ich seine Gedanken lesen und ihr Gespräch unterstützen.«

Der Admiral nickte.
»Wir brechen für heute ab«, wies er Lord Grun-Baris an. »Sorgen sie dafür, dass unser Gefangener zuvorkommend behandelt wird. Ich werde erst Quoltrin- Saar-Arel befragen, ob er dem Asyl-Antrag des Gefangenen zustimmt.«

»Die Antwort kann ich ihnen jetzt schon geben«, lachte der Kommandeur des redartanischen Geheimdienstes. »Viel Erfolg beim Kaiser.«

Die Abordnung des Flotten-Oberkommandos verließ die Arrestzelle. Lord Grun-Barıs blickte ihnen hasserfüllt nach.

Als der letzte der Offiziere des Flotten-Oberkommandos den Raum verlassen hatte, spuckte der Lord auf den Boden.

»Diese widerlichen Flotten-Offiziere halten sich für etwas Besseres«, sagte er zu seinem Assistenten. »Sie behandeln uns wie Luft.«

Er blickte seinen Assistenten an.
»Setzen sie eine zweite Spritze«, befahl er. »Vielleicht bekommen wir noch mehr aus dem Gefangenen heraus.«

Der Assistent war schockiert.
»Ich halte das für unverantwortlich«, erwiderte er. »Wir kennen uns mit der Biologie dieser Wesen nicht aus. Es kann das Todesurteil für ihn sein. Ich rate dringend hiervon ab.«

»Führen sie meinen Befehl aus«, forderte der Lord. »Soll ich mir einen neuen Assistenten suchen?«

»Ich protestiere«, antwortete der Assistent und gab die Spritze an seinen Vorgesetzten weiter.

Niras-Tok spürte die Gedanken des Gefangenen. Er blieb stehen. Der Admiral blickte ihn an.

»Was ist?«, fragte er.
»Adra'Metun ruft um Hilfe«, antwortete er. »Lord Grun-Baris will eine zweite Spritze mit dem Wahrheitsserum

injizieren. Sein Assistent hat ihn gewarnt, doch er ignorierte das. Das könnte sein Todesurteil sein.«

»Alle zurück«, befahl der Admiral. »Wir brauchen den Gefangenen für mehr Informationen. Sein Tod ist uns nutzlos.«

Er zögerte nicht lange und lief los. Niras-Tok, die Soldaten und die Kampf-Roboter folgten ihm im Eilschritt.

Schnell war der Zellentrakt erreicht. Noch vor der Türe zog der Admiral seinen Laser-Strahler aus dem Holster seines Waffengürtels. Er trat die Türe auf. Gerade noch rechtzeitig erkannte er, wie der Lord die Spritze in die Schulter des Gefangenen drücken wollte. Noch mehr Stacheln als beim ersten Mal, waren von dem Wesen aufgerichtet worden. Sein Kopf sah aus, wie ein blau-grauer Seeigel.

Sein kurzer gezielter Strahlenschuss ließ den Lord aufschreien. Der Laserstrahl hatte seine Hand leicht verbrannt. Die Spritze fiel klirrend zu Boden.

Admiral Tarn-Lim ging auf den Lord zu und schlug ihm mit der flachen Hand ins Gesicht.

Erbost blickte der Lord den Admiral an.

»Was erlauben sie sich«, sagte er. »Das wird ein Nachspiel für sie haben.«

»Das glaube ich nicht«, antwortete Admiral Tarn-Lin. »Sie haben gegen den ausdrücklichen Befehl des Kaisers gehandelt. Ich nehme sie fest. Ihre Amtsgewalt als Leiter des redartanischen Geheimdienstes wird ausgesetzt. Sie werden sich vor einem kaiserlichen Tribunal verantworten müssen.«

Der Lord wollte etwas sagen, doch der Admiral fiel ihm ins Wort.

»Sie haben später Zeit sich zu äußern«, sagte er. »Im Moment möchte ich sie nicht mehr sehen.«

Er winkte den Soldaten des Flotten-Oberkommandos zu. »Bringen sie ihn in einer unserer Arrestzellen unter«, befahl er.

Die Soldaten bestätigten und führten den Lord ab. Admiral Tarn-Lin blickte den Assistenten des Lords an.

»Wie ist ihr Name?«, fragte er.
»Ryran-Lack«, antwortete er. »Ich bin der 1. Assistent des Lords.

»Sie werden bis zu dem Prozess des Lords, die Amtsgeschäfte des Geheimdienstes übernehmen«, entschied der Admiral. »Ich werde den Kaiser über meine Entscheidung informieren. Habe ich ihr Zugeständnis, dass sie sich konform mit den kaiserlichen Vorgaben verhalten? Noch eine eigenwillige Führung unseres Geheimdienstes können wir nicht gebrauchen. Sie arbeiten eng mit dem Flotten-Oberkommando zusammen. Alle neuen Informationen, werden sofort an uns weitergegeben. Ist das verständlich? «

Ryran-Lack nickte bereitwillig.
Der Geheimdienst arbeitet nicht gegen das Imperium«, antwortete er. »Ich habe den Lord immer vor seinen eigenen Ideen gewarnt. Leider wollte er nicht auf mich hören. «

»Ich behalte sie im Auge«, erwiderte der Admiral.

Er blickte die Kampf-Roboter des Geheimdienstes an. »Sie bewachen den Gefangenen«, befahl er. »Lassen sie niemanden ohne meinen ausdrücklichen Befehl in die Zelle hinein. Adra'Metun ist eine sehr wichtige Person für uns. «

Die Kampf-Roboter bestätigten den Befehl und bauten sich demonstrativ vor dem Zelleneingang auf.

Der Kaiser war auf Wunsch von Admiral Tarn-Lim in das Flotten-Oberkommando gekommen. Er wollte sich über das Verhör des Gefangenen informieren. Als er in der Zentrale eintrat, sprangen die Offiziere auf und salutierten dem Kaiser. Dieser erwiderte den Gruß und ging auf Admiral Tarn-Lin zu.

»Konnten sie Informationen von dem Gefangenen erhalten?«, fragte er.

Der Admiral nickte.
»Es gibt einiges zu berichten«, antwortete er. »Leider auch eine Diskrepanz über den Leiter des Geheimdienstes.«

Der Kaiser wirkte erstaunt.
»Lord Grun-Baris hat sich wieder danebenbenommen?«, erkundigte er sich.

»Das entspricht den Tatsachen«, entgegnete der Admiral. »Er hat gegen ihre direkte Anordnung verstoßen. Er wurde von unseren uneingeschränkten Befugnissen informiert. Es schien ihm schon bei unserer Ankunft in keiner Weise zu gefallen.«

Der Admiral blickte den Kaiser kurz an.

»Als wir ihm die von ihnen unterschriebene Folie mit unseren Sonderbefugnissen präsentierten, verhielt er sich weiterhin trotzig. Er teilte uns mit, wenn das so ist, dann könnte er sich auch zurückziehen. Ich ließ ihn nicht gehen, sondern erlaubte ihm das Verhör durchzuführen.«

Der Kaiser nickte.
»Das ist die normale Vorgehensweise«, antwortete er.

»Mein Begleiter Niras-Tok schmunzelte, als er den Gefangenen erkannte«, informierte der Admiral den Kaiser. »Wie es der Zufall so ergab, war unser Gast einer der Personen, die unseren Commander gefoltert hatten. Sein Name ist Adra'Metun und er entstammt einer Rasse, die sich Adramelech nennt. Er war sichtbar erfreut Niras-Tok gesund wiederzusehen. Der Gefangene beantwortete unsere Fragen auf Alt-Natradisch. Unserer modifizierten redartanische Sprache schien er nicht mächtig zu sein. «

»Die Vergangenheit scheint uns wieder einzuholen«, bemerkte der Kaiser. »Aber bitte sprechen sie weiter. Ich höre ihnen zu. «

Der Admiral blickte auf seine Info-Folie.
»Ich zitiere jetzt seine Worte«, sagte er. »Die Maschine der Adramelech scheint bei ihnen nicht wirksam gewesen

zu sein. Das ist bisher noch nie passiert. Sie müssen ein besonderes Lebewesen sein?«

Der Admiral blickte den Kaiser an.
»Ich forderte Commander Niras-Tok auf, den Dialog fortzusetzen. Der Gefangene gab bereitwillig Informationen preis.«

Der Admiral senkte seinen Blick wieder auf die Infofolie. »Der nachfolgende Verlauf des Gespräches stellte sich wie folgt dar«, erklärte er. »Niras-Tok fragte den Gefangenen, was die Adramelech darstellen. Adra'Metun antwortete, dass die Adramelech ein altes Volk des Universums wären. Ihre Oberste Vollkommenheit vertritt die Auffassung, dass unser Universum zu klein ist, für viele unterschiedliche Rassen. Seit dem Auseinanderdriften der Sternen-Inseln leben sie in diesem Teil des Weltraums. Andersartige Species, oder speziell humanoide Rassen, werden von ihnen unnachgiebig verfolgt und ausgelöscht.«

»Was ist die Oberste Vollkommenheit?«, erkundigte sich der Kaiser.

Der Admiral blickte ihn an.

»Das scheint ihre Regierung zu sein, oder auch nur eine befehlsgebende Kraft in ihrem Imperium«, antwortete der Admiral.

Er blickte wieder auf seine Infofolie.
»Wo befindet sich ihr Sternen-System?«, fragte Niras-Tok den Gefangenen. Der Adramelech antwortete, dass er die Koordinaten nicht kenne. Seine Ausbildung schient noch nicht abgeschlossen zu sein. Er teilte mit, dass sein Mentor mit nur 10 Schiffen seiner Flotte aufgebrochen war, um unserem Imperium einen vernichtenden Schlag zu versetzen. Nur dieser Mentor hatte Zugang zu den Koordinaten ihres Heimat-Systems. Wir konnten diese Aussage nicht glauben und fragten nochmals nach. Es gibt hochsensible Daten in unserem System, erwiderte Adra'Metun. Hierzu gehören auch die Koordinaten unserer Heimat-Planeten. Nur der Obersten Vollkommenheit und ihnen eingeschworene Adramelech dürfen nach ihrer Ausbildung Zugriff auf diese Informationen erhalten.«

Niras-Tok und Admiral Tarn-Lim blickten den Kaiser an. »Seine Antworten können wir nicht bestätigen, darum entschieden wir uns das Wahrheits-Serum einzusetzen«, teilte der Admiral mit. »Der Assistent von Lord Grun- Baris warnte uns hiervor, weil ihm keine Daten vorlagen, wie der Biorhythmus des fremden Wesens auf unsere Droge reagieren würde. Wir wollten jedoch erkennen, ob unser Gefangene die Wahrheit sprach.«

Der Admiral holte kurz Luft, dann fuhr er in seinen Erläuterungen fort.

»Die Anatomie des fremden Körpers ist laut Aussage des Assistenten von Lord Grun-Baris, nicht mit unserer zu vergleichen«, sagte der Admiral. »Ich sah jedoch keine andere Lösung und befahl das Serum zu injizieren. Wir erkannten, wie sich bei Adra'Metun die Sinne öffneten. Er kämpfte erfolglos gegen einen Drang an, seine Erinnerungen offenzulegen. Ich fragte den Gefangenen erneut nach den Koordinaten seines Heimat-Systems. Doch wieder erhielten wir die gleiche Antwort. Ich zitiere den Gefangenen.«

»Ich weiß es nicht«, teilte der Adramelech wahrheitsgetreu mit. »Meine Ausbildung wurde noch nicht abgeschlossen. Nur mein Mentor kann ihnen diese Frage beantworten. Leider wurde er mit seinen 10 Schiffen von ihrer Flotte vernichtet. Nur er hatte Zugang zu den Koordinaten unseres Heimat-Systems. Es gibt hochsensible Daten in Systemen unserer Flaggschiffe versteckt. Hierzu gehören auch die Koordinaten aller bewohnten Welten unseres Imperiums. Nur der Oberste

Vollkommenheit sind alle diese sensiblen Informationen bekannt.«

Der Admiral blickte den Kaiser an.
»Der Assistent von Lord Grun-Baris bestätigte die Wirksamkeit der Wahrheitsdroge«, erklärte er. »Ich fragte den Gefangenen erneut. Warum haben sie unsere Patrouillen-Flotte angegriffen? Adra'Metun blickte uns mit glasigen Augen an. Ich zitiere erneut seinen Wortlaut.«

»Unsere Oberste Vollkommenheit vertritt die Auffassung, dass unser Universum zu klein ist, für viele unterschiedliche Rassen«, erklärte er uns. »Seit dem Auseinanderdriften der Sternen-Inseln leben wir in diesem Teil des Universums. Andersartige Species, oder speziell humanoide Rassen, werden von uns unnachgiebig verfolgt aus ausgelöscht. Unsere Gründer mussten sich kontinuierlich gegen sie wehren. Als sie schließlich kurz vor ihrer Ausrottung durch humanoide Lebensformen standen, entschieden sie sich in die Offensive zu gehen.

Sie baten ihre Götter um Gnade. Sie versicherten ihnen, wenn sie die letzte Schlacht überleben sollten, dann würden sie es nicht mehr zulassen, dass sich humanoide Lebensformen derart ausbreiten können. Sie versprachen alle nachwachsenden Rassen zu vernichten und ihre

Körper den Göttern zu opfern. Im Laufe der vielen Jahrtausenden hat sich diese Idee verselbstständigt. Unsere Gesetze wurden entsprechend geändert. Es wurden alle Rassen angegriffen, die sich unserem Hoheitsgebiet näherten, oder auf den vielen Planeten unseres Imperiums selbstständig heranwuchsen. Es macht für uns Adramelech keinen Unterschied mehr, ob es sich um humanoide Wesen, oder um eine andere Species handelt.«

Der Admiral schaute den Kaiser an.
»Wir erhielten wieder die gleichen Informationen wie beim ersten Versuch«, sagte er. »Es gab keine Widersprüche in seinen Aussagen. Ich teilte dem Gefangenen mit, dass wir verstanden hatten.«

Der Admiral blickte erneut auf seine Infofolie.
»Ihre Oberste Vollkommenheit besteht immer noch auf den Gesetzen ihrer Vorfahren? Veränderungen werden nicht durchgeführt?«, fragten wir ihn.

»Das entspricht der Wahrheit«, antwortete Adra'Metun. »Für die Jüngeren von uns ist das schon lange ein Problem. Alle nachwachsenden Adramelech, die solche Gedanken äußern, verschwinden nach kurzer Zeit spurlos und werden nicht mehr gesehen.«

»Wo befindet sich ihr Imperium?«, stellten wir die Frage. »Sie befinden sich mitten in ihm«, erwiderte der Gefangene bereitwillig. »Obwohl dieser Sektor lange nicht mehr kontrolliert wurde, beansprucht das Imperium der Adramelech dieses Gebiet für sich. Es werden keine Raumsektoren von unserer Regierung abgetreten. Das war immer schon die Devise der Obersten Vollkommenheit.«

»Wie ist es möglich, dass wir uns über 100.000 Jahre entwickeln konnten, ohne dass wir einen Hinweis auf ihre Existenz erlangt haben?«, fragte Niras-Tok ihn. »Wir sind unsterblich«, antwortete der Adramelech. »Kommen wir versehentlich ums Leben, werden wir auf unserer Heimatwelt automatisch neu reproduziert. Unser bisheriges Wissen, das wir uns als Schüler eines Mentors erworben haben, wird automatisch in unser Gehirn gespeist. Trotzdem werden wir auch in dem neuen Körper unsere Ausbildung beenden müssen. Unsere Oberste Vollkommenheit erfährt von den Ursachen unseres unfreiwilligen Todes. Es werden unweigerlich Vergeltungs-Maßnahmen an den Verursachern durchgeführt.«

»Das ist nicht möglich«, flüsterte der Kaiser.

»Bitte warten sie ab«, unterbrach ihn der Admiral. »Trifft das auch für die Vernichtung ihrer Kampf-Schiffe zu«, erkundigte ich mich bei dem Gefangenen. »Dann ist ihre Besatzung nicht verloren? «

»Nein«, antwortete Adra'Metun. »Es braucht zwar einige Zeit, doch alle Schiffsbesatzungen werden wiedergeboren. Unsere Oberste Vollkommenheit ist jetzt über die Leistungsfähigkeit ihrer Flotte informiert. Sie werden nicht noch einmal den Fehler machen, mit nur zehn Schiffen einen Angriff auf ihr Imperium zu befehlen.«

»Über wie viele Schiffe verfügt ihr Imperium? «, fragten wir den Gefangenen. » Können sie uns verlässliche Zahlen nennen? «

»Sie sprechen von Einheiten«, fragte der Gefangene nach. »Auf unserer Zentralwelt verdunkeln die anfliegenden Schiffe das Tageslicht unserer drei Sonnen.«

»Commander Niras-Tok hat bei jeder Antwort des Fremden seine Gedanken kontrolliert«, teilte der Admiral mit. »Er bestätigte die Aufrichtigkeit seiner Aussagen. Der Gefangene ist gewillt, etwas in dem Denken seines Volkes zu verändern. «

Der Kaiser hörte interessiert zu.
»Fahren sie mit ihren Ausführungen fort«, sagte er.

Admiral Tarn-Lim nickte.
»Welchem Zweck diente der Einsatz ihrer Maschine? «, fragte Niras-Tok den Gefangenen. Adra'Metun lächelte ihn an.

»Seien sie uns nicht böse«, antwortete der Gefangene. »Dieses Verfahren wird seit vielen Tausenden von Jahren angewandt. Unserer Obersten Vollkommenheit ist die Wertschätzung für andersartiges Leben verlorengegangen. «

Welche Experimente wurden an mir durchgeführt«, fragte der Commander nach.

»Experimente? «, wiederholte der Adramelech die Frage. » Die Maschine, die wir während ihrer Gefangenschaft eingesetzt haben, manipuliert ihr Gehirn. Jedenfalls funktionierte das bei allen anderen Species so. Ihnen wurden Befehle eingegeben, wichtige Einrichtungen ihres Imperiums zu vernichten. Gerade der große Weltraum-Bahnhof, den wir ihren Gedanken entnehmen konnten, stieß bei meinem Mentor auf ein sehr großes Interesse.

Er erkannte, dass dieses Bauwerk ein wichtiger Verteilungspunkt in ihrem System darstellt. Ihm wurde der Befehl ins Gehirn gepflanzt, ihn komplett zu zerstören. Die Art und Weise, wie sie den Befehl ausführen würden, überließ er ihrer freien Entscheidung. Mein Mentor wusste nur, dass dieser Befehl in ihnen immer stärker werden würde. Zumindest konnten wir das bei anderen Species beobachten. Ihr Gehirn scheint unseren Befehl neutralisiert zu haben. Ich bin begeistert.«

»Die Maschine hat etwas verändert«, bestätigte Niras-Tok. »Ich kann die Anwesenheit ihrer Rasse über viele Raumsektoren fühlen und auch ihre Gedanken lesen. «

»Das ist ausgeschlossen«, antwortete Adra'Metun. »Wir alle wurden gegen Psi-Kräfte immunisiert. Sobald unser Gehirn bemerkt, dass äußere Kräfte unsere Gedanken auslesen wollen, blockiert es den Zugriff. Es baut eine konzentrierte Sperre auf.

»Ich bat Commander Niras-Tok weiter nachzufragen«, teilte der Admiral dem Kaiser mit. »Welche Möglichkeiten können sie uns benennen, einen möglichen Angriff ihrer Rasse zu vereiteln? «, fragte der Commander den Gefangenen. » Sie sind froh, nicht mehr für ihren Mentor Arbeiten ausführen zu müssen. Sie denken gerade darüber nach, dass es eine ganze Zeit braucht, bis er auferstehen wird.«

Adra'Metun kniff seine Augen zusammen. Er musterte den Humanoiden.

»Das ist zu bewundern«, antwortete er. »Noch niemandem ist es gelungen, in unser Gehirn vorzudringen. Wir Adramelech hielten uns bisher immer für die Spitze der Evolution.«

»Diese Einstellung rächt sich irgendwann«, antwortete der Commander. »Wie können wir ihr Heimat-System finden, um mit ihrer Regierung Gespräche über eine friedliche Koexistenz aufzunehmen?«

Der Gefangene lachte laut auf.
»Sie scheinen meinen Aussagen keine Bedeutung zu geben«, erwiderte er. »Ich teilte ihnen mit, dass sie bereits auf der Suche nach ihnen sind. Spätestens, wenn mein Mentor Adra'Sussor reproduziert wurde, werden die Koordinaten ihres Heimat-Systems bekannt werden. Sie können damit rechnen, nach diesem Zeitpunkt die geballte Kraft unserer Mächtigkeitsballung zu spüren bekommen.«

»Sie haben um Asyl gebeten«, sprach ich den Gegangenen an. »Falls ihr Volk es wirklich schaffen sollte, die Flotten-Verbände unseres Imperiums vernichtend zu schlagen, dann werden sie auch mit untergehen. Haben sie eine Idee, wie wir das verhindern können? «

»Wenn sie mir Asyl gewähren, dann bin ich bereit zu kooperieren«, antwortete der junge Adramelech. »Nur wenn der Regent von seinem Thron gestürzt wird, ist ein Umdenken in unserer Gesellschaft möglich. Wir Jüngeren möchten den Vernichtungsfeldzug unserer Obersten Vollkommenheit beenden. Viele von uns sind der Meinung, dass ein freundliches Miteinander der Rassen im Universum unsere Zivilisation weiterbringt. Ich habe zwei Ideen, die möglicherweise einen Vernichtungsfeldzug verhindern könnten. «

Admiral Tarn-Lim blickte den Kaiser an.
»So viel zu den Äußerungen des Gefangenen«, sagte er.

»Der Gefangene bittet um Asyl? «, lachte der Kaiser. » Er kann als Geisel fungieren. «

»Nicht so vorschnell«, antwortete der Admiral. »Wir wissen noch nicht, was uns der Gefangene anbieten kann. Ich wollte mit ihnen im Vorfeld besprechen, ob wir ihm Asyl gewähren können? «

»Alles das, was uns in der Abwehr der Adramelech hilft, sollten wir ausprobieren«, erwiderte der Kaiser. »Der Gefangene untersteht ihrer Beobachtung. Sorgen sie dafür, dass er keine Probleme bereitet.«

»Meine Soldaten weichen nicht von seiner Seite«, antwortete Admiral Tarn-Lim. »Falls er uns hintergeht, wird er seine gerechte Strafe erhalten.«

»Ich bin einverstanden«, antwortete der Kaiser. »Sagen sie ihrem Gast Asyl zu. Damit wäre alles geklärt?«

»Wir müssen noch über Lord Grun-Baris reden«, teilte der Admiral mit. »Ich bat ihn, den gefangenen Adramelech zuvorkommend zu behandeln. Als wir den Zellentrakt verlassen hatten, konnte Commander Niras-Tok Hilferufe des Adramelech empfangen. Lord Grun- Baris hat gegen unseren ausdrücklichen Befehl eine zweite Spritze aufziehen lassen, die er dem Gefangenen injizieren wollte. Das hätte sein Todesurteil sein können. Der Leiter des Geheimdienstes wollte an weitere Informationen des Gefangenen gelangen.

Wir zögerten nicht lange und liefen zurück. Gerade noch rechtzeitig erkannten wir, wie der Lord die Spritze in die Schulter des Gefangenen drücken wollte. Mein Laserstrahl verbrannte seine Hand, die Spritze fiel klirrend zu Boden. Ich teilte dem Lord mit, dass er gegen ihren ausdrücklichen Befehl gehandelt hatte. Ich nahm ihn fest und informierte ihn, dass er sich vor einem kaiserlichen Tribunal verantworten müsse. Der 1. Assistent des Lords wurde von mir für die laufenden Amtsgeschäfte des Geheimdienstes eingesetzt.«

Der Kaiser überlegte einen Augenblick.
»Lord Grun-Baris ist ein guter Mann«, sagte er. »Leider gab es in letzter Zeit zu viele Beschwerden über die eigenmächtige Vorgehensweise von ihm. Hierzu gehören auch Befehlsüberschreitungen. Ich werde mich um ihn kümmern. Sie haben richtig gehandelt. Auch für Lord Grun-Baris gelten meine Anordnungen.«

»Danke für ihre Unterstützung«, bemerkte Admiral Tarn-Lim. »Wir werden uns jetzt weiter mit unserem Gefangenen beschäftigen.«

»Ich ziehe vorsichtshalber alle Flotten-Verbände aus den Randbezirken unseres Imperiums zusammen«, entschied der Kaiser. »Wir sollten vorbereitet sein, wenn die Adramelech gegen uns aufrücken.«

Er blickte den Admiral des Flotten-Oberkommandos an. »Ihnen ist doch bewusst, dass wir eine solche Bedrohung nicht unbeantwortet lassen können«, flüsterte er. »Für zwei mächtige Imperien ist in diesem Teil des Universums kein Platz.«

»Dann sind wir auch nicht besser als die Adramelech«, erwiderte der Admiral. »Sollten wir nicht zunächst eine Verständigung ermöglichen? «

»Das hat uns bereits 120 Schiffe unserer Limreck-Klasse gekostet«, betonte der Kaiser. »Mit der Vernichtung dieser Schiffe ist die Zeit einer Verständigung abgelaufen.«

»Ich empfehle erst einmal die Situation genau zu analysieren«, empfahl der Admiral. »Wir haben bereits einmal in unserer früheren Geschichte falsch reagiert.«

Der Kaiser blickte ihn an.
»Wie wollen sie an weitere Informationen kommen, wenn wir nicht wissen, wo das System der Adramelech liegt?«, fragte er.

»Wir drehen den Spieß um«, lächelte der Admiral. »Bei dem nächsten Zusammentreffen mit ihnen, verankern wir Späh-Drohnen an ihren Schiffen. Diese verfügen über einen Sender. Sie werden uns über den jeweiligen Standort der Schiffe informieren. Mehr ist nicht notwendig.

»Das hört sich nach einem guten Plan an«, erwiderte der Kaiser. »Ich sorge in der Zwischenzeit dafür, dass weitere Kampf-Verbände aus den Randgebieten unseres Imperiums zurückbeordert werden.«

Der Kaiser blickte den Admiral des Flotten-Oberkommandos an.

»Ich habe ihren Berichten entnommen, dass es einen nicht identifizierten Ortungs-Kontakt gab, während des Angriffes der zehn Adramelech-Schiffe?«, fragte er. »

Was hat es hiermit auf sich?«
»Das konnten wir noch nicht ermitteln«, antwortete Admiral Tarn-Lim. »Meine Offiziere analysierten die Ortungsdaten. Leider bisher ohne Erfolg. Die Verursacher konnten nicht ermittelt werden. Nach unserer Einschätzung kann es sich nur um ein kleines Flugobjekt mit ausgereifter Tarntechnik gehandelt haben, oder um eine Mini-Drohne, die von unseren Ortungssensoren aufgrund ihrer Größe nicht erfasst werden konnte. Ich denke, wir brauchen uns deswegen keinen Sorgen zu machen. Mit der Vernichtung der Schiffe der Adramelech ist das Signal von unseren Ortungsgeräten verschwunden.«

Der Kaiser stand auf und salutierte vor dem Admiral. »Alles liegt in ihren Händen«, sagte er. »Enttäuschen sie mich nicht. «

»Wir werden unser Bestes tun«, erwiderte der Admiral mit einem Gruß. »Deswegen ist es wichtig, dass jeder Offizier seine Befehle befolgt. «

»Ich kümmere mich um Lord Grun-Baris«, entgegnete der Kaiser. »Er wird zukünftig seine Handlungen auf unsere Vorgaben ausrichten. «

Dann drehte sich der Kaiser um und verließ das Hautquartier des Flotten-Oberkommandos. Niras-Tok schaute ihm irritiert hinterher. Er wartete noch einige Minuten, bis er sicher war, dass der Kaiser das Gebäude verlassen hatte.

»Der Kaiser denkt nicht daran den Lord zu bestrafen«, teilte er seinem Vorgesetzten mit. »In seinen Gedanken billigte er das Vorgehen des Leiters des Geheimdienstes.«

Admiral Tarn-Lim blickte seinen Commander an.
»Das kann ich nicht glauben«, erwiderte er. »Der Kaiser ist über alles erhaben. Er hat uns über 100.000 Jahre Frieden und Wohlstand beschert. Nur durch seine Entscheidung, dem größten Teil der natradischen

Urbevölkerung diesen Planeten zur Verfügung zu stellen, konnten wir unsere Vorfahren retten. Ansonsten wären sie bei dem Angriff der Rigo-Sauroiden untergegangen.«

»Ich kenne auch die Berichte aus den Archiven«, monierte Commander Niras-Tok. »Aber sie waren genauso wenig dabei, wie ich es war. Keiner von den Übersiedeln lebt mehr. Wir wissen nicht, was damals wirklich passiert ist. Nur der Kaiser hat seltsamerweise überlebt?«

»Ich werde in den geheimen Archiven recherchieren«, versprach der Admiral. »Nur so bekommen wir mehr Informationen.«

»Das ist gefährlich«, antwortete der Commander. »Wie wollen sie das vor dem Kaiser rechtfertigen?«

»Der sollte es nicht erfahren«, entgegnete der Admiral. »Ich werde eine offizielle Anfrage stellen, um die Daten unseres nicht identifizierten Ortungs-Kontaktes mit der alten Datenbank abzustimmen. Vielleicht erhalten wir so einen Hinweis auf die fremde Technik. Bei dieser Gelegenheit kann ich die alten Bordbücher von Admiral Tarin aufrufen.«

Der Commander pfiff durch die Zähne.

»Das hat bisher noch kein Offizier gewagt«, antwortete er. »Wenn der Geheimdienst hiervon erfährt, dann ist ihre Karriere beendet. Lord Grun-Baris wird sich die Finger reiben.«

»Das Risiko muss ich eingehen«, antwortete der Admiral. »Ich muss wissen, welches Spiel der Kaiser treibt. Können wir ihm noch vertrauen?«

Der Admiral blickte auf den digitalen Zeitmesser an der Wand.

»Gehen wir zu Adra'Metun und informieren ihn über die Zustimmung des Kaisers«, überlegte er. »Wir können ihm Asyl gewähren. Er wird sicherlich dankbar hierfür sein.«

»Das hoffe ich«, erwiderte der Commander. »Das hoffe ich wirklich.«

Imperium der Mächtigen

Admiral Gordra'Wetun blickte von seinem Büro auf den großen Raumflughafen. Immer mehr Groß-Raumschiffe setzten zum Landeanflug an.

»Der Regent hat mir das Kommando der Vergeltungs-Flotte übertragen«, dachte er. »Die Führung fordert die sofortige Vernichtung der Humanoiden. Sie ist nicht gesprächsbereit. Die Oberste Vollkommenheit lässt nicht von den Anordnungen der Alten ab, obwohl so viele Jahrtausende vergangen sind. Sie sind immer noch nicht bereit, auf die Forderungen der Jüngeren einzugehen.«

Der Admiral dachte nach.
»Nach meiner Meinung sollten wir auf die Wiedererweckung von Adra'Sussor warten«, überlegte er. »Er kann uns weitere Informationen über die Flottenstärke der Fremden geben. Wie viele humanoide Schiffe waren nötig, um ganze zehn unserer Kampf-Kreuzer zu vernichten. Die Fremden müssen unzählige Schiffe zusammengezogen haben. Nur ein konzentrierter Schlag konnte diesen Erfolg bescheren.«

Er blickte auf den Raumhafen. Unzählige Schiffe standen dort. Er konnte die derzeitige Zahl nicht schätzen. Der Admiral hatte bereits Vorsorge getroffen. »Ich werde nicht nur mit 10 Schiffen das Imperium der Humanoiden suchen«, lachte er. Ich werde sie mit einer wesentlich größeren Armada begrüßen. Dann werden wir sehen, wie sich die Humanoiden verhalten.«

Der Admiral lehnte sich zurück.
»Vermutlich werden sie nach den ersten Ortungsdaten bereits beginnen ihren Planeten zu evakuieren«, grübelte

er. »Ich werde jedenfalls keinen Vernichtungs- Feldzug befehlen. Fliehende Schiffe der Zivilbevölkerung lassen wir passieren. Meine Flotte wird sich ausschließlich auf die militärischen Einrichtungen konzentrieren und diese unbrauchbar bomben. Wenn die Humanoiden ihrer Werften und Stationen beraubt sind, dann ist auch ihr Nachschub unterbrochen.«

Er hob seinen Kopf und blickte aus dem Fenster. Das grelle Sonnenlicht wurde von einer Flotte von 200 schweren Schiffen gebrochen, die zum Landeanflug ansetzten.

Der Türsummer seines Büros ertönte.
Admiral Gordra'Wetun drehte seinen Kopf zur Türe. Er drückte eine Taste an seinem Tisch. Das schwere Schott bewegte sich und verschwand in der Verkleidung. Vier hochrangige Offiziere seines Führungsstabes traten ein. Sie begrüßten den Admiral mit dem militärischen Gruß der Adramelech.

Der Admiral erwiderte die Ehrenbezeugung.
»Treten sie näher«, sagte er. »Haben sie neue Informationen?«

»Die von ihnen angeforderten Schiffe sind vollzählig eingetroffen«, teilte Vizeadmiral Hodrun'Tarun mit. »Alle

3.000 Einheiten werden bestückt und mit Energie versorgt.«

»Sehr gut«, antwortete Admiral Gordra'Wetun. »Der Regent ist sehr ungehalten. Es möchte ein schnelles Handeln von uns sehen. Ich persönlich hatte diese Vorgehensweise nicht für ratsam, doch es ist der ausdrückliche Wunsch der Obersten Vollkommenheit. Die Schmach soll gerächt werden.«

»Ich unterstütze ihre Gedanken«, antwortete Commodore Dotryn'Rasun. »Überhastete Aktionen lassen sich schlecht planen. Die Vernichtung seiner zehn Schiffe hat Adra'Sussor selbst zu verantworten. Kein anderer Adramelech war so von sich selbst überzeugt, wie der alte Mentor es war. Vermutlich hat ihn seine eigene Hochnäsigkeit zu Fall gebracht.«

»Das können wir erst in 12 Wochen rekonstruieren, wenn der Mentor reproduziert wird«, antwortete Commodore Lytryn'Qatun. »Derzeit ist sein Erinnerungsspeicher für uns nicht abrufbar.«

Der Admiral blickte seinen Vize an.
»Haben sie mit dem Stellvertreter von Adra'Sussor, die Daten seiner Navigations-KI auslesen können?«, fragte er.

Der Vizeadmiral nickte.

»Sadra'Tatun war sehr umgänglich«, antwortete er. »Er hat uns unterstützt und uns Zugang zu den internen Speichern seines Schiffes verschafft. Wir konnten die Koordinaten eingrenzen. Es handelt sich um die East- Side unseres Imperiums. Dort ist nichts Interessantes. Lediglich einige steinige, staubige Planeten, kreisen um einige Sonnen. Sie sind alle ohne Wert für uns. Aus diesem Grunde wurde dieser in diesem Sektor nicht kontinuierlich patrouilliert.

Der Admiral grübelte.
»Die Flotte der Fremden bestand aus 120 Schiffen einer unbekannten 2.000 Meter-Klasse«, erklärte er. »Sie haben bei der Ankunft unserer Schiffe ihre Waffen nicht aktiviert.«

»Sie waren so überrascht von unserem Eintreffen, dass sie nicht daran dachten«, vermutete Vizeadmiral Hodrun'Tarun. »Das Materialisieren unserer Schiffe wird sie irritiert haben?«

»Vielleicht waren ihre Schiffe auch unbewaffnet?«, fragte Commodore Dotryn'Rasun. » Es liegen keine Aufzeichnungen über Scans der Schiffe vor.«

»Es können Forschungs-Schiffe gewesen sein?«, stellte Commodore Lytryn'Qatun fest.

»Lauter offener Fragen«, antwortete Admiral Gordra'Wetun. »In diese Situation kommt man, wenn man erst schießt und dann nachfragt.«

»Die Flotte hat sich konform der Statuten der Obersten Vollkommenheit verhalten«, erwiderte Commodore Lytryn'Qatun. »Ihr ist kein Vorwurf zu machen.«

»Sie wollen es einfach nicht verstehen«, fragte der Admiral seinen Untergebenen. »Sämtliche Informationen, die wir erhalten bringen uns weiter. Wir tappen in dieser Angelegenheit weiter im Dunkeln. Sie sind schon genauso verbohrt, wie der von sich selbst überzeugte Adra'Sussor. Dieser Befehl der Obersten Vollkommenheit ist eine Phrase.«

Entsetzt blickte der Commodore seinen Vorgesetzten an. »Das ist eine Untergrabung der Autorität der Obersten Vollkommenheit«, monierte der Commodore. « Ich werde bei dem Regenten Meldung machen. Sie sind nicht mehr in der Lage die Flotte zu führen.«

Der Admiral blickte seinen Vize aus den Augenwinkeln an. Hodrun'Tarun zog seinen Blaster aus dem Gürtelholster und feuerte auf den Commander. Der Körper stand sofort in Flammen. Die Hitzeglut fraß sich unaufhaltsam weiter. Der zweite Schuss löste die Moleküle seines Körpers auf. Der verbannte Körperstaub fiel zu Boden.

»Danke«, antwortete der Admiral. »Der Commodore war für unser Team nicht mehr tragbar. Die Oberste Vollkommenheit hat sein Gehirn manipuliert. Vermutlich wollten sie Informationen über uns erlangen.«

Er blickte den zweiten Commodore an.
»Wählen sie ihre Leute besser aus«, sagte der Admiral. »Die Offiziere unserer Flotte müssen eine Einheit bleiben.

»Das mache ich«, antwortete Commodore Dotryn'Rasun. »Seine Referenzen waren einwandfrei. Er wurde uns von Prinz Dadra'Katyn überstellt.«

»Gerade bei unserem imperialen Geheimdienst sollte man das uns überlassene Personal immer intensiv prüfen«, betonte der Admiral. »Bitte sorgen sie dafür, dass seine Verbindung zum Reproduktions-Zentrum gekappt wird. Der Commodore wird nie mehr auferstehen.«

»Ich kümmere mich darum«, antwortete Dotryn'Rasun.

Der Admiral blickte seinen Vize an.

»Es wird Zeit«, sagte er. »Geben sie den Befehl, die Schiffe zu besetzen. Ich möchte in einer Stunde starten.«

Die Offiziere salutierten und verließen das Büro ihres Vorgesetzten.

Der Admiral lehnte sich zurück und dachte über die befohlene Mission des Regenten nach. Er fluchte still vor sich hin.

»Uns fehlen stichhaltige Informationen«, dachte er. »Das ist ein befohlener Flug ins Ungewisse. Wir können nur hoffen, dass es sich wirklich nur um unterentwickelte Humanoide handelt, ansonsten erleben wir eine zweite Niederlage. Doch uns bleibt keine andere Wahl. Der Regent lässt nicht mit sich reden. Er ist zerfressen von dem Hass der Alten, auf alle andersartigen Rassen.«

Imperium der Redartaner

Admiral Tarn-Lim stand mit Niras-Tok, drei Elite-Soldaten des Flotten-Oberkommandos, unterstützt von drei Kampf-Robotern in der Zelle des Adramelech. Adra'Metun war völlig entspannt und freute sich über den Besuch.

»Ich habe so schnell nicht mit ihrer Rückkehr gerechnet«, entgegnete er. »Konnten sie bereits mit ihrem Kaiser über meinen Asylwunsch sprechen? «

Der Admiral nickte beiläufig.
»Unser Kaiser ist natürlich auch daran interessiert, hilfreiche Informationen von ihnen zu erhalten«, antwortete er. »Was wir noch nicht verstehen, ist, warum wollen sie ihr Imperium verlassen. Sie verstehen sich nach eigenen Worten als eine Species, die an der Spitze der Evolution steht? «

»Das versucht uns der Regent und unsere Oberste Vollkommenheit einzureden«, antwortete der Gefangene. »Ich halte diese Floskeln für weit hergeholt. Sie haben selber gesehen, dass ihre Schiffe unsere als unzerstörbar geltenden Raumschiffe vernichten konnten. Unser Imperium ist auf Auslöschung von neuen heranwachsenden Rassen und auf einen Berg von Lügen aufgebaut. Ich gehöre zu einer neuen Generation von Adramelech.

Wir Jüngere wollen etwas verändern und suchen gutes Miteinander aller Rassen im Universum. Doch unser derzeitiges Regime lässt eine solche Denkweise nicht zu. Solange unser Regent an der Macht ist, sehe ich keine Möglichkeit einer Änderung. Durch das große

Reproduktions-Zentrum auf unserem Haupt-Planeten verändert sich hieran nichts. Alle Regierungs-Mitglieder werden automatisch wieder auferstehen. Das ist ein immer wiederkehrender Kreislauf.«

»Wir verstehen«, erwiderte der Admiral. »Sie hoffen von außerhalb ihres Imperiums, eine Änderung bewirken zu können?«

»So leid mir das auch tut«, antwortete Adra'Metun. »Ohne dass der Regent und unsere Oberste Vollkommenheit einmal in ihre Schranken verwiesen werden, wird es keine Änderung geben. Ich erhoffe mir durch ihre Unterstützung, eine bisher noch nie dagewesene Gesprächsbereitschaft zu erreichen.«

»So wie ich unseren Kaiser verstanden habe, konzentrieren wir uns auf eine möglich Abwehr ihrer Flotten«, sagte Niras-Tok. »Ein Angriff auf ihr Imperium ist nicht geplant.«

»Ihr Kaiser kennt noch nicht alle Fakten«, entgegnete Adra'Metun mit einem ernsten Blick. »Die Adramelech haben sie fest in ihrem Blickfeld. Sie haben etwas geschafft, dass seit Jahrtausenden keiner Rasse mehr gelungen ist. Das ist die Vernichtung von 10 unserer als unzerstörbar geglaubten Kampf-Raumschiffe. Der Regent wird nicht eher ruhen, bis er ihr Imperium von seinen Raumkarten streichen kann.«

»Wollen sie damit andeuten, dass ihr Imperium immer weitere Flotten schicken wird, bis das gesetzte Ziel ihrer Regierung erreicht ist?«, fragte der Admiral.

»Ihre Vermutung entspricht den Tatsachen«, erwiderte der Gefangene. »Eine solche Schlappe spricht sich über kurz oder lang auf allen Planeten unseres Imperiums herum. Aufstände wären vorprogrammiert. Unsere Oberste Vollkommenheit kann unmöglich eine solche Niederlage ungestraft hinnehmen.«

Admiral Tarn-Lim und Commander Niras-Tok sahen sich an

»Sie teilten uns mit, dass unser Kaiser nicht alle Fakten kennt«, fragte der Admiral. »Was genau wollen sie hiermit andeuten?«

Adra'Metun blickte seine Gesprächspartner an.
»Unser Regent bedient sich gerne gezüchteter Hilfsvölker, die über die Galaxis verstreut agieren«, antwortete er sehr zurückhaltend. »Bevor ich näher hierauf eingehe, beantworten sie mir bitte noch eine Frage. Als sich Commander Niras-Tok auf unserem Schiff

befunden hatte, haben wir seinen Körper intensiv gescannt. Unsere Hypertronic-KI fand seltsamerweise Hinweise auf eine von uns vor langer Zeit bekämpfte und ausgerottete humanoide Lebensform. Das dachten wir zumindest. Ein speziell hierfür gezüchtetes Hilfsvolk hatte seinerzeit den Angriff geflogen. Ich rede von einer humanoiden Rasse, die sich Natrader nannten. Sie sind mit dieser ausgestorbenen Rasse verwandt, oder hatten sie die gleichen Vorfahren?«

»Sprechen sie von den Rigo-Sauroiden?«, fragte der Admiral.

Adra'Metun nickte zurückhaltend.
»Das fand zwar alles lange vor meiner Geburt statt«, ergänzte der Adramelech. »Bitte verzeihen sie, wenn ich ihnen zu nahetrete. Aber die Informationen aus unseren Datenbanken sind stichhaltig.«

Das Gesicht des Admirals war schlagartig rot angelaufen. Er schlug mit seiner geballten Faust auf den Tisch, an dem Adra'Metun saß.

Der Gefangene wirkte irritiert.
»Diese Aussage ist ungeheuerlich«, erkannte der Admiral. »Ihre Rasse ist für den Untergang unserer ersten Heimatwelt verantwortlich. Diese Aussage darf ich

unserem Kaiser nicht mitteilen. Er würde sie sofort hinrichten lassen.«

»Entschuldigen sie bitte«, murmelte der Gefangene. »Ich wusste nicht, dass meine Aussage sie so schockieren würde.«

Niras-Tok schüttelte seinen Kopf.
»Nach den Urhebern dieses Angriffes haben wir über 100.000 Jahre gesucht«, teilte er mit. »Wir wussten, dass die schwerfälligen Rigo-Sauroiden niemals die Technik entwickelt haben konnten, mit denen sie uns angegriffen haben. Falls wir diese Information an unseren Kaiser geben, dann wird er das Gleiche planen, wie ihr Regent. Eine große Vernichtungsschlacht zweier Imperien würde für die nächsten Jahrzehnte über unsere Raumsektoren hereinbrechen. Eine massenhafte Zerstörung von Material und Personal wären die Folge. Langfristig würden die Wirtschaft und der Wohlstand unserer Imperien stagnieren und kontinuierlich zurückgehen. Ganz zu schweigen von der zerstörten und vernichteten Infrastruktur vieler Planeten.«

Der Admiral hatte sich beruhigt und nach Luft geschnappt.

»Ich bin kein Kind unserer ersten Generation, die sich Natrader nannten«, sagte er. »Wir sind Redartaner, aus dem stolzen Volk der Natrader hervorgegangen. Unsere Zivilisation entstammt den Flüchtlingen, denen es gelungen war, dem Angriff ihrer Rigo-Sauroiden zu entkommen. Unser Volk ist anders, stärker und intelligenter, als es die Natrader je waren. Trotzdem fühlen wir uns mit ihnen noch sehr verbunden. Ich empfinde den Schmerz immer noch sehr tief in meinem Inneren. Auch jetzt nach ihren Offenbarungen will er ausbrechen und schreit nach Vergeltung.«

Das Gesicht des Adramelech wirkte mitfühlend.
Leise sprach er den Admiral an.

»Aus diesem Grunde bitte ich um Asyl«, sagte er. »Solche Dinge dürfen nicht mehr passieren. Der Hass in unserem Volk muss beseitigt werden. Ihre erste Generation der Natrader hat es geschafft, unsere kampferprobten Rigo-Sauroiden zu besiegen. Sie existieren nicht mehr. Nach der Vernichtung ihrer religiösen Zentralwelt und ihrer Brut-Planeten, sind sie gemeinsam als Rasse in den Suizid gegangen. Niemand von unserer militärischen Führung hatte hiermit gerechnet. Sie wurde eines Besseren belehrt. Alle ihnen zur Verfügung gestellten Flotten-Verbände waren verloren. Dieses Hilfsvolk hat die Selbstvernichtung unserer Kampf-Schiffe synchron geschaltet. Mehrere Millionen unserer Angriffs-Kreuzer verwandelten sich mit ihren Besatzungen in nur wenigen Sekunden in kleine Kunstsonnen. Das war der schwärzeste Tag in unserer Geschichtsaufzeichnung.«

»Warum erzählen sie uns das?«, fragte Niras-Tok. » Ich halte sie nicht für so dumm, ihren eigenen Asylantrag zu gefährden? «

»Ich kann das Geschehene nicht rückgängig machen«, antwortete Adra'Metun. »Lediglich kann ich dazu beitragen, dass ihrem Volk nicht ein zweites Mal das Gleiche angetan wird. Ich möchte helfen, den Adramelech Einhalt zu gebieten. Sie müssen geschwächt werden, damit sie auf Verhandlungen eingehen. «

Admiral Tarn-Lim überlegte einen Augenblick.
»Was können sie uns anbieten? «, fragte er den Gefangenen. » Bei unserem ersten Gespräch machten sie Andeutungen, dass sie einen Weg wüssten, um die Angriffs-Schiffe ihrer Rasse aufzuhalten. «

»Das ist richtig«, antwortete der Gefangene. »Unsere Flotten-Verbände werden immer in Gruppen angreifen.

Ein einzelnes Schiff kann nicht allein eine Energie-Wolke initiieren. Riesige Transmitter im Inneren unserer Schiffe öffnen einen Zugang in den Zwischenraum. Sie saugen von dort die blauen Energien ab, welche in unseren Konvertern, unterhalb unserer Schiffe aufbereitet werden. Dieser Prozess dauert einige Minuten. Das ist ihre Chance. Ich empfehle ihnen, Schiffsgruppen aus drei Zerstörern zu bilden. Sobald die Schiffe materialisiert sind, muss der Beschuss erfolgen. Ihnen bleibt nicht viel Zeit. Ein Dauerfeuer dieser drei Schiffe wird ausreichen, um das Ausdehnungsfeld der blauen Energie aufzureißen.«

»Was ist die zweite Möglichkeit?«, fragte Commander Niras-Tok.

»Es gibt noch einen einfacheren Weg«, antwortete Adra'Metun. »Falls es ihnen nicht gelingt, das Ausdehnungsfeld unterhalb unserer Schiffe zu zerstören, empfehle ich ihren Schiffen durch einen Hypersprung die Standorte zu wechseln. Die blaue Wolke kann nur auf eine feststehende Position von Schiffen gelenkt werden, um wirksam zu sein. Falls ihre Schiffe flüchten, ihre Positionen verlassen, kann die Wolke nichts ausrichten. Sie wird sich nach kurzer Zeit selbst auflösen. Ihre Schiffe haben die Möglichkeit zielsuchende Raketen und Torpedos auszuschleusen, die sich selbstständig einen

Weg zu der blauen Energie suchen. Ihre Schiffe können nach dem Abschießen der Geschosse ihre Positionen wechseln. Ich denke, hierdurch wird die Gefahr für ihre Schiffe nochmals minimiert.«

»Das sind äußerst wichtige Informationen«, bedankte sich der Admiral. »Ihnen ist doch klar, dass sie hiermit die Verluste ihrer Flotte drastisch erhöhen?«

Der Adramelech blickte den Admiral an.
»Es gibt keine andere Lösung für uns«, antwortete er. »Die Oberste Vollkommenheit wird nicht von ihrem bisherigen Weg abweichen. Leider sind sie bisher nie auf einen großen Widerstand gestoßen. Noch weniger haben sie jemals einen Angriff verloren. Wir werden die Vernichter des Universums genannt. Ich frage sie, ist das etwas, worauf unser Volk stolz sein kann? Nur eine Neuausrichtung unserer Regierung kann für uns die Weichen in eine friedvolle Zukunft stellen.«

machen, kann sich das negativ auf ihren Asyl-Antrag auswirken«, teilte Admiral Tarn-Lim. » Unser Kaiser hat diesen lediglich genehmigt, weil er sich Vorteile aus ihren Informationen verspricht.«

»Sie können ohne Sorge sein«, erwiderte Adra'Metun. »Meine Aussagen entsprechen der Wahrheit. Diese drastische Vorgehensweise ist mit den Jüngeren unseres Volkes abgesprochen. Selbst wenn ich bei dieser Mission umkomme, ist der Zweck erreicht, unserem Regenten und der Obersten Vollkommenheit eine militärische Schlappe beizubringen. Nur so können sie zu einem Umdenken bewegt werden. Alles andere haben wir bereits probiert, leider ohne Erfolg. Sie sind unsere letzte Rettung.«

Der Admiral setzte sich auf einen Stuhl und blickte den Gefangenen an. Er dachte über die Aussagen von Adra'Metun nach.

»Ich habe den Hyperkomm-Funkverkehr in unserem Imperium auf ein Mindestmaß beschränkt«, teilte er mit. »Vielleicht gewinnen wir etwas Zeit, bis ihre Flotte auftaucht. Noch nicht alle unsere Verbände sind von den äußeren Grenzen unseres Imperiums zurückgekehrt.«

»Falls die Flotten-Verbände meines Volkes die Koordinaten ihres Heimat-Systems ermittelt haben, dann werden sie, ohne lange zu überlegen bei ihnen einbrechen und ihnen einen Kampf aufzwingen«, erwiderte der Gefangene. »Besser wäre es, wenn sie an den Außengrenzen Patrouillen einsetzen lassen, die einen regen Hyperkomm-Funkverkehr auslösen würden. Dann ist es gut möglich, dass die Flottenführer unserer Verbände von falschen Tatsachen ausgehen.

Dort, wo sie einen regen Hyperkomm-Funkverkehr orten, werden sie von einem starken Flottenaufkommen ausgehen. Es ist möglich, dass sie diese Koordinaten als Erstes kontrollieren werden. Weisen sie ihre Patrouillen an, auf starke Verzerrungen im Hyperraum zu achten. Unsere Flotten-Verbände lassen sich sehr gut orten. Dies soll fremde Gegner verunsichern. Ihre Schiffe haben dann ausreichend Zeit, sich in Sicherheit zu bringen.«

»Ich halte den Vorschlag für diskutabel«, antwortete Niras-Tok. »Wir würden es genauso machen.«

»Welches Zeitfenster haben wir?«, fragte der Admiral.

Adra'Metun schüttelte seinen Kopf.
»Das lässt sich schwer beantworteten«, erwiderte er. »Falls der Hass des Regenten durch die Zerstörung der zehn Schiffe gelenkt wird, dann wird die Vergeltungs-Flotte bereits gestartet sein. Falls die Oberste Vollkommenheit auf die Auferstehung von Adra'Sussor wartet, bleiben ihnen noch zwölf Wochen.«

»Was ist ihre persönliche Meinung?«, fragte Commander Niras-Tok.

»Ich gehe davon aus, dass eine große Flotte bereits zusammengezogen wurde«, entgegnete der Adramelech. »Unser Regent wird nicht so lange warten wollen. Zumindest war das in der Vergangenheit immer der Fall. Der Start steht unmittelbar bevor.«

»Dann müssen wir handeln«, sagte der Admiral.

Er blickte kurz den Commander an und sprang von seinem Stuhl auf.

1Dieser nickte beiläufig.
»Adra'Metun hat die Wahrheit gesprochen«, bestätigte er. »Ich konnte keine Hinweise auf negative Gedanken finden.«

»Bringen sie den Gefangenen in eine Arrest-Zelle auf mein Flagg-Schiff«, befahl der Admiral. »Er wird uns begleiten.«

Die Soldaten salutierten und führten den Adramelech ab. Admiral Tarn-Lim und Commander Niras-Tok folgten ihnen schnellen Schrittes. Sie eilten in die Leitstelle des Flotten-Oberkommandos.

»Statusbericht«, fragte der Admiral, als er in die Leitstelle seines Hauptquartiers zurückgekehrt war.

»Derzeit liegen 350.000 leichte und schwere Einheiten in unserem System«, teilte Commodore Run-Lac mit. »Weitere Verbände befinden sich im Anflug. Wir sind vorbereitet.«

»Zeitpunkt des Eintreffens weiterer Verbände?«, fragte der Admiral.

»Der 243. Flotten-Verband, unter dem Befehl von Admiral Qun-Sartun, wird in sechs Stunden eintreffen«, teilte der Commodore mit. »Sein Verband umfasst derzeit 25.000 Schiffe der Limreck-Klasse.«

»Das sind Einheiten unserer 2.000 Meter-Schiffe«, erwiderte der Admiral. »Geben sie den Befehl, dass er mit seinen Schiffen unsere Heimat-Verteidigung verstärkt. Ich werde 100.000 Schiffe hiervon abziehen müssen. Sie werden die Angreifer auf eine falsche Fährte locken und uns Zeit verschaffen. Ich möchte eine starke Flotten-Präsenz im Imperium wissen.«

»Halten sie das für einen guten Plan?«, fragte der Commodore nach. »Wir sollten die 350.000 Schiffe nicht auseinanderziehen.«

»Sie haben meinen Befehl gehört«, schellte ihn der Admiral. »Wir können die äußeren bewohnten Planeten unseres Imperiums nicht ohne Schutz lassen.«

Er wartete einen Augenblick.
»Wir haben neue Informationen vorliegen«, sagte er. Er informierte seine Offiziere der Leitstelle über die Aussagen des Gefangenen.

»Wie sicher sind die Informationen?«, fragte ein Commander.

»So sicher sie sein können«, antwortete Admiral Tarn-Lim. »Commander Niras-Tok hat ständig die Gedanken des Gefangenen kontrolliert. Bisher konnte er immer Lügen aufdecken.«

»Adra'Metun will mit uns kooperieren«, teilte der Commander mit. »Seine Informationen entsprechen der Wahrheit. Er will mit den Jüngeren seines Volkes, die bereits Jahrtausende andauernden Feldzüge seines Regenten endlich unterbinden.«

»Wann folgen weitere Einheiten?«, fragte der Admiral nach.

»Admiral Vrin-Hiran, Befehlshaber des 251 südlichen Grenz-Verbandes eilt mit 15.000 Schiffe der Wimrack-Klasse zu uns«, teilte Commodore Run-Lac mit. »Er wird in sieben Stunden eintreffen. Kurze Zeit später erreicht uns Admiral Brin-Kyron. Er befiehlt über den 47. Schiffs-Verband. Ihm sind 7.500 Tamreck-Modellreihe unterstellt. «

»Sehr gut«, freute sich der Admiral. »Die Tamreck- Schiffe sind Einheiten unser 5.000 Meter-Klasse. Teilen sie ihm die Aufgabe zu, unseren wichtigen Weltraum- Bahnhof abzusichern. «

Er blickte seinen Commodore an.

Der hob seine Schultern.
»Weitere Verbände werden erst in einigen Tagen eintreffen«, entschuldigte er sich. »Sie sind zu weit entfernt. «

»Deswegen müssen wir Zeit gewinnen«, teilte der Admiral mit. »Es ist durchaus möglich, dass die Angreifer uns nochmals unterschätzen«, informierte er seine Untergebenen. »Alle Groß-Verbände sollen sich in Flotten zu 80 Schiffen aufteilen. Aus diesen Flotten schließen sich im Angriffsfall lediglich 4 Schiffe zu einer Staffel zusammen. Diese nehmen lediglich das Ausdehnungsfeld eines fremden Schiffes unter Dauerfeuer. Der Gefangene teilte uns mit, dass der Beschuss dieser Anzahl Schiffe ausreichen würde, um das Ausdehnungs-Energiefeld aufzureißen. Falls uns das nicht gelingt, schleusen sie Raketen und Torpedos aus. Gleichzeitig verändern sie ihre Position über einen kurzen Hyper-Raumsprung. Noch Fragen?«

Die Offiziere des Flotten-Oberkommandos schüttelten ihre Köpfe.

»Geben sie meine Befehle an die Flotte durch«, befahl der Admiral. »Exakt 100.000 Schiffe der Heimat- Verteidigung springen in den Hyperraum und sichern alle bewohnten Welten. Falls dort ein Eindringen der Fremden erfolgt, ist sofort um Unterstützung zu bitten. Alle Sonderfrequenzen werden für diesen Zweck freigehalten. Die restlichen Einheiten sichern unser Heimat-System. Ich befehle den sofortigen Alarmstart aller Schiffe. «

Commodore Run-Lac eilte davon, um die Befehle weiterzugeben.

Admiral Tarn-Lim blickte seine Stab-Offiziere an.
»Sie wissen, dass wir hier vor einer Aufgabe stehen, die wir lange nicht mehr erlebt haben«, teilte er ernst mit. »Seit vielen Jahrtausenden mussten wir uns nicht mehr

fremden Flotten in unserem eigenen System stellen. Wir wissen nicht, mit welcher Anzahl von Schiffen die Fremden angreifen werden. Sie alle sind erfahrene Flotten-Kommandeure. Ich erwarte von jedem von ihnen, klare Entscheidungen zum Schutz unseres Heimat-Systems. Versuchen sie keine Alleingänge durchzuführen. Falls sie Unterstützung brauchen, nutzen sie die Sonderfrequenzen der Flotten-Kommunikation. Ihnen werden sofort starke Verbände zu Hilfe eilen. Halten sie sich an meine Befehle.«

Die Stabs-Offiziere bestätigten den Befehl.
»Kommen wir zu der Aufgabenverteilung«, ergänzte der Admiral. Nach dem Abzug der 100.000 Schiffe für den Schutz unserer externen Planeten des Imperiums stehen uns 250.000 Schiffe unterschiedlicher Baureihen zur Verfügung. Weitere Verstärkung werden wir erst in sechs Stunden erhalten. Ich werde mit Commander Niras-Tok und 30.000 Schiffen der Tamreck-Klasse unseren Heimat- und Regierungs-Planeten absichern. Wir legen einen Blockadering um Redartan.

Neben dem aktivierten globalen Schutz-Schirm des Planeten hoffe ich so, ein unüberwindliches Bollwerk errichten zu können. Die zweite Abwehrlinie bildet Admiral Firn-Sadan. Er wird eine breite Blockadelinie von 50.000 Schiffen der Wimrack-Klasse befehlen, welche die

Lücke hinter dem Weltraum-Bahnhof und vor unserem Heimat-Planeten schließt.«

Der Admiral blickte Commander Sirn-Dork an.
»Sie begeben sich auf unseren imperialen Weltraumbahnhof«, teilte er mit. »Koordinieren sie von dort aus ihre Schiffe. Ihnen stehen 9.600 Schiffe der Flotten-Kampfstationen zur Verfügung. Die Schiffe werden vorsorglich ausgeschleust. Wie bei dem ersten Angriff der Adramelech befehle ich weitere 36.000 Groß-Zerstörer der Limreck-Klasse, in eine vorgelagerte Position um den Bahnhof.

Die Kampfstationen und der Bahnhof haben meine Befehlsfreigabe, alle Laser-Geschütztürme und auch ihre übergroßen Planeten- Burst-Geschütze einzusetzen. Leider wird die Unterstützung von Admiral Brin-Kyron erst in sieben Stunden eintreffen.

Der 47. Schiffs-Verband, mit 7.500 Schiffen der Tamreck-Modellreihe, wird weitere Lücken vor dem Bahnhof schließen. Bis dahin müssen sie jedoch warten und mit den vorhandenen Einheiten arbeiten.«

»Ich habe verstanden«, bestätigte Commander Stirn-Dork. »Wenn ich ihre Zustimmung habe, werde ich mich jetzt zu unserem Bahnhof begeben und die Abwehrmaßnahmen vorbereiten.«

»Gehen sie«, antwortete der Admiral. »Je früher wir vorbereitet sind, um so besser.«

Der Admiral drehte seinen Kopf Admiral Darn-Garel zu. »Ihrer imperialen Sicherheits-Flotte wurden 80.000 Schiffe der Simreck-Klasse und der Uumreck-Klasse unterstellt«, bemerkte er. »Das sind ausgereifte Angriffs-Kreuzer unserer 1.000 Meter und 1.500 Meter-Klasse. Positionieren sie ihre Schiffe entlang der Planeten in unserem Heimat-System. Sorgen sie dafür, dass mindestens jeweils 10.000 Schiffe einen unserer System-Planeten absichern. Falls sie bemerken, dass ein Angriff auf einen dieser Planeten erfolgt, fordern sie sofort Verstärkung an. Auch zu ihnen werden sofort weitere Einheiten springen.«

»Das werde ich«, antwortete der Admiral. « Ich denke aber, dass unser Bahnhof wieder Ziel des Angriffes sein wird. Er ist ein wichtiger Verteilungs-Reglomat für eintreffende Schiffs-Verbände. Falls es den Fremden gelingen sollte, ihn auszuschalten und auch nur lahmzulegen, dann haben wir ein Problem.«

»Das ist uns allen bewusst«, erwiderte Admiral Tarn-Lim. »So weit darf es nicht kommen. Der Schutz des Bahnhofes hat oberste Priorität. Trotzdem können wir uns nicht nur hierauf konzentrieren. Alle Planeten unseres Systems müssen ebenfalls abgesichert werden. Stellen sie sich nur vor, wenn es den Adramelech gelingt, die kaiserliche Pyramide auf Redartan anzugreifen. Können sie sich die Reaktion unseres Kaisers vorstellen?«

Admiral Darn-Garel senkte seinen Kopf.
»Die Antwort des Kaisers kann ich mir vorstellen, entgegnete er. »Ich möchte nicht hierfür verantwortlich sein.«

»Das dachte ich mir«, antwortete der Admiral. »Keiner möchte das. Letztendlich wird die Wut des Kaisers wieder das Flotten-Oberkommando treffen, falls etwas schiefläuft. Sorgen sie dafür, dass keine fremden Schiffe durchbrechen können.«

Der Admiral winkte Commander Paryn-Rac zu sich. »Für sie habe ich eine besondere Aufgabe«, lächelte der Admiral. »Sie werden als Lockvogel agieren.«

Der Commander blickte ihn irritiert an.
»Bisher haben sie immer einen Teil unserer Grenz-Patrouillen-Flotten befehligt«, bestätigte der Admiral.

»Ihnen stehen jetzt 33.990 Schiffe unserer Manrack-Klasse zur Verfügung. Die wendigen 500-Meter-Angriffs-Kreuzer sind sehr schnell. Teilen sie ihren großen Verband in Staffeln zu je 120 Schiffen auf. Diese sollen an den Außengrenzen unseres Imperiums patrouillieren. Senden sie verstärkt Hyperkomm-Funksignale. Machen sie auf sich aufmerksam. Das sind die Koordinaten, an denen die Flotte von Commander Niras-Tok vernichtet wurde. Geben sie ihren Staffelführern den Befehl, sich auf keinen Kampf einzulassen. Sobald sie Schiffe der Adramelech orten, geben sie Befehl, dass alle Einheiten zurück in unser Heimat-System springen. Vermutlich können die Fremden ihre Sprungdaten nachvollziehen. Bringen sie die Schiffe der Fremden zu uns. Wir warten bereits auf sie. Programmieren sie ihre KI so, dass sie weit vor unserem Bahnhof aus dem Hyperraum springen. Alle im System befindlichen Schiffe werden dann die Angreifer in die Zange nehmen.«

Commander Paryn-Rac bestätigte den Befehl.

Der Commodore war zurückgekommen.
»Alle Einheiten haben ihre Befehle erhalten«, meldete er. »Der Start der Schiffe hat begonnen.«

»Gut«, antwortete der Admiral. »Sie übernehmen das Kommando unserer Leitstelle. Wenn Admiral Qun-Sartun mit seinen 25.000 Limreck-Schiffen und Admiral Vrin-Hiran mit den ihm unterstellten 15.000 Wimrack-Schiffen eingetroffen ist, beordern sie ihn als Verstärkung an die vorgelagerten Sektoren unseres Weltraum-Bahnhofes. Falls der Angriff der Adramelech bereits begonnen haben sollte, erbitte ich die Admiräle unverzüglich an die Koordinaten der Raumschlacht. Wir können jede Unterstützung gebrauchen. Koordinieren sie, falls es notwendig wird, den Einsatz von Lord Tirn-Sarock's Bodentruppen und lassen sie von Lord Seron-Rack alle bodengebundenen Abwehr-Geschütze aktivieren. Ich hoffe jedoch, dass es so weit nicht kommen wird.«

Der Commodore nickte.
»Ich habe verstanden«, antwortete er. »Viel Erfolg für sie alle.«

Der Admiral blickte seine Stabs-Offiziere an.
»Eine schwere Aufgabe liegt vor uns allen«, sagte der Admiral. »Wir kämpfen diese Schlacht gegen eine Rasse, die sich selbst als Mächtige betitelt und von anderen Species ängstlich als Vernichter des Universums bezeichnet wird. Bisher konnten sie alle nachwachsenden Lebensformen unterwerfen, oder auch vernichten. Doch jetzt stehen sie uns gegenüber.

Wir können auf eine lange Tradition militärischer Entwicklungen und Erfolge zurücksehen. Das wird keine leichte Aufgabe für die Adramelech werden. Noch kennen sie uns nicht. Sorgen wir dafür, dass sie uns endlich kennenlernen. Wir werden uns nicht das Recht nehmen lassen, als Rasse zu leben und uns weiterzuentwickeln. Vielmehr werden wir sie bekämpfen, sie verfolgen und sie auf den richtigen Weg eines gemeinschaftlichen Zusammenlebens im Universum hinführen. Für Redartan und den Kaiser.«

»Für Redartan und den Kaiser«, schrien die Stabs-Offiziere.

Eilig eilten die Offiziere aus der Leitstelle. Jeder von ihnen konzentrierte sich auf seine bevorstehende Aufgabe.

Das Flaggschiff der Manrack-Klasse, unter dem Kommando von Commander Paryn-Rac, lag mit 120 Begleitschiffen an dem Außensektor des redartanischen Imperiums. Seine große Flotte von insgesamt 33.990 Schiffen, hatte sich gemäß dem Befehl des Flotten-Oberkommandos in kleine Geschwader von 120 Schiffen aufgeteilt. Sie patrouillierten an den unterschiedlichen Grenz-Sektoren des Imperiums. Die 500-Meter durchmessenden Angriffs-Kreuzer hatten alle Sensoren und Ortungstaster aktiviert. Der Hyperkomm-

Funkkontakt zu dem Flaggschiff funktionierte perfekt. Alle 15 Minuten kam ein Update neuster Informationen bei dem Flagg-Schiff an. Der leitende Funk-Offizier musste personelle Verstärkung anfordern. Die Hypertronic-KI seines Schiffes hatte ein 3-D-Bild auf den zentralen Monitor projiziert. Die eigenen Verbände wurden in grünen Lichtzeichen dargestellt. Feindliche Flotten sollten in Rot wiedergegeben werden.

»Wir haben in den letzten zwei Stunden unseren Funkverkehr um das Dreifache erhöht«, teilte der 1. Offizier mit. »Wer nicht ganz taub ist, wird auf uns aufmerksam.«

Der Commander schaute ihn an.
»Mehr können wir nicht machen«, antwortete er ungeduldig. »Admiral Tarn-Lim hofft, dass die Fremden wieder die gleichen Koordinaten anfliegen werden, an denen sie auf die Flotte von Commander Niras-Tok gestoßen sind. Wir stehen auf exakt der gleichen Position mit unseren Schiffen. Uns bleibt nichts anderes übrig, als zu warten. Der Unterschied ist diesmal, wir wissen wer dort kommt. Halten sie die Ortungsanzeigen im Auge und den Kontakt zu unseren anderen Flotten-Staffeln. Sobald sie etwas orten, sollten sie uns sofort informieren.«

Der 1. Offizier bestätigte den Befehl und eilte wieder zu den Ortungsgeräten.

Der Commander blickte beiläufig auf neue Infofolien. Fast jede Minute kamen neue Updates von dem Flotten-Oberkommando herein. Er fühlte sich erschöpft. Die konzentrierte Anspannung machte ihm zu schaffen. Gegen alle Regeln hatte er seine Leute in Doppelschichten eingeteilt. Er wusste nur zu gut, dass ihre Erschöpfung ihre Auffassungsgabe minderte.

Er blickte sich um und sah seine Crew an. Er konnte nichts feststellen. Seine Crew gab wie immer das Beste. Er wünschte sich, ihnen einen Tag freizugeben. Aber die Aufgabe des Flotten-Oberkommandos war zu wichtig. Auch an diesem Morgen hatte sein Brückenpersonal zahlreiche Hyperkomm-Funksprüche gesendet und andere empfangen. Ein Teil seiner Crew hatte den Raum nach Wellen oder Anomalien abgehört. Sie horchten nach Verzerrungen im Hyperraum, die einen möglichen Sprung einer größeren Flotten-Armada kennzeichnete. Das volle Ausmaß der zahlreichen Meldungen von allen Schiffen seiner Flotte musste durchgesehen werden. Bisher war jedoch nichts Bedeutendes registriert worden.

»Vielleicht haben sie den Angriff aufgegeben«, dachte er. »Die Vernichtung ihrer zehn Schiffe wird sie zu einem Umdenken veranlasst haben. «

Wieder wurden ihm neue Meldungen übergeben.
»Darf ich sie unterstützen? «, fragte sein 1. Offizier.

» Setzen sie sich bitte«, antwortete der Commander. »Etwas Hilfe kommt mir gerade Recht. «

»Könnte es sich um eine Falschmeldung handeln? «, fragte Leutnant Barn-Jarock. »Der Gefangene kann uns falsche Angaben gemacht haben? «

»Admiral Tarn-Lim wird von Commander Niras-Tok unterstützt«, antwortete der Commander. » In seiner Gefangenschaft haben die Adramelech in seinem Gehirn herumgepfuscht. Seitdem kann er die Anwesenheit der Adramelech auf weitere Entfernungen spüren und ihre Gedanken lesen. Irgendetwas ist bei ihrer Gehirnmanipulation falsch gelaufen. «

»Ich hoffe nicht, dass es sich um eine Falle handelt«, antwortete der 1. Offizier. »Eine Rasse, die technisch so hochstehend ist, sollte sich solche Fehler nicht leisten. «

Wieder kamen neue Meldungen von der Flotte und dem Oberkommando. Der Commander atmete erleichtert aus.

»Das Flotten-Oberkommando teilt uns gerade mit, dass Admiral Qun-Sartun, Befehlshaber des 243. Verbandes, Admiral Vrin-Hiran, Befehlshaber des 251. Verbandes und Admiral Brin-Kyron, Befehlshaber des 47. Verbandes in unserem Heimat-System eingetroffen sind«, informierte er seinen 1. Offizier. »Sie haben ihre Positionen in der Abwehr-Barriere unseres Heimat-Verbandes eingenommen.«

»Das ist erfreulich zu hören«, lächelte Leutnant Barn-Jarock. »Jetzt können die Mächtigen kommen. Sie werden dann unsere mächtigen Waffen zu spüren bekommen.«

»Darf ich sie zur Konzentration aufrufen«, mahnte ihn der Commander. »Wir wissen nichts über diese Rasse. Wer sagt uns denn, dass sie nicht noch eine Überraschung für uns bereithalten?«

»Diese angebliche Überraschung hätten sie dann bereits vor der Vernichtung ihrer zehn Schiffe ausgespielt«, antwortete der 1. Offizier. »Ich bin der Meinung, dass sie sich auf dem Ruhm ihrer Vergangenheit ausgeruht haben.«

»Warten wir es ab«, erwiderte Commander Paryn-Rac.

Er vertiefte sich wieder in die Meldungen und die Aufzeichnungen der Hyperkomm-Funksprüche.

»Es geht hoch her in unserem Heimat-System«, teilte er mit.

Sein 1. Offizier hob seinen Kopf und blickte ihn fragend an.

»Der Kaiser hat mehrere 1.000 Piloten aktiviert, die zu einer deaktivierten Reserve gehörten«, erklärte er. »Sie wurden für den Einsatz in Kampf-Jets ausgebildet und werden vermutlich auch in den Kampf eingreifen. «

»Was sollen die Kampf-Jets gegen die großen Schiffe der Fremden ausrichten? «, fragte der Leutnant.

Der Commander schüttelte seinen Kopf.
»Das ist mir im Moment auch nicht klar«, antwortete er. »Unser Flotten-Oberkommando hat irgendetwas vor. Sie handeln fast schon hysterisch. Vielleicht ist der Angriff doch umfangreicher, als man uns mitgeteilt hat? «

»Hier habe ich eine Infofolie über die massive Zunahme des Hyperkomm-Funkverkehrs im System«, tellte

Leutnant Barn-Jarock mit. »Der Grund hierfür wird nicht erwähnt. Auch die chiffrierten Funksprüche an das Flotten-Oberkommando haben zugenommen.«

»Das wird öfters praktiziert«, antwortete der Commander. »Das Flotten-Oberkommando wird neue Strategien durchgegeben haben. Vermutlich wollten sie vermeiden, dass die Fremden diese Nachrichten mitlesen können.«

Eine neue Meldung ließ den Commander aufhorchen. Er betrachtete die Ortungsanzeigen auf dem zentralen Monitor seines Schiffes.

»Ortungsstatus«, fragte der Commander.

»Ich dachte, ich hätte etwas geortet«, antwortete der Ortungs-Offizier des Schiffes. »Meine Anzeigen signalisierten eine Verzerrung im Hyperraum. Doch das Signal ist wieder verschwunden.«

Der Commander und Leutnant Barn-Jarock blickten auf dem zentralen Bildschirm des Flaggschiffes. Nichts deutete auf verzerrte Signale einer Hyper-Raumwelle hin.

Dem Commander beschlich ein unangenehmes Gefühl. »Alle Schiffe sollen ihre Schutzschirme aktivieren«, befahl er. »Alle Abwehr-Geschütze sind auszufahren und zu aktivieren. Die Sprungkonverter sofort anlaufen lassen. Wir bekommen Besuch. Ich bitte um äußerste Konzentration.«

Der 1. Offizier eilte durch die Zentrale und ließ die Befehle an alle Schiffe der Flotte durchgeben. Leutnant Barn-Jarock kam zurück.

»Welche Vermutung haben sie?«, erkundigte er sich.

Der Commander blickte ihn an.
»Unser Flotten-Oberkommando hat etwas übersehen«, flüsterte er. »Die Fremden kommen nicht aus dem Hyperraum. Sie bedienen sich einer Wurmloch-Verbindung. Diese sind noch schwieriger zu orten als Hyperraumsprünge.«

»Wenn die Fremden aus einem Wurmloch kommen, werden sie sich erst formieren müssen«, teilte der Commander mit. »Das bringt uns zusätzliche Zeit. Informieren sie unsere Flotte, dass sie ganze fünf Sekunden lang ein Dauerfeuer auf die blauen Eindämmungs-Felder der Schiffe der Adramelech abgeben. Nach diesem Zeitfenster erfolgt ein sofortiger Rücksprung ins Heimat-System. Geben sie bitte sofort den Befehl weiter. Wir werden als letztes Schiff springen.

Ich möchte gerne die Anzahl der fremden Schiffe ermitteln. Unser Flotten-Oberkommando braucht verlässliche Daten.«

Der 1. Offizier blickte ihn irritiert an.
»Hoffentlich reicht dann unsere Zeit noch für den Rücksprung?«, fragte er.

»Nicht wenn sie meinen Befehl nicht rechtzeitig weitergeben«, antwortete Commander Paryn-Rac.

Der 1. Offizier lief los und informierte die Funkabteilung. Innerhalb weniger Sekunden war die Meldung raus.

»Es öffnen sich 30 große Wurmlöcher«, teilte der Ortungs-Offizier. »Der Abstand beträgt exakt 15.000 Kilometer zu uns.«

»Waffenleitstelle«, befahl der Commander. »Alle Geschütze visieren die untere Seite der fremden Schiffe an. Erfassen sie das Eindämmungs-Feld der blauen Energie. Sobald sie ein freies Schutzfeld haben, initiieren sie einen Dauerbeschuss. Die Schiffe sind noch im Durchflug durch das Wurmloch zu zerstören. Sie dürfen ihre Energie nicht stabilisieren.«

»Befehl verstanden«, meldete die Waffenleitstelle. »Die Schiffsunterseiten wurden anvisiert.«

»Ihre Befehle wurden an unsere Verbände durchgegeben«, bestätigte der 1. Offizier.

»Bereitmachen«, warnte der Commander. »Die Mächtigen kommen. Empfangen wir sie gebührend.«

Imperium der Adramelech

Admiral Gordra'Wetun hatte seine Flotte von 3.000 schweren Kampf-Schiffen starten lassen. Sie sammelten sich in dem planetennahen Sektor des Verwaltungs-Planeten. Auf diesem wichtigen Standort wurden alle Entscheidungen des Imperiums getroffen. Er war Sitz des Regenten und der Obersten Vollkommenheit.

Der Admiral blickte stolz auf seine Flotte. Der Bildschirm übermittelte ihm die Manöver der Schiffe, die sich in die Formationen ihrer Verbände einreihten.

»Eine sehr lange Zeit ist nicht mehr eine so große Flotte der Adramelech in die Schlacht gezogen«, dachte er. »Allein dieser überwältigende Anblick wird alle fremden Species bereits nach der ersten Ortung in Angst und Schrecken versetzen. In den letzten Jahren wurden immer wieder unsere Hilfsvölker mit diesen Aufgaben betraut. Doch von Zeit zu Zeit ist unser Eingreifen unbedingt erforderlich. Gerade dann, wenn sich in unserem eigenen Imperium unbeobachtet unter unseren Augen eine neue humanoide Lebensform entwickeln konnte.«

Er schaute auf seine Crew. Es waren alles erfahrene Offiziere, die ihn bereits öfters in eine Schlacht begleitet hatten.

»Sie wissen, was zu tun ist«, überlegte er. »Noch nie waren die Schiffe meiner Flotte unterlegen gewesen.«

Doch ein letzter Argwohn blieb in seinem Unterbewusstsein.

»Warum konnten sich die Humanoiden so lange vor uns verstecken«, dachte er. »Unsere Patrouillen hätten sie doch entdecken müssen.«

Er lehnte sich zurück in seinem Kommandosessel. Die Offiziere seiner Brücke nahmen letzte Abstimmungen vor.

»Besser wäre es gewesen, wenn wir auf die Auferstehung von Adra'Sussor gewartet hätten«, überlegte er. »Dann wären wir jetzt in dem Besitz der Koordinaten des Heimat-Systems der Fremden. Eine mühsame Suche wäre uns erspart geblieben. Doch für den Regenten war das keine Option. Der Hass auf diese humanoiden Fremden spiegelte sich in seinen Augen. In dieser Situation ist unserer Erhabenheit keine klare Entscheidung mehr möglich. Ich weiß nicht, warum er einen solchen Vernichtungsfeldzug gegen humanoide Rassen befiehlt. Was haben sie ihm angetan?«

Er nahm sich vor, nach seiner Rückkehr weiter in dieser Angelegenheit zu forschen.

Vizeadmiral Hodrun'Tarun trat an seine Seite.
»Die Flotte hat sich formiert«, teilte er mit. »Ihre Strategie wurde weitergegeben. Welche Befehle darf ich übermitteln?«

Der Admiral blickte erneut auf den Bildschirm und sah die Aussage seines Offiziers bestätigt.

»Haben wir neue Meldungen?«, erkundigte er sich bei dem Funk-Offizier.

Dieser nickte.
»Sie haben Glück«, antwortete er. »Soeben wurde eine brauchbare Nachricht übermittelt. Ein Robot-Schiff hat einen intensiven Hyperkomm-Funkverkehr im Planquadrat 1074.19.583 aufgezeichnet. Es scheint sich

dort um ein Aufkommen mehrerer unbekannter Schiffe zu handeln.« »

Gleichen sie die Koordinaten bitte ab«, befahl der Admiral seinem 1. Offizier. »Sie kommen mir bekannt vor.«

Der Vizeadmiral lief an das Eingabe-Terminal der Schiffs-Hypertronic. Nach wenigen Sekunden lag das Ergebnis vor.

»Sie haben richtig vermutet«, antwortet Hodrun'Tarun. »Es handelt sich um die gleichen Koordinaten, an denen Adra'Sussor die Flotte der fremden Humanoiden vernichtet hat.«

»Alarmstart durchführen«, befahl der Admiral. »Wir wollen doch unsere Gäste nicht wieder ohne eine Begrüßung abziehen lassen. Befehlen sie die Öffnung von 30 Wurmloch-Verbindungen. An unserem Ziel, befehlen sie bitte allen Kommandeuren, ihre Schiffe zu Geschwadern von je zehn Schiffen zusammenzuschließen und ihre blaue Energie zu aktivieren. Der Beschuss der fremden Schiffe ist nach eigenem Ermessen durchzuführen. Vernichtet alle Schiffe der Eindringlinge.«

Imperium der Redartaner

Die Schiffe von Commander Paryn-Rac hatten sich halbrund, unterhalb der geöffneten Wurmloch-Öffnungen positioniert. Noch waren nur die hellblauen Ausgänge der künstlichen Horizonte zu erkennen. Jeweils vier Zerstörer, der 500-Meter durchmessenden Manrack-Schiffe, hatten ihre Backbordseiten den Wurmlöchern zugedreht. Die 10 ausgefahren Laser-Geschütze pro Schiff, warteten auf ihren Einsatz.

Dann flogen die ersten feindlichen Schiffe heraus. Im Dauerfeuer röhrten die schweren Laser-Geschütze auf und verschossen ihre heißen Strahlen auf die Eindämmungs-Felder der feindlichen Schiff. Vier Treffer reichten aus, um das Feld zum Kollabieren zu bringen. Die nachfolgenden Treffer entzündeten die blaue Energie. An allen geöffneten Wurmloch-Durchgängen explodierten die Schiffe der Mächtigen in gewaltigen Explosionen. Der große Bildschirm auf dem Flaggschiff von Commander Paryn-Rac, flammte an mehreren Stellen grell auf. Die Brückencrew jubelte.

»Den Beschuss intensivieren«, befahl der Commander, als er bemerkte, dass nachrückenden Schiffe unbeschädigt durchfliegen konnten.

Wieder entstanden weitere große Kunstsonnen an der East-Side des redartanischen Imperiums. Die wuchtigen

Laser-Geschütze erfassten mitleidslos die programmierten Ziele und rissen die Eindämmungs-Felder auf. Nach nur 20 Sekunden, hatte das Eindringen in den fremden Raumsektor, den Mächtigen bereits 70 Groß- Kampfschiffe gekostet.

Commander Paryn-Rac erkannte, dass immer mehr Schiffe durch die Wurmloch-Verbindungen drangen. Einige formierten sich bereits zu Gruppen von zehn Schiffen.

Er wusste, dass es jetzt gefährlich für seine Flotte werden konnte.

»Das war es«, sagte er. »Mehr können wir nicht tun. Ich befehle den sofortigen Rücksprung ins Heimat-System für. Unsere Schiffe werden von Admiral Tarn-Lim gebraucht«

Der 1. Offizier gab den Befehl an die Flotte weiter. Die ersten Schiffe bestätigen den Befehl beschleunigten und sprangen in den Hyperraum.

»Tarnung für unser Schiff aktivieren«, befahl der Commander. »Wir springen als letztes Schiff. Bei diesem Durcheinander werden sie uns nicht orten können. Wir stehen in ausreichender Entfernung zu der Flotte. «

»Unsere Tarnung wurde aktiviert«, meldete der Waffen-Offizier.

»Sobald sich die Wurmlöcher schließen, benötige ich eine Zahlung der feindlichen-Schiffe«, sagte der Commander. »Alle Sensoren und Ortungstaster sind zu aktivieren.«

»Alle Sensoren wurden aktiviert«, bestätigte der Ortungs-Offizier.

Die 30 Wurmlöcher schlossen sich. Die Patrouillen-Flotte der Redartaner hatte sich in den Hyperraum gerettet. Das Flaggschiff von Commander Paryn-Rac war das letzte redartanische Schiff in diesem Sektor.

»Was macht die Zählung?«, fragte der Commander.

»Unsere KI hat die Anzahl ermittelt«, teilte der 1. Offizier mit. »Es befinden sich noch 2.930 Schiffe der Mächtigen in diesem Sektor.«

»Das ist weniger, als ich erwartet hatte«, antwortete der Commander. »Vermutlich analysieren sie die Daten der Hyperraumsprünge unserer Schiffe.«

»Vorsicht«, warnte der Ortungs-Offizier. »Ich registriere drei Schiffe auf Kollisionskurs. Sie aktivieren ihre Waffentürme. «

»Alarmstart in den Hyperraum«, fluchte der Commander. » Unsere Tarnung funktioniert bei ihren Schiffen nicht. Sie verfügen über ausgereifte Sensoren. «

Der Steuermann reagierte blitzschnell. Er schlug mit seiner Faust auf den Notsprungschalter.

Aus dem Stand heraus beschleunigten die großen Energiemeiler das schwere Schiff auf seine maximalen Höchstwerte. Der Übergang in den Hyperraum erfolgt nahtlos. Der Fluchtbefehl kam keine Sekunde zu früh. An der bisherigen Position des Schiffes, schlugen zahlreiche Laserstrahlen ein, die von den sich annähernden Feindschiffen stammten.

Angriffsflotte der Mächtigen

Als letztes Schiff flog das Flagg-Schiff von Admiral Gordra'Wetun in den Wurmloch-Tunnel. Er wusste, dass seine Flotte in kurzer Zeit auf die feindlichen Schiffe der Humanoiden stoßen würde. Ungeduldig wartete er auf den Austritt seines Schiffes. Der große Bildschirm in der Zentrale seines Schiffes gab nur schemenhafte Bilder und

Lichtreflexe wieder. Unruhig wartete der Admiral auf den Ausgang der Wurmloch-Verbindung. Ihm war klar, dass der Regent nur einen erfolgreichen Abschluss der Mission duldete. Sein Schiff war ein Prachtstück der 2.500 Meter-Klasse. Die modernste Neuentwicklung aus den geheimen Werften der Zentralwelt. Theoretisch war es auch bereits wieder einige Hundert Jahre alt, aber trotzdem blieb es die derzeit aktuelle Neuentwicklung des Imperiums.

Nur wenige Schiffe gab es bisher in dieser modernen Ausstattung. Er wusste, dass sein Schiff sehr viel gekostet hatte. Die von dem Regenten in Auftrag gegebene Flotte von 1.000 Schiffen hatte den Staatshaushalt der Obersten Vollkommenheit sehr beansprucht. Der Admiral war kein Geschäftsmann, doch er wusste, dass Steuern nur von intakten Rassen erhoben werden konnten, die einen Handel betrieben. Eine globale Vernichtung von Species bedeutete auch den Verlust von Steuereinnahmen. Er schüttelte seinen Kopf.

»Ich kann den Regenten nicht verstehen«, dachte er. »So viele blühende Planeten wurden zerstört, die sich entwickelnden Rassen, welche uns nichts anhaben konnten, wurden vernichtet und abgeschlachtet. Besser wäre es gewesen, sie unserem Imperium einzuverleiben und ihnen Steuerlasten aufzuerlegen. Doch der Regent hatte anders entschieden. Sein nicht zu stillender Hass auf humanoide Lebensformen ließ keine Diskussion zu.«

»Austritt aus dem Wurmloch erfolgt in wenigen Sekunden«, meldete der Steuermann.

»Bereitmachen«, befahl der Admiral. »Wir werden mit Gegenwehr rechnen müssen.«

Schlagartig durchbrach das Flagg-Schiff den Wurmloch-Austritt. Das Bild des zentralen Bildschirms veränderte sich und gab die Sternenkonstellationen wieder.

»Sofort ein Ausweichmanöver einleiten«, befahl der Admiral. »Den Schutzschirme aktivieren.«

Überall schwirrten Wrackteile zerstörter Schiffe durch das All. Das Szenarium glich einem Friedhof für abgewrackte Raumschiffe. Einige Teile der Trümmer schlugen bereits auf das Flaggschiff auf.

»Schutzschirm wurde aktiviert«, meldete der Offizier der Waffentechnik. »Das Schiff ist gesichert. Die Trümmer prallen von dem Schirm ab.«

»Verdammte Schweinerei«, fluchte der Admiral. »Ich brauche sofort einen Statusbericht.«

Vizeadmiral Hodrun'Tarun kam zu seinem Kommando-Sessel getreten.

»Die Wrackteile stammen alle von unseren Schiffe«, informierte er seinen Vorgesetzten. »Die Humanoiden haben uns erwartet und unsere Schiffe bereits bei dem Austreten aus dem Wurmloch unter einen gezielten Beschuss genommen. Vor jedem unserer 30 Wurmlöcher haben vier ihrer Schiffe auf uns gewartet. Ihre Waffentürme haben unsere Eindämmungs-Felder unter ein Dauerfeuer genommen. Unsere Schiffe hatten keine Chance gehabt ihre Energiewolken aufzubauen.«

Der Admiral dachte nach.
»Sie sind nicht so dumm, wie man uns glauben machen will«, antwortete er. »Sie kennen den Schwachpunkt unserer Schiffe. Wie viele Verluste haben wir zu beklagen?«

»Wir haben exakt 70 Schiffe verloren«, antwortete der Vize-Admiral ernst. »Hiermit konnten wir nicht rechnen. Noch keine der minderwertigen Species konnte das bisher schaffen.«

»Haben sie es immer noch nicht begriffen?«, knurrte der Admiral ihn an. » Wir haben es hier nicht mit unterentwickelten Humanoiden zu tun. Sie sind in der Lage strategisch zu denken und sie konnten uns eine Falle stellen. Ihre Technik ist sehr fortgeschritten. Es gelang ihnen in nur kurzer Zeit 70 Schiffe unserer modernen 2.500-Meter-Klasse auszuschalten. Sagen sie mir noch einmal, dass es sich hier um unterentwickelte Wesen handelt?«

Der Vizeadmiral senkte seinen Kopf.
»Sie werden sicherlich Recht haben«, antwortete er. »Ich habe mir lediglich erlaubt, die Formulierungen unseres Regenten wiederzugeben.«

»Der Imperator ist nicht hier«, antwortete Admiral Gordra'Wetun gereizt. »Er hat eindeutig die Humanoiden falsch eingeschätzt. Jetzt können wir die Suppe wieder auslöffeln.«

Der Admiral drehte seinen Kopf ab.
»Funk-Offizier«, fragte er. »Erhalten wir Meldungen von unseren Schiffen, dass die Sprung-Koordinaten der fremden Schiffe aufgezeichnet wurden?«

»Es kommen Daten herein«, antwortete der Offizier. »Sie werden abgeglichen und in unsere Hypertronic-KI eingegeben. Sie rekonstruiert den Zielort der Hyperraumwellen. Das dauert leider einige Zeit. Die

Navigationskarten müssen abgeglichen werden. Der Ortungs-Offizier ist aber zuversichtlich, dass wir exakte Daten bekommen.«

»Danke«, bestätigte der Admiral. »Informieren sie mich, wenn die Daten sicher bestätigt wurden.«

Er blickte seinen Vize an.
»So einfach wird die Mission nicht mehr«, bemerkte er. »Die Humanoiden wissen jetzt, dass wir auf dem Weg sind. Die geflüchtete Flotte wird sicherlich in ihr Heimat-System gesprungen sein und jetzt bereits Alarm auslösen. Sicherlich wurde auch ihr Flottenkommando informiert. Die Fremden aktivieren alle Schiffe, die ihnen zur Verfügung stehen. Der Überraschungseffekt ist verpufft.«

»Wir benötigen keinen Überraschungseffekt«, erwiderte der Vizeadmiral.

»Lösen sie sich endlich von ihrem starren Denken«, fluchte der Admiral. »Ich glaube langsam, der Regent und die Oberste Vollkommenheit haben in ihrem Gehirn herumgepfuscht. Können sie eigentlich noch einen klaren Gedanken fassen. Ich brauche Personal, das sich auf veränderte Situationen einstellen kann. Bei ihnen stelle ich das nicht fest.«

»Der Angriffsbefehl und die Vorgehensweise ist von der Obersten Vollkommenheit klar definiert«, antwortete der Vizeadmiral. »Ein Abweichen von den Befehlen ist eine Straftat.«

»Das meine ich«, antwortete Admiral Gordra'Wetun. »Falls wir uns nicht eine neue Strategie überlegen, springen wir möglicherweise direkt in ein Wespennest. Was würde der Regent wohl sagen, wenn er von einer vernichteten Flotte von 3.000 Schiffen erfährt?«

»Er würde ihnen sicherlich Unfähigkeit bescheinigen und sie aus dem aktiven Dienst abrufen«, antwortete der Vizeadmiral. »Vermutlich steckte er sie auch für eine lange Zeit in eine Arrestzelle.«

Er verharrte einen Augenblick.
»Was schlagen sie vor?«, fragte der Vizeadmiral Hodrun'Tarun.

Der Admiral blickte ihn an.
»Für Vorschläge habe ich eigentlich meine Offiziere«, antwortete er. »Aber ich erkenne, dass sie mit der Situation überfordert sind.«

Der Vizeadmiral verzichtete auf eine Antwort. Er stand stumm neben seinem Vorgesetzten und blickte auf den Monitor.

»Wir haben die Ziel-Koordinaten der Hypersprung-Auswertungen«, meldete der Ortungs-Offizier. »Sie sind eindeutig und wurden mehrfach bestätigt.«

»Gute Arbeit«, antwortete der Admiral. »Es gibt scheinbar noch Personal auf meinem Schiff, worauf ich mich verlassen kann. Legen sie die Daten auf den zentralen Bildschirm«

Der Admiral hob seinen Kopf und schaute auf die Raumkarte.

Er pfiff durch seine Zähne.
»Die Koordinaten liegen außerhalb unseres Hoheitsgebietes«, sagte er. »Deswegen ist uns ihr Lebensbereich nicht aufgefallen. Die Position ihres Heimat-Systems liegt im großen Leerraum, nahe den Grenzen unseres Imperiums. Es handelt sich um ein Sternen-System, welches von zwei mittelgroßen Sonnen erwärmt wird. Laut unseren Karten befinden sich dort zehn Planeten, die um die beiden Sonnen kreisen.«

»Unsere Karten zeigen jedoch, dass es sich um ein System ohne besondere Lebensformen handelt«, teilte der Ortungs-Offizier mit. »Ob es sich tatsächlich um das Heimat-System der Humanoiden handelt, das kann nicht bestätigt werden. Die letzte Untersuchung einer Forschungs-Flotte fand vor 150.000 Jahren statt.«

»Danke«, antwortete der Admiral. »Jetzt haben wir einen Anhaltspunkt. Die Humanoiden hatten viele Jahrtausende Zeit sich zu entwickeln. Sie erkennen also, wie schnell diese Wesen in der Lage sind, unseren technischen Vorsprung aufzuholen.«

»Unsere Messungen ergaben, dass der Hyper-Raumsprung der Humanoiden bei dem dritten Planeten ihres Systems endete«, erklärte der Ortungs-Offizier.

»Dort scheint ihre zentrale Welt zu liegen.«
»Trotzdem hat eine Flotte von ihnen in unserem Hoheitsgebiet agiert«, antwortete der Vizeadmiral. »Das ist in keiner Weise hinnehmbar.«

»Warum sollen wir uns einer Gefahr aussetzen?«, erinnerte der Admiral. »In diesem Fall würde eine Verstärkung der Grenzpatrouille ausreichen.«

»Die Fremden haben 70 unserer Groß-Kampfschiffe vernichtet«, antwortete der Vize. »Der Regent wird hierfür Vergeltung verlangen. «

»Der Regent will immer seine Vergeltung haben«, bestätigte der Admiral. »Wenn wir hier jetzt etwas Größeres lostreten, kann das einen langen Krieg bedeuten. So etwas bedenkt er nicht. Ich habe ein komisches Gefühl bei dieser Aufgabe. Mittlerweile traue ich den Humanoiden viel mehr zu. «

Der Admiral dachte nach. Er winkte seine Offiziere zu sich.

»Wir haben es mit einer neuen Situation zu tun«, erklärte er. »Die Humanoiden sind gewarnt. Wenn wir jetzt in ihr Heimat-System springen, wissen wir nicht wie viele Schiffe auf uns warten? Vermutlich werden sie sich wieder an den Wurmloch-Ausgängen positioniert haben und unsere Schiffe unter einen Dauerbeschuss legen. Eine Aktivierung unserer Schutzschirme ist erst außerhalb der Wurmloch-Passagen möglich. Wir sind ihnen erstmals schutzlos ausgeliefert. Ich bitte um ihre Vorschläge?«

»Wir werden Verluste nicht verhindern, sondern lediglich minimieren können«, erwiderte der Waffen-Offizier. »Die Humanoiden haben gesehen, dass wir 30 Wurmlöcher geöffnet haben, um unsere Schiffe durchzuführen. Mit dieser Anzahl werden sie auch in ihrem Heimat-System rechnen. Unsere Wissenschaftler haben jedoch ermittelt, dass zehn unserer Schiffe ausreichen werden, um die blaue Energie-Wolke aus dem Zwischenraum zu initiieren. Das wusste auch Adra'Sussor, ansonsten wäre er niemals mit nur 10 Schiffen aufgebrochen.«

»Worauf wollen sie hinaus?«, fragte der Admiral.
»Ganz einfach«, antwortete der Offizier, der für die Waffensteuerung zuständig war. »Wir teilen uns bereits vor dem Durchflug in Gruppen zu 10 Schiffen auf. Dann öffnen wir nicht 30 Wurmloch-Tunnel, sondern platzen mit 293 Wurmlöchern in ihr System. Die Abstände zwischen den einzelnen Tunneln errechnen wir mit 5.000 Kilometern Distanz. Das sollte genügen, um unseren Energiewolken einen ausreichenden Ausdehnungsraum zu ermöglichen. Die Humanoiden werden irritiert sein. Es wird ihnen schwer gemacht, sich innerhalb von so kurzer Zeit auf die neue Situation einzustellen. Wenn sich die blauen Energiewolken unserer Schiffe entfaltet haben, ist es um die Schiffe der Humanoiden geschehen. Alle Einheiten, die sich innerhalb der Ausdehnungsmarke befinden, werden erfasst und vernichtet.«

Der Admiral dachte nach.
»Das ist der erste brauchbare Vorschlag, den ich heute zu hören bekomme«, antwortete der Admiral.

Er blickte seinen Vize an.
»Nehmen sie sich ein Beispiel an dem Offizier der Waffenleitstelle«, sagte er. » Das ist ein Denken, das ich auch von ihnen umgesetzt wissen möchte. «

Vizeadmiral Hodrun'Tarun blickte ihn mit hasserfülltem Blick an.

Der Admiral lehne sich zurück. »Das scheint mir der einzige Weg zu sein, wie wir den Angriff ohne große Verluste bewältigen können«, bestätigte er.»Doch eine Ungewissheit bleibt bestehen. Wir wissen nicht, wie viele Schiffe auf unsere Flotte warten? «

Angriff auf das redartanische System

Flotte der Adramelech

Admiral Gordra'Wetun hielt mit seinen Offizieren eine letzte Besprechung ab. Der Überraschungseffekt war verloren. Das Flotten-Kommando der Redartaner wusste jetzt, dass ein großer Schiffs-Verband der Adramelech nach ihnen suchte.

»Weitere Vorschläge?«, fragte der Admiral. »Gibt es eine Strategie, die unseren Schlag gegen die Humanoiden erleichtert?«

»Wir können es drehen, wie wir wollen«, antwortete Commodore Lytryn'Qatun. »Ich gebe unserem Waffen-Offizier Recht. Sein Vorschlag ist die einzige noch durchführbare Strategie. Ich unterstütze seine Idee. Wir bilden Geschwader von zehn Schiffen. Dann öffnen wir 293 Wurmlöcher in ihrem Heimat-System. Die Abstände zwischen den einzelnen Löchern errechnen wir mit mindestens 5.000 Kilometern Distanz.

Lose Abweichungen unserer Geschwader von diesen Entfernungen können den Angriff unserer Flotte noch positiver gestalten. Die Fremden müssen somit die Distanz zu jedem Geschwader einzeln neu berechnen. Das kostet Zeit und gibt uns Gelegenheit unsere Sekundärwaffe zu aktivieren. Bis sie starke Verbände zusammengezogen haben und in Schussreichweite gekommen sind, sollte sich in unseren Ausdehnungsfeldern genügend blaue Energie aufgebaut haben. Die Humanoiden werden irritiert sein und mit solch einer Vorgehensweise nicht rechnen. Das ist der richtige Zeitpunkt für unsere Schiffe, die blaue Energie aus dem Zwischenraum auf ihre Schiffe zu lenken.«

Der Admiral dachte nach und nickte.
»Die Humanoiden werden wieder damit rechnen, dass wir mit 10 Wurmloch-Verbindungen in ihr System einfallen«, erwiderte er.

Sein Blick suchte seinen 1. Offizier.
»Vizeadmiral Hodrun'Tarun«, befahl er. »Informieren sie bitte alle Schiffe über diese neue Strategie.«

»Entschuldigen sie meinen Einwand«, antwortete der Vize. »Darf ich auch noch einen Vorschlag unterbreiten?«

»Sie waren doch bisher sehr zurückhaltend mit ihren Ideen«, bemerkte der Admiral. »Haben sie etwas auszusetzen?««

»Nichts«, erwiderte der Vizeadmiral. »Doch ich könnte noch eine Optimierung unserer Strategie anbieten.«

Der Admiral und seine Stabs-Offiziere blickten den 1. Offizier an.

»Sprechen sie endlich«, murrte Admiral Gordra'Wetun. »Sie wissen doch, dass uns die Zeit davonläuft.«

Der Vize lächelte die Offiziere an.

»Lassen sie uns eine Falle für die Humanoiden aufbauen«, entgegnete er.

»Wie sollte diese aussehen?«, fragte der Admiral. »Die Humanoiden wissen, dass wir auf dem Weg zu ihnen sind.«

»Das ist richtig«, antwortete Vizeadmiral Hodrun'Tarun. »Aber sie wissen nicht, an welchen Koordinaten wir unsere Wurmlöcher aufbauen. Wir sollten 30 Tunnel programmieren, die einige Klicks außerhalb ihres Systems liegen. Die Humanoiden werden sich bestätigt fühlen, dass wir mit den von ihnen vermuteten 30 Wurmloch-Verbindungen in ihr System einfallen. Dann warten wir etwas ab, bis sie Ihre Flotten-Verbände vor den geöffneten Wurmlöchern positionieren konnten. Mein Gedanke ist es, dass wir hiermit ihre Kampf- Verbände aus ihrem inneren System herausziehen. Nach mindestens 5

Minuten schicken wir einige Wellen unserer starken Gravitations-Bomben durch die Tunnel.

Die ersten Wellen werden die wartenden Schiffe durchschütteln und ihre Schutz-Schirme beeinträchtigen. Die nachfolgenden Wellen werden ihre Schiffe zerstören. Das wiederholen wir einige Male. Hiermit werden sie nicht rechnen und weitere Einheiten nachziehen. Nach einer gewissen Zeit schließen wir diese Wurmloch-Verbindungen wieder und öffnen unsere geplanten 293 Wurmlöcher in ihrem inneren System. Ich bezweifele sehr stark, dass die Humanoiden genügend Zeit haben werden, ihre Flotten umzugruppieren. Wir werden dann in ihrem Heimat-System nur noch mit geringer Gegenwehr rechnen müssen. Das gibt uns ausreichend Zeit, um unsere blaue Energie aufzubauen zu können.«

Die Stabs-Offiziere des Admirals applaudierten.

Admiral Gordra'Wetun lächelte seinen 1. Offizier an.
»Das schätze ich an ihnen«, antwortete er. »In Krisensituationen fallen ihnen die besten Strategien ein. Sie haben meinen vollen Respekt. Dieser Plan ist exzellent.«

»Irgendwelche Einwände?«, fragte er seine Offiziere. Diese schüttelten ihren Kopf.

Gordra'Wetun blickte Vizeadmiral Hodrun'Tarun an. »Geben sie die Befehle an unsere Flotte weiter«, sagte er. »Jetzt haben wir eine Strategie, die uns den Sieg ermöglicht.«

»Zu Befehl«, antwortete dieser und lief zu der Funkleitstelle.

»Wir werden hier nur kurze Zeit verweilen«, ergänzte der Admiral. »Ich möchte die Angelegenheit der Humanoiden aus der Welt geschafft haben.«

Er blickte seine Stabs-Offiziere an.
»Sorgen sie dafür, dass sich unsere Schiffe in die besprochene Anzahl von Einzelgeschwadern umgruppieren. Unser Flaggschiff erteilt den Angriffs-Befehl. Die Öffnung aller Wurmloch-Verbindungen erfolgt synchron nach unserem Angriffsbefehl. Bereiten wir uns vor.«

Die Stabs-Offiziere bezeugten den Ehrengruß der Flotte und liefen zu ihren Befehlskonsolen.

Flotte der Redartaner

Admiral Tarn-Lim hatte seine zur Verfügung stehenden Flotten-Verbände in Stellung gebracht. Auch die noch erwarteten Einheiten der Admiräle Qun-Sartun, Vrin-Hiran und Brin-Kyron, waren rechtzeitig eingetroffen. »Mit dem hoffentlich noch rechtzeitigen Eintreffen von Commander Paryn-Rac, verfügen wir exakt über 295.000 Schiffe in unserem Heimat-System«, teilte der Admiral mit. »Weitere Verbände konnten in der kurzen Zeit nicht zurückbeordert werden. Diese kampfstarken Einheiten sollten doch ausreichen, um unser System zu sichern? «

»Alles entscheidet sich mit der Frage, wie stark uns die Mächtigen einschätzen? «, antwortete Commander Niras-Tok. » Mit welcher Anzahl von Schiffen tauchen sie auf, um uns aus ihrem Hoheitsgebiet zu bomben? «

»Ich möchte eigentlich den Ausdruck "Mächtige" nicht mehr verwenden«, antwortete der Admiral. » Sie wissen selbst, dass sich diese Rasse Adramelech nennt. Den Zusatz „Vernichter des Universums" haben ihnen andere Species gegeben. Wir sollten das nicht noch unterstützen. Für mich sind sie eine zurückgebliebene Rasse, die sich nicht weiterentwickeln konnte. Das konnte ich den Aussagen von Adra'Metun entnehmen. «

Der blickte auf den großen Bildschirm seines Flaggschiffes. Der wichtigste Planet des Systems Redartan, hatte seinen globalen Schutzschirm aktiviert. Die große Flotte von 50.000 Tamreck-Schiffen, wurde von dem Ober-Befehlshaber des Flottenkommandos direkt befohlen. Die mächtigsten Schiffe des redartanischen Imperiums besaßen eine Länge von 5.000 Metern. Es waren kampfstarke Festungen, die nicht so leicht von gegnerischen Schiffen überwältigt werden konnten. Bereits viele fremde Schiffe hatten sich hieran ihre Zähne ausgebissen.

»Alle Einheiten haben ihre zugewiesenen Positionen eingenommen«, meldete der Ortungs-Offizier des Flaggschiffes.

»Gute Arbeit«, antwortete Admiral Tarn-Lim. »Wir sind jetzt vorbereitet. «

Er blickte Niras-Tok an.
»Ich kann die Präsenz der Adramelech noch nicht spüren«, antwortete er. »Sie scheinen noch weit entfernt zu sein. «

»Das gibt uns noch etwas Zeit«, erwiderte der Admiral. Schauen wir uns noch einmal unsere Flotten-Strategie an.«

Er zeigte auf die projizierte Karte des zentralen Bildschirms seines Schiffes.

»Da haben wir unseren Strategieplan«, sagte er.

1. Redartan:
Fluchtwelt unseres Volkes, Heimatort der größten Population unserer Rasse. Ferner Sitz der Regierung und unseres Kaisers. Die Absicherung erfolgt durch den globalen Schutz- Schirm und von 50.000 Schiffen unserer 5.000 Meter messenden Tamreck-Klasse. Alle Schiffe besitzen beidseitig 50 ausfahrbare Laser-Geschütztürme und die neu entwickelten Planeten Burst-Geschütze. Die Befehle erfolgen ausschließlich durch Admiral Tarn-Lim.

2. Leerraum zwischen Redartan und dem Wurmloch-Bahnhof:
Der Abstand ist zwar nur gering und beträgt 240.000 Kilometer. Doch für eine Metallisierung fremder Schiffe ist genügend Platz vorhanden. Eine Absicherung dieses Raumes erfolgt durch 50.000 Schiffe der Wimrack-Klasse, unseren 2.500 Meter Schiffen. Die Zerstörer verfügen beidseitig über 30 ausfahrbare Laser-Geschütztürme. Die Befehlsführung obliegt Admiral Firn-Sadan, dem Kommandeur unserer schnellen Kampf-Verbände.

3.Wurmloch-Verteilungs-Bahnhof:
Die riesige Anlage ist eine Meisterleistung redartanischer Ingenieurskunst und besitzt einen Durchmesser von 56.000 Metern. Sie ist unsere teuerste und aufwendigste

Konstruktion im ganzen Imperium. Die achteckige Form wird besonders abgesichert. Rings um die wertvolle Anlage sind acht Flotten-Kampf-Basen stationiert. Sie alle wurden für die Aufnahme von 1.200 unterschiedlichen Schiffen gebaut. Eine Beschädigung, oder sogar ihre Vernichtung, muss unter allen Umstanden verhindert werden. Die Absicherung erfolgt durch 9.600 Schiffe der Kampf- Stationen. Ferner durch weitere 36.000 Schiffe der Limreck-Klasse, unserer 2.000 Meter-Einheiten. Diese Einheiten werden von den unter Admiral Brin-Kyron hinzugestoßenen 7.500 Schiffe der Tamreck-Klasse unterstützt. Somit stehen dem Bahnhof insgesamt 53.100 Schiffe als Schutz zur Verfügung. Den Oberbefehl dieser Flotte hat Commander Sirn-Dork übernommen, Er ist seit langem mit unserem Bahnhof vertraut.

4. Die restlichen 9 Planeten des redartanischen Heimat-Systems:

Hierunter befinden sich Kolonie-Planeten, Erholungs-Planeten, Werft- und Rohstoff-Planeten und Planeten mit weiteren wichtigen Einrichtungen. Die Absicherung erfolgt durch Admiral Darn-Garel. Er befiehlt die imperiale Sicherheits-Flotte, welche aus 80.000 Schiffen der Simreck- und der Uumreck Modellreihe besteht. Von diesen ausgereiften Angriffs- Kreuzern unserer 1.000 Meter und 1.500 Meter-Klasse, werden jeweils mindestens knapp 9.000 Schiffe unsere restlichen 9

Planeten im System absichern. Wenn wir wissen, wo die Adramelech ihre Wurmloch-Tunnel aufbauen werden, dann können wir entsprechende Einheiten zu diesen Koordinaten verlagern.«

5. Flotten-Reserve:
Zusätzlich patrouillieren 25.000 Schiffe der Limreck-Klasse, unter dem Befehl von Admiral Qun-Sartun, im System. Sie werden durch weitere 15.000 Schiffe der Wimrack-Klasse, unter der Leitung von Admiral Vrin-Hiran, unterstützt. Diese Schiffe dienen als Verstärkung, falls es zu einem Ausfall von Teilen unserer Flotte kommen sollte.«

Der Admiral blickte Niras-Tok und seine Offiziere an. »Mehr geht beileibe nicht«, bemerkte Commodore Run-Lac. »Ein solches massives Flotten-Aufkommen hat unser System bisher noch nicht gesehen. Mehr können sie nicht tun, Admiral.«

»Ein Hyperkomm-Funkgespräch für sie, Admiral«, meldete Lord Myron-Bardyck. »Der Kaiser möchte persönlich von ihnen über die Situation informiert werden.«

Der Admiral drehte seinen Kopf und blickte in die Richtung des Funk-Offiziers.

»Legen sie mir das Gespräch auf meinen persönlichen Communicator«, antwortete er.

Er drehte sich um und ging zu seinem Befehlsstand. Der Admiral ließ sich in den Kommando-Sessel fallen.

»Hier ist Admiral Tarn-Lim«, sprach er in den Communicator. »Was kann ich für sie tun, Eure Eminenz?«

»Ich wollte nach dem Statusbericht fragen? «, tönte die Stimme des Kaisers Quoltrin-Saar-Arel aus dem Gerät. „Gibt es etwas Neues?"

»Die Situation ist unverändert«, antwortete der Admiral. »Derzeit ist noch alles ruhig. Unsere Schiffe haben sich positioniert. Das komplette Heimat-System wurde mit unseren Schiffen bestens abgeschirmt. Wir warten auf neue Informationen von Commander Paryn-Rac. Sein Update ist leider überfällig. «

»Was meinen sie mit überfällig? «, fragte der Kaiser nach. » Wurde seine Flotte bereits vernichtet? «

»Ich meine hiermit, dass wir seit 20 Minuten keine Nachrichten mehr von ihm erhalten haben«, erwiderte der Admiral. »Das hat noch nichts zu bedeuten. Sicherlich wird er Funkstille befohlen haben. «

»Das kann aber auch sein, dass bereits ein Angriff der Fremden erfolgte«, antwortete der Kaiser unruhig. »Was ist, wenn ihre Technik unserer tatsächlich überlegen ist?«

»Ihr Stab wird von uns mit allen wichtigen Informationen versorgt«, entgegnete der Admiral gelassen. » Sie verfügen über die gleichen Daten, wie wir hier vor Ort. Was möchten sie jetzt hören? Commander Paryn-Rac hat den Befehl erhalten, sich in keine Kampfhandlungen einzulassen. Er wird nach Sichtung der Flotte der Fremden sofort zurück in unser System springen. Vielleicht ist es ihm auch gelungen, eine Zählung der feindlichen Schiffs-Armada durchzuführen. Warten sie es einfach ab. «

»Ihre Ruhe möchte ich haben«, antwortete der Kaiser. »Wir alle hier hoffen unruhig, dass ihr Plan aufgeht. «

»Es gibt keinen Plan«, entgegnete der Admiral. »Wir haben lediglich Verteidigungs-Positionen in unserem System eingenommen. Sie wissen selbst, dass wir über zu wenige Informationen verfügen, wie hoch die Anzahl der Schiffen sein wird, die in unser System eindringen werden. Verfolgen sie die Informationen auf ihrem Terminal. Ich bitte um Entschuldigung, leider muss ich das

Gespräch beenden. Wir erhalten soeben neue Informationen. «

Admiral Tarn-Lim wollte den Communicator abschalten.
Er hörte noch, wie der Kaiser in sein ‚Gerät sprach.
»Informieren sie mich bitte sofort. «
Dann wurde die Verbindung unterbrochen.

Admiral Tarn-Lim schritt zu seiner Crew zurück.
»Der Kaiser wird nervös«, teilte er mit. »Er meint tatsächlich, wir verheimlichen ihm neue Informationen?«

Er blickte sich zu Lord-Myron-Bardyck um.
»Leiten sie bitte alle neuen Informationen an den kaiserlichen Stab weiter«, befahl er.

»Das mache ich bereits seit unserem Start«, antwortete der Funk-Offizier. »Er ist auf dem aktuellen Stand. «

»Eingehender Daten-Funkspruch von Commander Paryn-Rac«, meldete der Funk-Offizier.

»Lesen sie laut vor«, erwiderte der Admiral. »Wir sind neugierig. «

»Öffnung von 30 Wurmlöchern an der East-Side unseres Imperiums«, teilte der Funk-Offizier mit. »Wir haben jeweils vier Zerstörer unserer Flotte um die Wurmlöcher positioniert und ein Dauerfeuer auf die einfliegenden Schiffe durchgeführt.«

»Er sollte doch keine Kampfhandlungen durchführen«, stutzte der Admiral.

»Es folgen weitere Daten«, teilte Lord Myron-Bardyck mit. »Scheinbar ist es dem Commander gelungen, 70 Schiffe der Adramelech komplett zu zerstören. Seine eigene Flotte hat keine Verluste erlitten. Die komplette Feindflotte wurde von ihm erfasst. Es handelt sich derzeit noch um eine Flotte von 2.930 Schiffen. Der Commander befindet sich mit seiner kompletten Armada auf dem Rücksturz ins Heimat-System. Er kommt zu unserer Unterstützung.«

»Das sind endlich einmal aussagekräftige Informationen«, lächelte der Admiral. »Die 2.930 Schiffe werden sich wundern, wenn sie in unserem System materialisieren.«

Kurze Zeit später materialisierte die komplette Patrouillen-Flotte von Commander Paryn-Rac im Heimat-System der Redartaner. Der Admiral befahl die Schiffe eine Position nahe des 7. und 8. Planeten des Systems einzunehmen. Dort befand sich noch eine größere Lücke, die nicht von Flottenverbänden geschützt war.

»Achtung«, wagte Lord Lirn-Ryon.
Der Ortungs-Offizier starrte auf die neuen Informationen seiner Anzeigen und Monitore.

»Ich messe starke Erschütterungen im Raum-Zeit-Gefüge«, teilte er mit. »Wir bekommen Besuch. «

»Höchster Alarm für alle Schiffe«, befahl der Admiral. »Die Waffensysteme auf die Feindschiffe ausrichten. «

Er drehte seinen Kopf zu dem Ortungs-Offizier.
»Wo werden die Wurmlöcher geöffnet«, fragte er.

»Die stärksten Verzerrungen registriere ich außerhalb unseres Systems«, antwortete der Lord. » Die Koordinaten befinden sich einen Klick hinter unserem 10. Planeten. «

Er blickt Niras-Tok an.
»Empfangen sie etwas? «, fragte er.

Der Commander nickte.
»Hass, Wut und Zerstörung liegt in ihren Gedanken«, antwortete er. »Durch die geöffnete Verbindung habe ich

Zugang zu ihren Gedanken. Sie wollen zu uns kommen und unsere Lebenszone zerstören.«

Der Commander wirkte irritiert.
»Etwas stimmt nicht«, bemerkte er. »Ihre Schiffe bewegen sich noch nicht. Sie planen etwas?«

»Damit kann ich nichts anfangen«, antwortete der Admiral. »Versuchen sie mehr zu erfahren. Warum öffnen sie Wurmloch-Verbindungen außerhalb unseres Systems? Welchen Sinn macht das. Wollen sie zuerst die äußeren Planeten angreifen?«

Er griff nach seinem Communicator.
»Hier spricht Admiral Tarn-Lim«, sprach er in den Funkgeber. »Wir haben Ortungs-Verzerrungen registriert. Diese liegen einen Klick außerhalb unseres Systems, nahe dem 10. Planeten. Ich beordere die 36.000 Schiffe der Limreck-Klasse, die unseren Bahnhof absichern, an diese Koordinaten. Den Befehl übernimmt Admiral Brin-Kyron. Er unterstützt mit seinen 7.500 Schiffe der Tamreck-Klasse. Ferner bitte ich Commander Paryn-Rac, mit seinen 24.400 Schiffen der Patrouillen-Flotte sofort die Koordinaten anzufliegen. Ihr Verband wird am schnellsten dort sein. Umstellen sie möglich Wurmlöcher und zerstören sie eindringende Schiffe bereits beim Austritt aus dem Wurmloch.«

»Die Bestätigungen kommen herein«, meldete Lord Myron-Bardyck.

»Die Flotten-Verbände sind gesprungen«, teilte Lord Lirn-Ryon mit. »Sie sollten in wenigen Sekunden die Koordinaten erreicht haben. «

Er blickte auf seine Anzeigen und Monitore.
»Ich registrierte die Öffnung von 30 Wurmloch-Verbindungen«, teilte er mit. Es ist so weit. «

»Sind unsere Verbände schon eingetroffen? «, erkundigte sich der Admiral.

»Sie materialisieren gerade und nehmen Kampf-Positionen ein«, antwortete der Ortungs-Offizier.

Der Admiral blickte auf den zentralen Bildschirm des Schiffes. Immer mehr redartanische Schiffe bauten sich um die 30 Wurmloch-Öffnungen auf. Ihre Geschütztürme waren zielgenau ausgerichtet.

Admiral Tarn-Lim griff nach seinem Communicator.
»Stellen sie mir eine Verbindung zu Admiral Firn-Sadan her«, sprach er die Funkleitstelle an.

»Die Verbindung baut sich auf«, antwortete der Lord. »Sie können sprechen.«

»Hier ist das Flotten-Oberkommando«, sprach er in das Gerät. »Admiral Firn-Sadan, hören sie mich?«

»Klar und deutlich«, antwortete der Befehlshaber der schnellen Kampf-Verbände.

»Sie haben mitbekommen, dass ich Verbände, die eigentlich zum Schutz unseres Bahnhofes vorgesehen waren, an die vorgelagerten Koordinaten der Wurmlöcher beordert habe«, teilte der Admiral mit. »Ich wünsche, dass sie mit ihren 50.000 Einheiten zum Bahnhof vorrücken und die Absicherung unterstützen.«

»Wir rücken nach«, antwortete der Admiral. »Wir bilden einen Ring-Blockadewall um den Bahnhof.

»Danke, erwiderte der Admiral. »Das ist mir einfach sicherer.«

Der Admiral hob seinen Kopf und blickte wieder auf den zentralen Bildschirm.

»Wo bleiben die Feindschiffe?«, erkundigte er sich.

»Es sind keine fremden Schiffe durchgestoßen«, antwortete der Ortungs-Offizier. »Lediglich die Wurmloch-Verbindungen sind weiterhin stabil.«

»Achtung«, warnte der Ortungs-Offizier. »Ich registriere den Austritt zahlreicher Gefechtsköpfe.«

Der Admiral hob seinen Kopf und blickte auf die zentrale Ortungs-Anzeige des Bildschirms. Schon flammten zahlreiche grelle Explosionen auf, die das Display überforderten. Die Ortungs-Anzeigen fielen in sich zusammen. Der zentrale Schirm des Flaggschiffes wies nur noch eine helle Fläche aus.

»Was ist mit den Bildschirmen«, tobte der Admiral. »Ich brauche verlässliche Informationen.

»Unsere Schiffe werden massiv mit Wellen von Gravitationsbomben angegriffen«, erklärte der Ortungs-Offizier. »Einen Teil der Bomben konnte vernichtet werden. Aber es sind Tausende. Die Gravitationswellen haben die Schutzschirme unserer Schiffe zum Kollabieren gebracht.«

»Zeichnen wir Verluste?«, fragte der Admiral nüchtern. »Die Daten sind ungenau«, antwortete Lord Lirn-Ryon.

»Alle Sensoren wurden überlastet. Ich erhalte noch keine exakten Daten. Alles ist in Bewegung.«

Das Ortungs-Bild am zentralen Bildschirm baute sich neu auf. Der Admiral erkannte, dass 23 Prozent der vor Ort positionierten Schiffe vernichtet waren. Im Sekunden-Rhythmus explodierten weitere Wellen von Gravitations-Bomben. Die starken Druckwellen durchschlugen die Schutzschirme der Schiffe und beeinträchtigten sie massiv. Nachfolgende Bombenwellen ließen sie komplett ausfallen. Die starken Bomben zerstörten die ungeschützten Schiffe.

»Alle Schiffe sollen einen größeren Sicherheits-Abstand aufbauen«, befahl der Admiral. »Das sollte doch Admiral Brin-Kyron selbst erkennen. Warum zieht er seine Schiffe nicht aus der Gefahrenzone zurück?«

»Ihr Befehl wurde gesendet«, meldete der Funk-Offizier. Endlich erkannte der Admiral auf dem Bildschirm, wie die verbliebenen Flotten-Verbände eine größere Distanz zu den Wurmlöchern aufbauten. Aus dieser Entfernung konnten sie mit dem massiven Beschuss der austretenden Bomben beginnen. Die Gravitationsbomben richteten keinen größeren Schaden mehr an.

»Es ist kein Austritt weiterer Bomben mehr zu registrieren«, meldete der Ortungs-Offizier. »Alle Gravitations-Bomben wurden zerstört.«

»Wie viele Verluste auf unserer Seite?«, fragte der Admiral.

»Die Zählung ist vollständig«, antwortete Lord Lirn-Ryon. »Wir haben 11.690 Schiffe der Limreck-Klasse, 2.475 Schiffe der Tamreck-Klasse und 8.683 Schiffe der Manrack-Klasse verloren. Diese standen unter dem Befehl von Commander Paryn-Rac.«

Der Admiral schlug mit seiner Faust auf das Display seiner Befehls-Konsole.

»Sie haben uns in das Hinterteil gebissen«, fluchte er. »Wir haben mit Schiffen gerechnet, geschickt haben sie uns ihre schweren Gravitations-Bomben. Was kommt als Nächstes?«

»Es stoßen immer noch keine fremden Schiffe durch«, meldete der Ortungs-Offizier. »Lediglich ihre Wurmloch-Verbindungen sind weiterhin stabil.«

Der Admiral blickte Niras-Tok an und sah, wie er sich mit beiden Händen seinen Kopf hielt.

»Sprechen sie«, sprach ihn der Admiral an. »Was spüren sie? «

»Die Adramelech lachen über uns«, teilte er mit. »Es ist eine Falle. Die Fremden werden an diesen Koordinaten nicht in unser System stoßen. Rufen sie sofort alle Verbände zu uns zurück. Sie werden nahe unserem Wurmloch-Verteilungs-Bahnhof materialisieren. «

»Sind sich sicher? «, fragte der Admiral irritiert. » Die Verbindungen sind weiterhin geöffnet. Es können jederzeit Schiffe austreten. «

»Vertrauen sie mir«, sagte Niras-Tok. »Das ist eine weitere Falle. Rufen sie alle Schiffe zurück. «

Entschlossen griff er nach dem Communicator.
»Hier spricht Admiral Tarn-Lim«, sprach er in das Gerät. »Alle Flotten-Verbände springen zurück zu unserem Verteil-Bahnhof. Die Wurmlöcher sind eine Falle. Die Fremden werden dort nicht in unser System eintreten. Springen sie an ihre ursprünglichen Koordinaten zurück. Das ist ein Befehl des Flotten-Oberkommandos. «

»Ihre Befehle wurden bestätigt«, antwortete der Funk-Offizier.

Der Admiral sah, wie die Schiffe beschleunigten und in den Hyperraum wechselten.

»Die 30 Wurmloch-Öffnungen wurden abgeschaltet«, meldete der Ortungs-Offizier. »Sie haben Recht behalten, Admiral.«

Dieser blickte Niras-Tok an und nickte ihm zu.
»Danke, für ihren Hinweis«, flüsterte er. »Was passiert jetzt?«

»Ihre Gedanken sind verstummt«, teilte der Commander mit. »Aufgrund der großen Entfernung kann ich ihre Gehirnwellen erst erfassen, wenn sie ein Wurmloch geöffnet haben. Jetzt heißt es abwarten, was als Nächstes auf uns zukommt.«

»Ortungs-Alarm«, teilte Lord Lirn-Ryon mit. »Es werden starke Verzerrungen im größeren Umkreis unseres Wurmloch-Bahnhofes angezeigt. Die Fremden werden in der Mitte unseres Systems einfliegen.«

Der Admiral und Commander Niras-Tok, blickten auf den großen Bildschirm des Schiffes. Nervöse Unruhe war der Brückencrew des Flaggschiffes anzumerken.

Dann war es so weit. Auf dem Bildschirm bildeten sich fast synchron unzählige Wurmloch-Öffnungen.

»Verdammte Schweinerei«, erkannte der Admiral. »Es sind wesentlich mehr als die von uns vermuteten 30 Wurmloch-Verbindungen.«

»Unsere Schiffs-Hypertonic-KI zählt insgesamt 293 Wurmloch-Öffnungen«, meldete der Ortungs-Offizier. »Sie alle halten einen Abstand von 5.000 Kilometern zueinander.«

Der Admiral wollte etwas sagen, doch ein greller Alarmton ließ ihn verstummen.

»Feindschiffe dringen ins System ein«, teilte Lord Lirn-Ryon mit. »Aus jeder Wurmloch-Verbindung sind 10 Schiffe ausgetreten. Ihre Waffentürme feuern auf unsere wartenden Schiffe.«

»Sie sind vorbereitet«, antwortete der Admiral. »Ihre Flottenführung wusste, dass wir auf sie warteten. Trotzdem haben sie ihren Angriff durchgeführt.«

Die Raumschlacht hatte begonnen. Jeweils vier redartanische Schiffe, materialisierten in kurzer Entfernung zu einem Feindschiff. Ihre Waffentürme zielten präzise auf die Ausdehnungsblase unterhalb der Feindschiffe. Im Dauerfeuer röhrten die schweren Laserstrahlen auf das Ziel.

Freudenschreie ertönten auf dem Flaggschiff des Admirals.

»Unsere Flotte meldet die Vernichtung von 25 Schiffen des Gegners«, meldete der Funk-Offizier lächelnd.

»Kein Grund zur Freude«, ermahnte ihn der Admiral.

»Es sind noch 2.905 Feindschiffe im System übrig«, teilte der Ortungs-Offizier. »Ich messe das Anlaufen starker Energiemeiler. «

»Sie aktivieren ihre blaue Energie«, sagte der Admiral. »Alle unsere Schiffe sollen den befohlenen Positionswechsel durchführen. «

»Ihr Befehl wurde übermittelt«, antwortete der Funk-Offizier.

»Ich registriere den Abschuss weiterer Gravitations-Bomben«, meldete der Ortungs-Offizier. » Es scheinen acht Wellen von mehreren Tausend Bomben zu sein. Das

Ziel ist der Weltraum-Bahnhof und die vorgelagerte Schutz-Flotte.«

» Sie sollen sämtliche Restenergie in die Schutzschirme leiten«, befahl der Admiral. »Die Schirme unserer Schiffe dürfen nicht kollabieren. «

Von allen Seiten wurden die Schiffe der Mächtigen eingekesselt. Das Dauerfeuer der redartanischen Flotte schlug weitere Löcher in die Armada der Angreifer. Immer mehr Schiffe explodierten in kurzen Abständen. Die Planeten Burst-Geschütze der Kampf-Stationen waren an der Oberseite der Basen installiert. Sie bündelten ihre Strahlen auf die Feindschiffe. Jeder gezielte Treffer ließ ein Schiff der Adramelech zu einer gigantischen Kunstsonne werden. Der Blockade- Verband der schweren 5.000 Meter Schiffe der Tamreck- Klasse, feuerte aus allen Geschützrohren. Mit ihrem Planeten-Burst-Geschütz rissen sie im Sekunden- Rhythmus anfliegende Schiffe der Adramelech in den Untergang. Die schweren Schiffs-Einheiten verblieben auf ihren Positionen und wechselten ihren Standort nicht.

Flotte der Adramelech

Äußerst zufrieden verlangte Admiral Gordra'Wetun nach den aktuellen Werte seines Ortungs-Offiziers. Seine Flotte hatte 30 Wurmlöcher geöffnet, die als Falle für die Humanoiden gedacht war. Zahlreiche Wellen von Gravitations-Bomben waren bereits durch die Portale geschickt worden.

»Wir registrieren starke Detonationen auf der Gegenseite«, meldete der Ortungs-Offizier. »Sie haben ihre Schiffe zu nah an unseren Öffnungen positioniert. Das wird ihnen zu denken geben.«

»Hoffentlich wurden sie alle vernichtet«, antwortete der Admiral. »Dann haben wir später weniger Gegenwehr.«

»Den Gefallen werden ihnen die Fremden nicht tun«, antwortete der 1. Offizier. »Dafür sind sie zu schlau. Sie werden nach kurzer Zeit erkennen, dass ihre Schiffe zu nahe an unseren Wurmloch-Öffnungen stehen. Ihre Verbände werden weiter entfernte Positionen einnehmen.«

Der Admiral blickte ihn an.
»Wie können wir das erkennen?«, fragte er.

»Indem wir keine Explosionen ihrer Schiffe mehr registrieren«, antwortete Vizeadmiral Hodrun'Tarun.

Sein Kopf drehte sich dem Ortungs-Offizier zu.
»Meldung«, fragte er.

»Die Explosionen schwächen sich ab«, antwortete der Offizier. »Vermutlich haben sich die Humanoiden auf unsere Strategie eingestellt. «

»Schalten wir die Wurmlöcher ab«, befahl der Admiral. »Sofortiger Einflug in ihr Heimat-System. Aktivieren wir alle programmierten 293 Wurmloch-Passagen. Vielleicht ist der Überraschungseffekt wieder auf unserer Seite. «

Der 1. Offizier übermittelte den Befehl an die Flotte. Nach wenigen Sekunden trat er zu dem Admiral zurück.

»Wir sind bereit«, meldete er. »Sie können den Befehl übermitteln. «

»Einflug in das innere System der Humanoiden«, befahl Admiral Gordra'Wetun. »Nach dem Eintritt sind sofort unsere Sekundärwaffen einzusetzen. In der Zwischenzeit werden alle Laser-Geschütze auf Schiffe der Fremden ausgerichtet. «

Der 1. Offizier nickte dem Steuermann zu.
»Öffnen sie die Wurmloch-Verbindungen«, sagte er.

Der Bildschirm zeigte die hellen runden Wurmloch-Verbindungen an. Die Schiffe der Adramelech beschleunigten und flogen in Gruppen zu 10 Schiffen in die Tunnel hinein. Der Durchflug dauerte ganze 8 Minuten. Dann traten die Schiffe in das unbekannte Sternen-System ein.

»Alarm«, meldete der Ortungs-Offizier. »Ein massives Schiffs-Aufkommen wurde geortet. Zahlreiche Flotten-Verbände sichern das System. «

»Wie viele Einheiten sind es? «, fragte der Admiral. » Ich brauche eine Zählung. «

»Unsere Schiffs-KI korrigiert sich andauernd«, antwortete der Offizier. »Es werden immer wieder neue Meldungen angezeigt. «

»Geben sie mir eine Zahl«, forderte der Admiral erneut.

»Die Anzahl pendelt sich auf 280.000 Schiffe ein«, sagte der Ortungs-Offizier.

»Das ist unmöglich«, antwortete der Admiral. »Keine Rasse kann so viele Schiffe unterhalten. «

»Starker Beschuss unserer vordersten Linien«, meldete der Ortungs-Offizier. »Wir haben bereits 15 Schiffe verloren.«

»Die Verbände auseinanderziehen«, befahl der Admiral. »Wir brauchen Platz zum Agieren. Unsere Geschwader-Gruppen sollen sich verteilen.« D

Der Admiral blickte auf den großen Bildschirm.
»Was ist das für ein gigantisches Gebilde zwischen dem 3. und 4. Planeten?«, fragte er irritiert.

»Das ist eindeutig eine große Wurmloch-Station«, antwortete der Ortungs-Offizier. »Ich messe die gleichen Energien an, die bei unseren Wurmloch-Verbindungen freigesetzt werden. Die Station ist besonders stark gesichert.«

»Das ist ihr Schwachpunkt«, erwiderte der Admiral. »Vermutlich erhalten sie hierüber ihren Nachschub. Die Station muss von uns ausgeschaltet werden. Befehlen sie einen konzentrierten Angriff auf diese Basis.«

Der 1. Offizier zeigte auf acht Flotten-Kampfstationen. »Das sind vermutlich ihre Raumschiffs-Werften«, bemerkte er. »Ihre Schiffe haben sie ausgeschleust, doch die Stationen besitzen zahlreiche Laser-Geschütztürme.

Sie sind für einen direkten Nah-Kampf ausgerüstet. Wir registrieren die gleichen schweren Waffensysteme, womit sie auch ihre 5.000-Meter Schiffe ausgerüstet haben. Der Einschlag von diesen gewaltigen Geschützen durchbricht unsere Schutzschirme. Diese mächtigen Strahlen lassen unsere Schiffe bei einem Frontalangriff reihenweise explodieren. Wir sind machtlos gegen sie. Ein solches Manöver hilft uns nicht weiter.«

Admiral Gordra'Wetun blickte ihn an.
»Wir halten Abstand und beobachten die Schlacht«, entschied er. »Endlich können wir dem Regenten Fakten vorlegen. Unsere Angriff-Armada ist immer noch zu klein, um das Imperium der Humanoiden auszuschalten.«

Vizeadmiral Hodrun'Tarun nickte verhalten.
»Wir schicken unsere Schiffe in den Untergang«, antwortete der 1. Offizier.

»Wir brauchen Ergebnisse für die Oberste Vollkommenheit«, entgegnete der Admiral. »Nur so wird uns bei dem nächsten Versuch eine entsprechend große Flotte zur Verfügung gestellt. Der Regent glaubt immer, wir wären unschlagbar. Das ist in diesem Fall nicht so.«

Die Offiziere des Flaggschiffes registrierten, wie erneut anfliegende Schiffs-Geschwader von den Flotten-Kampf-

Stationen ausgeschaltet wurden. Der Admiral schüttelte seinen Kopf.

»Wir hätten Gruppen zu je 15 Schiffen befehlen sollen«, bemerkte er. »Die Humanoiden reißen unsere Angriffs-Geschwader auf. Sie stürzen sich auf unsere Gruppen und beschießen die blauen Eindämmungs-Felder. Die Humanoiden haben schnell gelernt. Ist eine unserer Gruppen auf neun Schiffe reduziert, gelingt es ihr nicht mehr die blaue Energiewolke aufzubauen. Wir brauchen eine neue Strategie.«

Der Admiral bemerkte die aufflammenden Explosionen auf den zentralen Monitor. Jeder Lichtblitz zeigte den Untergang eines Schiffes an.

»Befehlen sie eine sofortige Umgruppierung in Geschwader mit 15 Schiffen. Wir brauchen einen Puffer. Befehlen sie 40 Schiffs-Gruppen, von unterschiedlichen Koordinaten aus, den Bahnhof anfliegen. Ich möchte Gravitations-Bomben auf die vorgelagerten Blockade-Verbände ausgeschleust haben. Beschäftigen sie die Kampf-Gruppen. Eine zweite Gruppe aus 128 Schiffen, wird wenige Minuten später unterhalb der Kampf-Stationen materialisieren. Die Flottenbasen können nur mit der blauen Energie bekämpft werden. Greift die

Unterseite der Stationen an. Dort scheinen weniger Waffen-Systeme installiert zu sein.«

»Das wird starke Verluste für uns ergeben«, entgegnete der 1. Offizier.

»Wir haben keine andere Möglichkeit«, antwortete der Admiral. »Heute bereiten wir unseren nächsten Hauptangriff vor. Die Weichen müssen jetzt gestellt werden. Das bedeutet für uns, die unbedingte Vernichtung der Flotten-Kampf-Stationen und der Wurmloch-Basis. Geben sie meine Befehle weiter.« Vizeadmiral Hodrun'Tarun salutierte und lief an die Hyperfunk-Konsole des Schiffes. Er instruierte seine Flotte neu.

Aus dem Hauptfeld der Adramelech-Armada lösten sich 600 Schiffe, scherten aus und flogen in einem Bogen auf den Wurmloch-Bahnhof zu. Die redartanischen Abwehr-Verbände schossen aus allen Geschützrohren. Noch waren die Angreifer nicht in eine Schussreichweite gekommen. Das Sperrfeuer der Redartaner verursachte, dass die Adramelech sich in einer breiten Linie formierten. Dann schleusten sie Teppiche von Gravitations-Bomben aus. Ganze 56 Wellen, von jeweils 600 Gravitations-Bomben, flogen auf die Blockade-

Flotten zu. Das Flagg-Schiff der Flotte hatte die Ausführung des Befehls erkannt.

»Geben sie den Befehl für unsere zweite Angriffs-Flotte«, befahl Admiral Gordra'Wetun.

Der 1. Offizier gab den Befehl über eine Hyperkomm-Funkverbindung weiter. Eine weitere Flotte von 128 Schiffen löste sich aus der hinteren Flanke der Armada. Nach einer kurzer Beschleunigung sprangen die Schiffe in den Hyperraum.

Sie hatten als Ziel die Koordinaten der Flotten-Kampfstationen programmiert. Die blauen Energien in ihren Ausdehnungsfeldern waren aufgebaut und waren einsatzbereit.

Mehrere breite Wellen mit Gravitations-Bomben flogen auf die Schutzflotten der Kampf-Stationen zu. Ihre massiven Explosionen und die anschließenden Druckwellen rissen die Blockadelinien der redartanischen Schiffe auseinander. Schutzschirme versagten und kollabierten. Zu nahe am Explosionsherd liegende Schiffe vergingen in grellen Explosionen. In dem Durcheinander und mit der präzisen Perfektion einer bereits lange Raumschiff fliegenden Species, materialisierten die 128 Schiffe der Adramelech unterhalb der Kampf-Stationen.

Sofort nach dem Wiedereintritt zerfielen sie in 8 Gruppen zu jeweils 15 Schiffen. Diese flogen die Unterseiten der Stationen an. Das leichte Abwehrfeuer der hier installierten Geschütztürme, absorbierten ihre Schutzschirme problemlos. Die redartanischen Blockade-Verbände waren noch zu weit entfernt, um eingreifen zu können. Die Adramelech hatten ihre Schiffe in Position gebracht. Nur Sekunden später öffneten sie ihre Ausdehnungsfelder. Die blaue Energie verdichtete sich zu einer großen Wolke, blähte sich sekundenschnell auf und hüllte die Kampf-Stationen ein. An jeder Station war das gleiche Szenario festzustellen. Die Schutzschirme fingen an zu flackern, und brachen zusammen. Die Energien versagten. In den Stationen wurde es dunkel. Erste kleine Explosionen rissen die Außenhaut der Stationen auf. Aufbauten wurden abgesprengt.

Die kleine Flotte der Adramelech feuerte ihre Laser-Batterien ohne Unterbrechung auf die ungeschützten Stationen ab. Die blauen Wolken breiteten sich immer weiter aus und verdichteten sich. Die Feind-Flotte brachte sich mit einem Hypersprung in Sicherheit. Große Teile der Außenwände der Stationen wurden abgesprengt. Gewaltige Explosionen aus dem Bereich des Maschinenraumes, rissen tiefe Krater in die Außenhüllen der Stationen. Die Zerstörungskraft der blauen Energie-

Wolke aus dem Zwischenraum, konnte nicht mehr aufgehalten werden. Immer mehr Explosionen tobten im Inneren der Stationen. Der Glutbrand fraß sich von Deck zu Deck weiter. Dann explodierten die Stationen der Reihe nach und sprengten ihre zerrissenen Metallteile in den kalten Weltraum.

Flotte der Redartaner

Entsetzt hatte Admiral Tarn-Lim den Angriff von 128 Schiffen der Adramelech auf die acht Kampf-Basen mitbekommen. Die Unterseite der Kampf-Stationen war für einen kurzen Moment ohne Schutz gewesen. Das hatte den Schiffen der Adramelech ausgereicht, um ihre blaue Energie zu entfesseln.

»Leiten sie mehr Schiffe zu unserem Wurmloch-Bahnhof um«, befahl der Admiral. »Die Anlage muss abgesichert werden. Wir dürfen sie nicht verlieren.«

»Die Stationen sind verloren«, meldete Commodore Run-Lac. »Die blauen Energien haben sie vollständig zerstört.«

»Ich habe es gesehen«, antwortete der Admiral resigniert. »Gegen diese Kräfte sind unsere Schutzschirme machtlos. Das wird eine Materialschlacht, die wir so noch nicht erlebt haben.«

Er blickte auf den zentralen Monitor seines Flaggschiffes. An alle Koordinaten des Heimat-Systems wurden die Schiffe der Fremden bekämpft.

»Statusbericht«, sagte der Admiral. »Ich brauche Zahlen. Wie viele Schiffe des Gegners befinden sich noch in unserem System?«

»Wir haben es derzeit noch mit 1.753 Feindschiffen zu tun«, antwortete der Ortungs-Offizier. »Unsere eigenen Verluste liegen bei 56.345 Schiffen.

»Der Überraschungseffekt ist verpufft«, bemerkte Commander Niras-Tok. »Wir sollten nur noch unsere Schiffe mit den Planeten Burst-Geschützen einsetzen.«

»Damit wäre der Bahnhof weitgehend ungeschützt«, erwiderte der Admiral. »Diese Schiffe unserer 5.000-Meter-Klassen sind das letzte Bollwerk gegen die Fremden.«

»Sie haben alle großen Tamreck-Schiffe um unseren Bahnhof versammelt«, bemerkte der Commander. »Es ist ihnen nicht möglich in die Schlacht eingreifen. Die Adramelech sind gewarnt. Sie haben die Durchschlagskraft dieser Geschütze erkannt.«

»Was schlagen sie vor? «, fragte der Admiral.

»Die Adramelech besitzen noch 1.750 Schiffe, die es unseren Einheiten sehr schwer machen. Ein Teil ihrer Schiffe konnte immer wieder die blaue Energie freisetzen, die zahlreiche Schiffe unserer Flotten vernichtete. Ziehen sie die 7.000 schweren Tamreck-Zerstörer von unserem Bahnhof ab. Lassen sie Staffeln von vier Schiffen bilden, die sich jeweils nur ein Schiff der Fremden vornehmen. Vernichten sie die Adramelech mit unseren Planeten-Burst-Geschützen. Hiergegen haben sie nichts einzusetzen. Dann ist die Raumschlacht beendet. «

Admiral Tarn-Lim dachte nach.
»Es muss eine schnelle Entscheidung fallen«, überlegte er. »Der Commander hat Recht. «

Der Admiral winkte Commodore Run-Lac, seinen Stellvertreter zu sich.

»Ziehen sie 7.000 schwere Tamreck-Schiffe aus dem Blockade-Verband von unserem Bahnhof ab«, befahl er. »Sie sollten sich in Gruppen von 4 Schiffen aufteilen. Jede Gruppe nimmt ein Schiff der Adramelech ins Visier. Vernichtet sie, lasst sie ihre blaue Energie nicht freisetzen. Schleust eine Anzahl Spionage-Sonden aus, die sich an ihren Schiffswänden festsetzen. Diese werden von ihren Sensoren nicht zu orten sein. Wir brauchen die Koordinaten ihres Heimat-Systems.«

Der Stellvertreter des Admirals bestätigte den Befehl und ließ ihn per Hyperfunk an die Flotte übermitteln.

Admiral Tarn-Lim griff nach seinen Communicator. »Sicherheit«, sprach er hinein. »Bringt mir den Gefangenen auf die Brücke. »Er wird unseren Feinden eine Mitteilung überbringen. «

Die Crew des Flaggschiffes sah, wie sich die Tamreck-Schiffe aus den Blockadelinien lösten, beschleunigten und auf die Koordinaten der Fremdschiffe zusteuerten.

Flotte der Adramelech

Admiral Gordra'Wetun und sein Vize Hodrun'Tarun erkannten, wie ihr Befehl erfolgreich umgesetzt wurde. Behäbig grinsten sie sich an.

»Das Durcheinander der Gravitationsbomben hat gewirkt«, bemerkte der Admiral. »Die Humanoiden waren für einen Augenblick abgelenkt. Das hat unseren Schiffen ausgereicht, um ihre blauen Energien freizusetzen. «

»Die Humanoiden sind dumm«, antwortete der 1. Offizier. »Sie konnten unseren Plan nicht erahnen. Das wird sie hoffentlich züchtigen. «

»Geben sie Befehl das gleiche Manöver mit dem Bahnhof durchzuführen«, sagte Admiral Gordra'Wetun. »Wir nutzen diesen Moment der Resignation bei den Humanoiden. Die gleiche Angriffs-Gruppe der 128 Schiffe soll unterhalb des Nachschub-Bahnhofes materialisieren und ihre blauen Energien entfesseln. Auch dieser Bahnhof kann mit unserer Energie zerstört werden. Richten sie dem Angriffs-Geschwader meine Glückwunsche für die gelungene Aktion aus. «

»Der Bahnhof ist von allen Seiten gesichert«, monierte der 1. Offizier. »So einfach lässt sich das nicht bewerkstelligen. «

»Räumen sie den Weg frei«, mahnte der Admiral. »Unsere Schiffe sollen 200 große 300-Meter-Angriffs-Jets ausschleusen. Bestücken sie diese komplett mit Antimaterie. Als Besatzungen setzen sie nur Robot-Personal ein. Programmieren sie die Schiffe so, dass sie per Hypersprung die Feindflotten umgehen und unterhalb des Bahnhofes, inmitten der Blockade-Geschwader materialisieren. Mit dem Wiedereintritt muss die Selbstzerstörung unserer Jets ausgelöst werden. Die 200 Schiffe werden die humanoiden Flotten unterhalb des Bahnhofes zerstören und vermutlich noch ihre Nachschub-Basis beschädigen. Danach greifen unsere Schiffe mit der blauen Energie-Wolke an. «

Der 1. Offizier nickte.
»Der Vorschlag hätte von mir sein können«, bemerkte er.

Er eilte davon und instruierte die Flotte. «

»Die Robot-Jets wurden gestartet«, meldete der 1. Offizier. »Sie sind in den Hyperraum gewechselt. Unsere Kampf-Gruppe befindet sich im Hyperraum und wird in Kürze materialisieren, um den Bahnhof anzugreifen. «

Admiral Gordra'Wetun blickte starr auf den Bildschirm seines Schiffes. Erst jetzt begriff er, was er sah.

»Alarm«, warnte er. »Eine große Flotte der Humanoiden ist vor unseren Schiffen materialisiert. Ihre Schiffe befinden sich auf einem Kollisionskurs. «

Flotte der Redartaner

»Die Verbände der Adramelech ziehen sich zusammen«, teilte Admiral Tarn-Lim mit. »Sie bewachen einige Schiffe in dem Mittelpunkt ihrer Armada. «

»Das werden die Kommando-Schiffe ihrer Armada sein«, teilte Niras-Tok mit. »Sie sind besonders gesichert. Ich dringe nicht zu ihrem Befehlshaber vor. Sie haben irgendetwas vor? «

»Unsere Tamreck-Schiffe sind vor ihrer Armada materialisiert«, meldete der Ortungs-Offizier. »Sie kreisen die feindlichen Verbände ein und aktivieren ihre Planeten-Burst-Geschütze. «

Die Crew des redartanischen Flagg-Schiffes blickte auf ihren großen Bildschirm. Die großen Zerstörer flogen frontal auf die Feind-Flotte vor. Unaufhörlich feuerten die Schiffe ihre Laser-Salven auf die zusammenrückenden Schiffe der Adramelech. An der vordersten Linie der Feindschiffe entstanden mit einem Schlag 39 blendende Explosionen. Sie wiesen auf die erfolgreiche Vernichtung der Schiffe hin. Weitere Explosionen erfolgten an den Flanken und an der Rückseite der Feind-Armada. Die Schiffe der Angreifer wehrten sich tapfer, doch die großen redartanischen Schiffe ignorierten die Einschläge bewusst. Aus allen Geschützrohren feuernd flogen sie einen Kollisionskurs zu den Angreifern.

Die Raumschlacht hatte sich zum Nachteil der Adramelech gewandelt. Ausscherende Schiffe wurden in Gruppen verfolgt und zerstört. Es gab kein Entkommen für die Mächtigen.

»Wie viele Verluste auf der Feindseite?«, fragte Admiral Tarn-Lim.

Der Ortungs-Offizier drehte seinen Kopf.
»Wir haben in diesem Moment weitere 259 Schiffe ausgeschaltet«, antwortete er.

Er hielt kurz inne und blickte wieder auf seine Ortungsanzeigen.

»Mir fehlen genau 128 Schiffe«, meldete er. »Sie sind nicht auf meinen Ortungs-Anzeigen.«

»Überprüfen sie ihre Anzeigen«, befahl der Admiral. »Sie dürfen uns nicht durch die Finger gleiten.«

»Ihre Flotte greift den Wurmloch-Bahnhof an«, sagte Niras-Tok. »Ich empfange ihre Gedanken. Sie befinden sich noch im Hyperraum. Ihr Befehl lautet, den Wurmloch-Bahnhof von der Unterseite her anzugreifen.«

Der Admiral griff nach seinem Communicator.
»Hier ist Admiral Tarn-Lim«, sprach er in das Gerät. »Alle Flotten-Verbände sichern die Unterseite des Wurmloch-Bahnhofes. Es ist mit einem Angriff der blauen Energie-Wolken zu rechnen. Zerstören sie alle Feind-Schiffe nach der Materialisierung.«

Er blickte auf den Bildschirm.
Wieder griff er nach dem Communicator.
»Ich rufe Commander Sirn-Dork«, sagte er. »Melden sie sich.

»Hier ist Sirn-Dork«, tönte es aus dem Gerät.
»Horen sie zu«, ergänzte der Admiral. »Starten sie die Navigations-Triebwerke des Bahnhofs. Versetzen sie ihn, soweit es geht, an eine andere Position. Wir vermuten einen gezielten Angriff der Fremden auf den Bahnhof. Schalten sie alle Wurmloch-Energie-Erzeuger ab.«

»Das braucht seine Zeit«, tönte es aus dem Communicator. »Wir müssen erst die hierfür benötigten Energiemeiler hochfahren.«

»Die Blockade-Flotten sind informiert«, teilte der Admiral mit. »Sie werden versuchen die Feindschiffe abzuwehren.«

»Danke für den Hinweis«, antwortete Commander Sirn-Dork. »Die Energiemeiler für die Navigations-Triebwerke wurden aktiviert. Sie bauen Leistung auf.«

Admiral Tarn-Lim sah auf dem Bildschirm seines Schiffes, wie an vielen Kanten des 56.000 Meter durchmessenden Bahnhofes zahlreiche Triebwerke einsetzten. Die achteckige Form des Gebildes war bewusst gewählt worden. An jeder Kante war ein Wurmloch-Durchgang integriert, der durch eine zentrale Transmitter-Steuerung aktiviert wurde. Vier Durchgänge dienten dem Einflug, weitere vier dem Abflug von Schiffen. Diese variablen Rahmen- Konstruktionen konnten bis auf eine Größe von 6.000 Metern ausgefahren werden, um entsprechend große Zerstörer, Transport-, oder Fracht-Schiffe passieren zu lassen. Diese kaiserliche Entwicklung war das Herz des redartanischen Imperiums.

Mit Unbehagen erkannte der Admiral, dass sich das schwere Gebilde nur mühsam aus seiner bisherigen Position lösen konnte. Meter um Meter veränderte der Bahnhof seine Position und schwebte langsam aufwärts. Die Triebwerke nahmen an Kraft zu. Nur langsam beschleunigte das monströse Gebilde.

»Die räumliche Veränderung beträgt 564 Meter«, meldete Lord Lirn-Ryon, der Ortungs-Offizier. »Es scheint zu gelingen.«

»Der Abstand ist immer noch zu gering«, antwortete der Admiral. »Commander Sirn-Dork soll auf die Höchstwerte beschleunigen.«

»Das halten die Triebwerke nicht aus«, monierte Lord Zyin-Yarin, der Steuermann des Flagg-Schiffes. »Sie wurden eine Ewigkeit nicht mehr benutzt.«

»Das müssen wir in Kauf nehmen«, erwiderte der Admiral. »Geben sie meinen Befehl durch.«

Der Steuermann kam nicht mehr hierzu.
»Feindschiffe materialisieren unterhalb des Wurmloch-Bahnhofes«, meldete der Ortungs-Offizier. »Ich erkenne 200 Schiffe einer unbekannten 300-Meter-Klasse.«

»Abwehrmaßnahmen einleiten«, befahl Admiral. »Alle Schiffe abfangen und zerstören.«

Commodore Run-Lac, der Stellvertreter des Admirals wollte den Befehl bestätigen, doch es gelang ihm nicht mehr. Mit offenen Augen starrte die Crew des redartanischen Flaggschiffes auf den Bildschirm.

Synchron explodierten die 200 Feindschiffe in einer unvorstellbaren Detonation. Die grelle Feuersbrunst ließ den großen Bildschirm des Flagg-Schiffes zu einer weißen Fläche erstarren.

»Ausfall der Sensoren«, teilte der Ortungs-Offizier mit. »Es dauert etwas, bis sie neu starten. «

»Ich brauche ein Bild«, schimpfte der Admiral. »Umschalten auf die alten Echtzeit-Erfassungsgeräte.«

Der Ortungs-Offizier nahm einige Schaltungen vor. Ein verschwommenes Bild wurde auf dem zentralen Schirm sichtbar. Langsam wurde das Bild deutlicher.

Der Admiral schlug mit seiner Faust auf die Konsole. Eine große Trümmerwolke aus unzähligen Raumschiffs-Teilen trieb unterhalb des massiv beschädigten Wurmloch-Bahnhofes.

»Der Weltraum-Bahnhof ist schwer beschädigt«, meldete der Ortungs-Offizier. »Dreiviertel seiner Außenhülle wurde zerfetzt oder abgesprengt. Ich erkenne große Löcher in den seitlichen Außenwänden. «

»Verlustmeldungen? «, fragte der Admiral.

»Das war ein Angriff mit Antimaterie«, meldete der Waffen-Offizier. »Unsere ganzen Blockade-Flotten, die unterseitig stationiert waren, wurde von der massiven Explosion ergriffen. Sie hat sich von Schiff zu Schiff fortgesetzt. Unsere Geschwader standen zu dicht an dem Bahnhof. Das war ein Selbstmord-Kommando der Adramelech.«

»Wie viele Schiffe haben wir verloren?«, fragte der Admiral erneut.

»Die Gesamtzahl unserer Verluste beläuft sich auf 138.714 Schiffe«, meldete der Ortungs-Offizier. »Der größte Teil ist trotz unserer Warnungen den blauen Energie-Wolken zum Opfer gefallen. Gegen sie können unsere Schutzschirme nichts ausrichten.«

»Wie hoch ist der Verlust des Gegners?«, fragte der Admiral.

»Die Feind-Flotte umfasst derzeit noch 1.243 Schiffe«, teilte Lord Lirn-Ryon mit. »Sie sind schwieriger zu bekämpfen, als wir gedacht haben.«

Die Tamreck-Schiffe dünnten die Flotte der Adramelech weiter aus. Die schweren Planeten-Burst-Geschütze sprengten Schiff und Schiff aus dem Heimat- System der Redartaner.

»Warum fliehen sie noch nicht?«, fragte der Admiral. »Sie müssen doch erkennen, dass es für sie kein Entkommen mehr gibt?«

Er blickte Niras-Tok an.
Der hielt sich wieder seinen Kopf.

»Sie sind noch da«, sagte er. »Exakt 128 Schiffe der Feinde befinden sich noch im Hyperraum. Sie werden gleich unterseitig dem Weltraum-Bahnhof materialisieren.«

»Beordern sie alle verfügbaren Tamreck-Schiffe an die Unterseite des Bahnhofes«, befahl der Admiral. »Die Schiffe müssen neutralisiert werden.«

Commodore Run-Lac hatte den Befehl bereits weitergegeben. Die redartanischen Schiffs-Verbände, die oberseitig des Weltraum-Bahnhofs Stellung bezogen hatten, beschleunigten und flogen die Unterseite an. In einem ausreichenden Abstand warteten sie auf die eintreffenden Feindschiffe.

»Wir haben jetzt 25.000 Schiffe an der Unterseite des beschädigten Bahnhofs zusammengezogen«, meldete der Ortungs-Offizier.

Der Admiral blickte seinen Stellvertreter an.
»Geben sie den Befehl, bereits während der Materialisierung der Schiffe das Feuer zu eröffnen«, befahl er mitleidslos. »Automatisches Dauerfeuer auf die Ausdehnungsfelder unterhalb ihrer Schiffe. Keines der Schiffe darf uns entkommen.«

Flotte der Adramelech

Mit Unbehagen stellte Admiral Gordra'Wetun fest, wie 7.000 schwere Schiffs-Einheiten der Humanoiden einen Kollisionskurs zu seiner Flotte eingeschlagen hatten.

»Sofortiges Abwehrfeuer auf die anrückenden Schiffe«, befahl er. »Richtet unsere kompletten Laser-Geschütze aus.«

»Sie sind nutzlos«, antwortete der 1. Offizier. »Das sind Schiffe einer 5.000 Meter-Klasse. Sie wurden bewusst in dieser Größe konstruiert, damit sie einiges auffangen können. Ferner sind Ihre Schutzschirme leistungsfähiger als unsere.«

»Wollen sie damit sagen, die Humanoiden besitzen eine bessere Technik als wir? «

»Es scheint sich zu bestätigen«, erwiderte Vizeadmiral Hodrun'Tarun. »Zumindest in Teil-Bereichen sind sie höher entwickelt als wir. Ich empfehle den Rückzug, um nicht noch weitere Schiffe unseres Verbandes zu gefährden. «

»Wir müssen dem Regenten etwas übergeben«, fluchte der Admiral. »Die Vernichtung der Flotten-Kampf-Stationen ist die eine Option. Die Zerstörung ihres Wurmloch-Bahnhofes wäre ein Zweite. Wir warten ab, bis unsere Schiffe einen Erfolg melden können. Halten sie die angreifenden Schiffe so lange auf.

»Das kostet uns eine Vielzahl von Schiffen«, antwortete der 1. Offizier.

»Werft ihnen alles entgegen, war wir an Bord haben«, entgegnete der Admiral. »Schleust Bomben, Raketen aus, aktiviert das Dauerfeuer unserer Laser-Werfer. Verlangsamt das Vorrücken ihrer Schiffe. «

Vizeadmiral Hodrun'Tarun drehte sich um und gab den Befehl weiter. Dann schritt er zu dem Steuer-Offizier des Schiffes.

»Machen sie alles bereit, für einen Notsprung in den Hyperraum«, befahl er. « Es wird notwendig werden, unser Schiff aus der Gefahrenzone zu steuern. «

»Mit einem Hypersprung? «, fragte der Steuermann nach. »Wir benutzen seit langer Zeit nur noch Wurmloch-Verbindungen.«

»Wir werden von den Feindschiffen immer weiter bedrängt«, antwortete der Vizeadmiral. » Wie wollen sie hier ein Wurmloch öffnen? «

»Ich verstehe«, erwiderte der Steuermann. »Wir bringen Abstand zwischen uns und der Feind-Flotte. In einem sicheren Sektor öffnen wir einen Wurmloch-Tunnel. « Vizeadmiral Hodrun'Tarun trat wieder an die Seite seines Vorgesetzten. Dieser blickte auf den Bildschirm des Schiffes und erkannte, wie die vordersten Schiffs-Linien seiner Armada von den Feindschiffen zerfetzt wurden. Im Sekunden-Rhythmus explodierten die Schiffe seines Verbandes durch die schweren Geschütze der Schiffe der Humanoiden. Die ausgeschleusten Bomben und Raketen wurden von den anfliegenden Schiffen bereits im Flug vernichtet.

»Zoomen sie den Nachschub-Bahnhof heran«, befahl der Admiral. »Unsere Schiffe werden in wenigen Sekunden materialisieren.

Er blickte auf die Flotten unterhalb des Bahnhofes. »Wir haben gut gewählt«, bemerkte der Admiral. »Über 60.000 Schiffe der Minderwertigen sichern die Unterseiten ihrer Nachschub-Basis ab. «

»Unsere Roboter-Schiffe materialisieren«, lächelte der Ortungs-Offizier.

Sekunden später füllte eine gewaltige Explosion den Bildschirm aus. Details konnten nicht mehr erkannt werden. Die grelle Explosion schien zu einer gigantischen Sonne anzuwachsen. Nur langsam verpuffte sie im kalten All.

»Statusbericht«, fragte der Admiral. »Haben wir sie erwischt? «

Der Ortungs-Offizier nickte.
»Alle 60.000 Schiffe ihrer Schutz-Flotte sind verschwunden«, jubelte er. »Wir orten nur noch ein gewaltiges Trümmerfeld. Die Nachschub-Basis existiert nur noch in Teilbereichen und ist schwer beschädigt. Ihr zentrales Steuerdeck wurde vollständig zerstört. «

»Gute Arbeit«, dankte der Admiral seiner Crew. »Wann greift unsere Flotte an? «

»In wenigen Minuten«, antwortete der Funk-Offizier. »Sie wurde über den erfolgreichen Einsatz unserer Roboter-Schiffe informiert. «

»Unsere Flotte ist auf 1.057 Schiffe geschrumpft«, meldete der 1. Offizier. »Zweidrittel unserer Flotte wurde vernichtet. Die Zahl nimmt weiter ab. Wir sollten abbrechen und in unser Imperium zurückfliegen? «

»Wir warten noch den Anflug der 128 Schiffe ab«, befahl der Admiral. »Vielleicht können wir dem Regenten die komplette Zerstörung der Nachschub-Basis melden. «

»Die Schiffe materialisieren in wenigen Sekunden«, meldete der Ortungs-Offizier. »Ich stelle eine massive Flottenpräsenz, unterhalb des zerstörten Bahnhofes fest. Die Humanoiden haben ihre Schiffe dorthin umgelenkt. «

»Warnt unsere Schiffe«, tobte der Admiral. »Sie sollen nicht angreifen. «

»Zu spät«, erklärte der 1. Offizier. »Sie treffen gerade ein.«

Das Flaggschiff des Admirals musste mit ansehen, wie die ausgesandte Flotte in eine Falle flog. Die 128 Schiffe wurden von einer redartanischen Flotte von 25.000 Schiffen erwartet. Ihr Dauerfeuer auf die Schiffe der Adramelech beendete ihre Existenz in Sekunden. Wie ein kleines Feuerwerk flammten 128 Kunstsonnen auf dem großen Bildschirm des Flaggschiffes auf.

Minutenlang sprach keiner der Crew ein Wort.
»Ihr Befehl«, fragte der 1. Offizier. »Ich brauche ihren Befehl.«

Wie verschleiert, blickte Admiral Gordra'Wetun ihn an. In diesem Moment war er unfähig Worte zu formulieren.

»Rückzug«, befahl der 1. Offizier. »Hier ist nichts mehr zu gewinnen. Geben sie den Befehl an alle Schiffe weiter. Sofort alle Kampfhandlungen einstellen und in den äußeren Sektor dieses Gebietes springen. Von dort aus öffnen wir die Wurmloch-Verbindungen zu unserem Heimat-System. Der Regent will sicherlich über unsere Mission informiert werden.«

Die Befehle wurden durchgegeben.

»Eingehender Hyperkomm-Funkspruch der Humanoiden«, teilte der Funk-Offizier mit.

»Legen sie auf die Lautsprecher«, antwortete der 1. Offizier.

Der Admiral stierte immer noch vor sich hin.

»Hier spricht Adra'Metun«, tönte es aus den Lautsprechern. »Mein Mentor war Adra'Sussor. Ich genieße die Gastfreundschaft dieser Wesen. Sie haben mich vor dem Tod gerettet, dem ihr mich übereignet hattet. Ich darf euch eine Mitteilung überbringen. Sie lassen euch Folgendes wissen. Wir kennen die Koordinaten eures Heimat-Systems. Dieser Angriff wird nicht unbeantwortet bleiben. Wir werden nicht eher ruhen, bis der Regent des Imperiums der Adramelech und seine Handlanger, die Oberste Vollkommenheit, unserer Gerichtsbarkeit unterstellt wird. Wir haben es bereits einmal geschafft, eure gezüchteten Rassen zu vernichten und von den Raumkarten zu tilgen. Die Rigo- Sauroiden wurden ausgelöscht.

Unsere Vorfahren waren die Natrader. Aus ihrer Stärke sind wir hervorgegangen und haben uns weiterentwickelt. Endlich wissen wir, wer für den Untergang unserer ersten Heimatwelt verantwortlich ist.

Das allein gibt uns den Grund, euer unwichtiges Imperium zu zerschlagen und eure Führung zur Verantwortung zu ziehen. Wir sorgen dafür, dass in dem Territorium der Adramelech ein neues Zeitalter anbricht. Informiert alle Jüngeren eures Volkes. Die Zeit der Erneuerung ist angebrochen. Erhebt euch, verhindert den Untergang eures Volkes. Entledigt euch des Regenten und der Obersten Vollkommenheit.«

Die Mitteilung brach ab.
»Sie drohen uns und beleidigen den Regenten und unsere Oberste Vollkommenheit«, bemerkte der 1. Offizier. »Wir haben einen neuen Feind erweckt, den wir nicht schlagen konnten. Jetzt kommt es darauf an, wie schnell sie ihre Ressourcen erneuern können.«

Er blickte seine Crew an, die mitgehört hatte. Entsetzen stand in ihren Gesichtern. Er drehte seinen Kopf dem Admiral zu, der immer noch elendig in seinem Kommando-Stuhl saß.

Der 1. Offizier spuckte angewidert auf den Boden.

»Bringt ihn in die Kranken-Station«, sagte Vizeadmiral Hodrun'Tarun. »Admiral Gordra'Wetun ist nicht mehr Herr seiner Sinne. Wir müssen unseren Regenten informieren.«

Die verbliebenen Schiffe beschleunigten und sprangen in den Hyperraum. Zurück blieb eine stark geschundene Flotte der Redartaner.

Flotte der Redartaner

Admiral Tarn-Lim erkannte, wie 128 Schiffe der Fremden unterhalb des Wurmloch-Bahnhofes materialisierten. Die umgruppierten Schiffe der Schutz-Flotte hatten sie erwartet. In ihrer Wut, veranstalteten sie ein Dauerfeuer auf die Schiffe der Adramelech. Mehrfach schlugen die Salven der Planeten-Burst-Geschütze in die materialisierten Schiffe ein. Eine Gegenwehr kam nicht mehr zu Stande. Der Reihe nach explodierten die Schiffe der Feinde in lodernden Kunstsonnen.

Admiral Tarn-Lim nickte zustimmend.
»Damit hatten sie nicht gerechnet«, bemerkte er. »Doch trotz aller kleinen Erfolge, hat uns der Angriff der Fremdem die Hälfte unserer Schiffe gekostet. «

»Unser Heimat-Planet ist verschont geblieben«, bemerkte Commodore Run-Lac. »Der Kaiser und die Regierung sind mit einem blauen Auge davongekommen.«

»Dieses Mal noch«, erwiderte Admiral Tarn-Lim. »Die Adramelech kennen jetzt unsere Leistungsfähigkeit. Sie werden nicht noch einmal den Fehler begehen, nur mit einer kleinen Flotte in unser System zu fliegen. Wir müssen ihnen zuvorkommen. Der kaiserliche Stab sollte unverzüglich eine Strategie ausarbeiten.«

Der Gefangene wurde auf die Brücke gebracht. Zwei Elitesoldaten führten ihn zu Admiral Tarn-Lim.

»Wir haben die Flotte ihres Regenten unter schweren Verlusten zurückgeschlagen«, teilte der Admiral mit. »Sind sie bereit eine Nachricht zu übermitteln?«

Der Gefangene nickte.
»Meinen Respekt«, sagte er. »Das ist noch keiner Rasse gelungen. Der Regent und die Oberste Vollkommenheit werden außer sich sein.«

»Das wollen wir noch etwas vertiefen«, antwortete der Admiral. »Wir brauchen Zeit, um unsere Ressourcen aufzufüllen. Teilen sie ihnen mit, dass wir wissen, wo sich ihr Heimat-System befindet. Sie sollen erstmals Angst verspüren, dass wir bereit sind, ihr Heimat-System anzugreifen. Informieren wir sie, mit welcher Species sie sich angelegt haben.«

»Wir orten den Anstieg ihrer Energieproduktion«, sagte der Ortungs-Offizier. »Die verbliebene Flotte umfasst noch 877 Schiffe. Sie werden in den Hyperraum springen.«

»Stellen sie eine Hyperkomm-Funkverbindung zu der Flotte der Fremden her«, befahl er dem Funk-Offizier. »Wir wollen ihnen noch etwas mit auf den Weg geben. «

»Die Verbindung baut sich auf«, antwortete Lord Myron-Bardyck. »Sie können sprechen. «

Der Admiral gab den Communicator an Adra'Metun weiter.
»Improvisieren sie«, sagte er. »Bringen sie ihnen das Fürchten bei. «

Der Adramelech ergriff den Communicator.
»Hier spricht Adra'Metun«, sprach er in das Gerät »Mein Mentor war Adra'Sussor. Ich genieße die Gastfreundschaft dieser Wesen. Sie haben mich vor dem Tod gerettet, dem ihr mich übereignet hattet. Ich darf euch eine Mitteilung überbringen. Sie lassen euch Folgendes wissen. Wir kennen die Koordinaten eures Heimat-Systems. Dieser Angriff wird nicht unbeantwortet bleiben. Wir werden nicht eher ruhen, bis der Regent des Imperiums der Adramelech und seine Handlanger, die

Oberste Vollkommenheit, unserer Gerichtsbarkeit unterstellt wird. Wir haben es bereits einmal geschafft, eure gezüchteten Rassen zu vernichten und von den Raumkarten zu tilgen. Die Rigo-Sauroiden wurden ausgelöscht. Unsere Vorfahren waren die Natrader.

Aus ihrer Stärke sind wir hervorgegangen und haben uns weiterentwickelt. Endlich wissen wir, wer für den Untergang unserer ersten Heimatwelt verantwortlich war. Das allein gibt uns den Grund, euer unwichtiges Imperium zu zerschlagen und eure Führung zur Verantwortung zu ziehen. Wir sorgen dafür, dass in dem Territorium der Adramelech ein neues Zeitalter anbricht. Informiert alle Jüngeren des Volkes. Die Zeit der Erneuerung ist angebrochen. Erhebt euch, verhindert den Untergang eures Volkes. Entledigt euch des Regenten und der Obersten Vollkommenheit.«

»Die Schiffe beschleunigen und springen in den Hyperraum«, meldete der Ortungs-Offizier. »Bekommen wir Impulse von den Spionage-Sonden?«, fragte er.

»Ein Teil der Sonden ist durchgekommen«, antwortete Lord Lirn-Ryon. »Sie konnten sich an den Schiffswänden ihre Flotte verankern.«

»Ausgezeichnet«, lächelte der Admiral. »Dann wird das Heimat-System der Adramelech bald kein Geheimnis mehr sein. «

Der Admiral drehte sich dem Gefangenen zu.
»Danke für ihre Unterstützung«, sagte er. »Ich hätte es nicht besser formulieren können. Wenn der Drang bei den Jüngeren ihres Volkes ausgeprägt ist, dann werden ihre Worte den Ruf nach Freiheit noch unterstützen. Hoffen wir einmal, dass sich bereits genügend Freiheitskämpfer im Untergrund befinden. «

Er winkte den Elite-Soldaten zu.
»Bringen sie Adra'Metun wieder in sein Quartier«, befahl er. »Wir fliegen zurück und informieren den Kaiser. «

Die Soldaten salutierten und führten den Gefangenen von der Brücke des Schiffes.

Admiral Tarn-Lim ließ sich in seinen Kommando-Sessel fallen.

»Stellen sie mir eine Verbindung zu Commander Sirn-Dork her«, sagte er.

»Die Verbindung wird hergestellt«, meldete der Funk-Offizier. »Man kann sie empfangen. «

»Hier spricht Admiral Tarn-Lim«, meldete er sich. »Ich rufe Commander Sirn-Dork. «

Ein lautes Knistern uns Zischen drang über die Lautsprecher auf die Brücke des Flaggschiffes. Zwischendurch konnten Entladungen von Energie-Verbindungen gehört werden.

»Hier spricht Commander Farn-Ikyrn«, meldete sich ein Offizier. »Ich bin der Stellvertreter des Commanders. Leider ist Sirn-Dork gefallen. Die ganze Brücke des Wurmloch-Bahnhofes wurde zerstört. Er und seine Offiziere sind alle tot. «

Admiral Tarn-Lim atmete tief durch. Er kannte den verstorbenen Commander sehr gut. Seine Hand ballte sich zu Faust.

»Das tut mir leid, Commander«, antwortete er. »Sirn-Dork war ein guter Mann. Wie ist der Status der Anlage?«

»Totalausfall«, antwortete der Commander. » Nach ersten Analysen ist lediglich ein Wurmloch-Ausgang noch intakt. Die Anlage muss mühsam wieder rekonstruiert werden. Vermutlich wird das einige Monate dauern. «

»Wir haben keine Monate«, antwortete der Admiral. »Fordern sie alles an, was ihnen die Arbeitsdauer verkürzt. Wir müssen auf diesen Anschlag unverzüglich antworten. Leiten sie alle einfliegenden Flotten-Verbände durch den noch intakten Ausgang.«

Der Admiral unterbrach die Verbindung.
Der 1. Offizier stand neben ihm.

»Befehlen sie den Einsatz für die Räumungs-Flotten«, sagte er. »Scannen sie nach Überlebenden. Wir werden den Raum säubern und uns auf den nächsten Angriff der Adramelech vorbereiten. In unserer Leitstelle werten wir alle Daten aus. Die fremden Schiffe sind nicht unzerstörbar. Sie haben sogar viele Schwachstellen.«

Er blickte auf den großen Bildschirm des Schiffes und erkannte, wie die verbliebenen Schiffe wieder zu ihren Einheiten flogen.

»Lord Myron-Bardyck«, befahl er. »Befehlen sie alle beschädigten Schiffe zur Reparatur in die Werften. Alle intakten Schiffe verteilen sich im System und sichern kritische Punkte ab.«

»Ihre Befehle wurden übermittelt«, antwortete der Funk-Offizier.

»Steuermann, fliegen sie uns zurück nach Redartan«, ergänzte der Admiral. »Diese Schlacht ist beendet.«

Der Offizier bestätigte und beschleunigte das Schiff.

Imperium der Adramelech

Die Angriffs-Flotte war wieder in ihrem Heimat-System gelandet. Schnell hatte sich herumgesprochen, dass die Mission ein Fehlschlag war. Auch der Verlust zahlreicher Schiffe wurde zur Kenntnis genommen. Obwohl dem Personal der restlichen Schiffe Stillschweigen verordnet wurde, sickerten bereits erste Informationen über den Misserfolg durch. Die Untergrundbewegung der jungen Adramelech fühlte sich bestätigt und rief zu Protesten auf. Sobald sich jedoch Demonstrationen in der Regierungsstadt bildeten, wurden sie von Elite-Soldaten der Obersten Vollkommenheit unnachsichtig und blutig aufgelöst.

Führende Offiziere des Flotten-Kommandos von Admiral Gordra'Wetun waren vor den Rat der Obersten Vollkommenheit zitiert worden. Auch der Regent ließ es sich nicht nehmen, der Anhörung beizuwohnen. Admiral Gordra'Wetun war nicht zugegen. Er war direkt nach der Landung durch ein Spezial- Kommando des Regenten seines Amtes enthoben und abgeführt worden. Niemand der anwesenden Offiziere wusste, wo er sich aufhielt und ob er noch am Leben war.

Der Sprecher der Obersten Vollkommenheit erhob sich. »Ich begrüße die anwesenden Offiziere«, sprach er in den Saal. »Wir haben uns hier versammelt, um ....«

Der Regent, verhüllt in einer schwarzen Kutte, war aufgesprungen. Die übergestülpte Kapuze warf einen Schatten auf sein Gesicht.

»Die Begrüßung können wir uns sparen«, tobte er mit tiefer Stimme. »Ich glaube wir wissen alle, warum die Offiziere des Flotten-Kommandos zu uns gerufen wurden.«

Die Offiziere senkten betreten ihre Köpfe.
»Es ist eine lange Zeit her, als wir das letzte Mal diese Schmach erdulden mussten«, sagte der Regent. »Eine humanoide Rasse, die es nach den Angaben unserer Such-Flotten in unserem bekannten Universum nicht mehr geben sollte, hat ihre Messer in den Rücken unserer Flotte zu gestoßen. Meine hochdekorierten Offiziere haben es geschehen lassen, ohne sinnvolle Gegenmaßnahmen zu ergreifen.«

Commodore Dotryn'Rasun sprang auf.

»Eure Exzellenz«, sagte er. »Die Schuld trägt einzig und allein Admiral Gordra'Wetun. Er hat die Lage falsch beurteilt. Wir Offiziere haben lediglich seinen Befehl ausgeführt. Uns trifft keine Schuld.«

Commodore Lytryn'Qatun erhob sich und spuckte auf den Boden.

»Elender, dreckiger Abschaum«, sagte er. »Mit solchen Offizieren, wie Commodore Dotryn'Rasun, lassen sich keine Schlachten gewinnen. Verehrte Eminenz, fragen sie doch einmal, warum der Commodore kaum Verluste unter seinen Schiffen zu beklagen hat? Er wird ihnen sicherlich eine passende Antwort geben.«

Der Sprecher der Obersten Vollkommenheit blickte Commodore Dotryn'Rasu an.

»Was sagen sie zu den Anschuldigungen?«, entgegnete er. »Können sie die Vorwürfe von Commodore Lytryn'Qatun widerlegen?«

»Es gibt nichts zu widerlegen«, antwortete der Commodore unsicher. »Wir waren für die Sicherung der Rückseite unserer Flotte zuständig. Meine Schiffe haben die anfliegenden Schiffe abgefangen, die unsere Flotten unterfliegen wollten. Einen direkten Angriffsbefehl haben wir von Admiral Gordra'Wetun nie erhalten.«

»Selbst dann nicht, als die restlichen Kampf-Verbände in arge Bedrängnis gerieten?«, fragte der Sprecher der Obersten Vollkommenheit.

»Nein, selbst dann hat er uns den Befehl nicht übermittelt«, entgegnete Dotryn'Rasu.

Die Geräuschkulisse nahm zu. Scheinbar waren viele Offiziere mit der Antwort des Commodore nicht einverstanden.

»Ihnen ist nicht in den Sinn gekommen, ihren befehlshabenden Admiral freiwillig zu unterstützen?«, fragte der Sprecher der Obersten Vollkommenheit.

Commodore Dotryn'Rasu hob seine Hände in die Luft. »Wir richten uns nach den Befehlen«, antwortete er. »So wie es von der Obersten Vollkommenheit vorgeschrieben wurde.«

Der Sprecher der Obersten Vollkommenheit schüttelte seinen Kopf.

»So etwas ist dem Rat unverständlich«, erwiderte er. »Nach meinem Wissen, existiert kein vergleichbarer Fall in unseren Datenarchiven. Ich übergebe sie an unseren Regenten. Er wird weitere erzieherische Maßnahmen an ihnen durchführen.«

»Gnade«, winselte Commodore Dotryn'Rasu. »Wir haben nur unseren Befehl erfüllt.«

»Ruhe«, befahl der Regent. »Ihre Unfähigkeit hat mit zu dem Verlust großer Teile unserer Flotte geführt. Es ist uns allen nicht erklärlich, wie der Admiral sie zu einem führenden Stabs-Offizier ernennen konnte.«

Er drehte seinen Kopf und winkte Elite-Soldaten seiner Garde herbei.

»Tretet vor, Commodore Dotryn'Rasu«, sagte der Regent leise mit tiefer Stimme. »Nehmt euer Urteil entgegen.«

Er ließ eine kurze Pause vergehen.
»Commodore Dotryn'Rasu«, ergänzte er. »Ihnen wurde Feigheit vor dem Feind nachgewiesen. Sie tragen eine Mitschuld an der Schande, die über unsere Flotte und über unser Volk gekommen ist. Auf vielen bewohnten Planeten unseres Imperiums lacht man über uns. Dieses ist in keiner Weise hinnehmbar. Wir werden ihre

Unfähigkeit mit dem Tode bestrafen. Ihre Exekution wird vor den Augen ihrer Offiziere erfolgen. Die Oberste Vollkommenheit wird ihre Biodaten aus dem zentralen Archiv des Auferstehungs-Zentrums für immer entfernen. Niemals mehr werden Nachkommen ihrer Blutlinie für das Imperium der Adramelech Verantwortung übernehmen. Sämtliche Niederschriften und Hinweise auf ihre Person gelöscht. «

Er blickte die beiden Elite-Soldaten an.
»Führen sie die Exekution aus«, befahl der Regent.

Die Soldaten hoben ihre Laser-Strahler und drückten gleichzeitig ab. Der Körper des Commodore wurde getroffen und nach hinten geschleudert. Die Strahlen fraßen sich lodernd über den ganzen Körper weiter und hinterließen einen kleinen Berg Asche.

Grinsend ließ der Regent sich wieder in seinen Thronsessel fallen.

Er blickte den Sprecher der Obersten Vollkommenheit an.

»Fahren sie mit der Befragung fort«, sagte er leise. »Vielleicht finden wir noch weitere Schuldige, an denen wir ein Exempel statuieren können. «

Der Sprecher des Rates nickte zustimmend. »Vizeadmiral Hodrun'Tarun«, sagte er. »Treten sie vor und schildern sie uns ihre Eindrücke.«

Der Angesprochene trat vor und verbeugte sich tief. Einige Sekunden später richtete er sich auf.

»Eure Eminenz, Hoher Rat, ich danke ihnen für die Redezeit«, sagte er höflich

Sein Gesicht verdunkelte sich. Er wusste, dass er höllisch aufpassen musste, nicht die Schuld für den fehlgeschlagenen Einsatz aufgebürdet zu bekommen.

»Hier wird eindeutig ein Schuldiger gesucht«, dachte er. »Es kann nicht sein, dass die Unfähigkeit unserer Führung auf das Flotten-Kommando abgewälzt wird. Der Rat der Obersten Vollkommenheit wird von dem Regenten kontrolliert. Sie ist nicht mehr frei in ihren Entscheidungen.«

Der Regent bemerkte das Zögern des Vizeadmirals. »Sprechen sie endlich«, forderte er ihn auf. »Sie sind doch der direkte Stellvertreter von Admiral Gordra'Wetun. Ihnen müsste doch seine fehlgeleitete Strategie aufgefallen sein?«

»Das will ich gerne machen«, antwortete der Vizeadmiral.

Er zeigte auf die vielen Offiziere, die sich in dem Anhörungssaal versammelt hatten.

»Schauen sie sich um«, sagte Vizeadmiral Hodrun'Tarun. »Hier stehen ihre restlichen Offiziere, die mit Admiral Gordra'Wetun in die Hölle geflogen sind. Sie haben sich nicht beschwert, sondern haben das Los auf sich genommen, für das Imperium der Adramelech, für den Regenten und für unsere Oberste Vollkommenheit. Sie wollten ihren Befehl ausführen und einen weiteren Sieg vor ihren Füßen ablegen. Diese tapferen Personen sollten sie ehren, anstatt sie an den Pranger zu stellen.«

Vizeadmiral Hodrun'Tarun bemerkte, wie sich die Gesichter der Obersten Vollkommenheit und des Regenten verdunkelten.

»Wir standen schon einmal hier«, ergänzte er. »Admiral Gordra'Wetun informierte sie darüber, dass unser Geheimdienst zu wenig Informationen über das Imperium der Humanoiden vorlegen konnte. Sie lachten ihn aus und teilten ihm mit, dass die Flotte der Adramelech unschlagbar wäre. Admiral Gordra'Wetun bat sie um mehr Zeit. Er beabsichtigte eine größere Flotte zusammenzuziehen. Doch sie untersagten ihm diesen

Wunsch. Aus diesem Grunde mussten wir mit 3.000 Schiffen aufbrechen, um eine von ihnen bezeichnete, minderwertige Rasse von Humanoiden auszulöschen. Ich hoffe sehr, dass sie sich noch an ihre Worte erinnern werden.«

Der Regent war aufgesprungen. Er stampfte mit seinem langen Zepter mehrmals auf den Boden.

»Lasst ihn zu Ende sprechen«, forderten zahlreiche Offiziere. »Er spricht die Wahrheit. Wir waren ebenfalls anwesend.«

Der Regent blickte den Sprecher der Obersten Vollkommenheit an. Dieser hob seine Schultern.

»Sprechen sie weiter«, antwortete dieser. »Unsere Eminenz hört ihnen zu. «

Der Regent zog seine Kapuze tiefer in sein Gesicht. Starr blickte er Vizeadmiral Hodrun'Tarun an. Es schien allen Anwesenden klar zu sein, dass seine Worte ihm nicht gefielen.

»Wir alle sind Offiziere des Flotten-Kommandos und führen Befehle aus«, ergänzte der Vizeadmiral. »Uns blieb also nichts anderes übrig, als ihre Befehle zu akzeptieren.

Admiral Gordra'Wetun musste Hinweise auf die Humanoiden finden. Aus diesem Grunde befahl er seiner Flotte an die Koordinaten zu springen, an denen der Mentor Adra'Sussor 120 Schiffe der Humanoiden vernichten konnte. Wir teilten unsere Flotte in Verbände zu je 300 Schiffe auf. Dann öffneten wir 30 Wurmloch-Verbindungen zu diesen Koordinaten und flogen hinein.«

Der Vizeadmiral ließ seine Worte kurz wirken.
»Am Austrittspunkt wurden wir bereits von einer Patrouillen-Flotte der Humanoiden erwartet«, erklärte er wahrheitsgetreu. »Noch vor dem vollständigen Austritt unserer Schiffe in den Normalraum, wurden 70 unserer als unschlagbar geltenden Kriegsschiffe zerstört. Als wir langsam Gegenwehr aufbauen konnten, brachen die gegnerischen Einheiten ihren Angriff ab und verschwanden im Hyperraum. Geistesgegenwärtig befahl uns Admiral Gordra'Wetun die Wellen der Hyperraumsprünge der Schiffe an unseren Ortungs-Instrumenten zu verfolgen. So konnten wir das Heimat-System der Fremden finden. Die Koordinaten liegen uns jetzt vor. Wir sammelten uns und überlegten uns eine Strategie. Admiral Gordra'Wetun war sich sicher, dass wir auch in dem Heimat-System der Humanoiden erwartet würden.

Er befahl, die Flotte weiter aufzuteilen. Entgegen der Öffnung von 30 Wurmlöchern, wie vermutlich von den Humanoiden erwartet wurde, empfahl er uns Schiffsgruppen von zehn Zerstörern zu bilden. Sein Plan war es, mit 293 Wurmloch-Öffnungen in das System der Humanoiden einzufallen. Er war sich sicher, dass die Humanoiden hiermit nicht rechnen würden.«

Applaus der Zuhörer wurde hörbar. Die Lautstärke nahm deutlich zu. Der Sprecher der Obersten Vollkommenheit hob seine Hand.

»Das war ein exzellenter Plan«, bestätigte er. »Sprechen sie bitte weiter.«

Vizeadmiral Hodrun'Tarun verbeugte sich kurz. »Admiral Gordra'Wetun verfeinert diesen Plan noch«, erklärte er. »Er befahl uns, einige Klicks außerhalb des fremden Systems 30 Wurmlöcher zu öffnen. Diese sollten die starken Flotten-Verbände der Humanoiden aus ihrem System ziehen. Alle Offiziere unserer Flotte hielten den Vorschlag für genial. Wir öffneten also 30 Wurmlöcher außerhalb ihres Systems und hielten sie für zehn Minuten offen. Dann schickten wir Gravitations-Bomben durch. Den Humanoiden sollte Zeit gegeben werden, ihre Flotten-Verbände zu verlagern.«

Er holte kurz Luft, bevor er weitersprach.
»Dann schalteten wir die 30 Wurmloch-Verbindungen wieder ab und aktivierten die bereits programmierten 293 Wurmloch-Tunnel in das innere System der Humanoiden. Unsere Schiffe flogen in die Wurmloch-Verbindungen. Auf der anderen Seite brach das Chaos aus. Wir wurden von einem massiven Flottenaufkommen überrascht. Unsere Zählung ergab, dass exakt 280.000 unterschiedliche Kampf-Schiffe auf uns warteten.«

Der Regent war aufgesprungen.
»Das ist nicht möglich«, fluchte er. »Keine humanoide Rasse kann so viele Schiffe unterhalten. Sie legen uns absichtlich falsche Fakten vor.«

Vizeadmiral Hodrun'Tarun wurde sichtbar ärgerlich.
»Welchen Grund hätte ich zu lügen?«, schimpfte er. » Sie können jeden unserer Offiziere fragen. Die Ortungsdaten liegen auf allen Schiffen vor. Die Daten wurden sicherlich bereits ihrem Stab übermittelt. Ich verbitte mir ihre Unterstellungen. Suchen sie die Schuld bei sich selbst und der Obersten Vollkommenheit. Es war unverantwortlich von ihnen unsere Flotte mit unzureichenden Informationen in den Untergang zu schicken.«

Der Regent winkte seine Elite-Soldaten zu sich. Fünf gepanzerte Soldaten eilten heran und zogen ihre Energie-Strahler.

In diesem Moment traten 30 Stabs-Offiziere von Admiral Gordra'Wetun an die Seite von Vizeadmiral Hodrun'Tarun. Auch sie hatten ihre Waffen gezogen und auf den Regenten und seine Soldaten gerichtet. «

»Ich würde mir ihre weitere Vorgehensweise überlegen«, antwortete der Vizeadmiral. »Wenn sie ihre eigenen Fehler nicht eingestehen können, dann sind sie unfähig eine Regentschaft über das Volk der Adramelech zu führen. Wir sind es leid, für alles die Schuld aufgebürdet zu bekommen. «

Der Rat der Obersten Vollkommenheit war aufgesprungen und hob beschwichtigend seine Hände.

»Wir geben den Offizieren der Flotte Recht«, bemerkte ihr Sprecher. »Der Fehler liegt eindeutig bei dem Geheimdienst des Regenten. Die Schuldigen werden zur Rechenschaft gezogen. «

Der Regent erkannte, dass er in dieser Situation eine Niederlage erlitten hatte. Wollte er seine Macht nicht verlieren, musste er einlenken.

Er schickte seine Elite-Soldaten fort.
»Es scheint so, dass ich den Geheimdienst neu organisieren muss«, antwortete er leise. »Ich bitte die Offiziere der Flotte um Vergebung. Mein Hass auf die Humanoiden und unser Verlust von so vielen Schiffen hat mein Denken beeinflusst.«

Vizeadmiral Hodrun'Tarun blickte ihn kritisch an. »Wenn die Getreuen das Vertrauen der Führung nicht mehr haben, dann werden sie auch nicht mehr für diese in den Tod gehen«, bemerkte er. »Überlegen sie sich ihren Umgangston zu uns. Wir sind Adramelech und nicht ein von ihnen gejagtes minderwertiges Volk.«

»Es reicht«, sagte der Sprecher der Obersten Vollkommenheit. »Sie seid nicht der Regent. Ihnen gebührt es nicht, uns Befehle zu geben. Beruhigen wir uns alle wieder und kommen wir zu der Anhörung zurück.«

Der Regent setzte sich in seinen Thronsessel und machte mit seiner Hand eine vergebende Geste.

»Sprechen sie weiter, Vizeadmiral Hodrun'Tarun«, sagte der Sprecher der Obersten Vollkommenheit. »Wir sind gespannt auf weitere Einzelheiten.«

»Wie ich bereits mitteilte, wurden wir von einer Flotte von 280.000 Schiffen erwartet«, ergänzte der Vizeadmiral. »Wir verteilten uns in viele Richtungen und nahmen den Kampf auf. Einige Geschwader gelang es, ihre blaue Energie-Wolke aufzubauen und gegnerische Verbände zu vernichten. Doch dann wurden wir von Schiffen mit einer Länge von 5.000 Metern attackiert. Diese verfügten über gewaltige Frontgeschütze, die unsere Kreuzer bereits im Anflug auf ihre Flotte vernichten konnte.

»Das ist nicht möglich? «, sagte der Regent. » Die Humanoiden können solche Schiffe nicht konstruieren. «

»Mäßigen sie sich«, schellte ihn der Rats-Sprecher. »Wollen sie die Situation tatsächlich eskalieren lassen? Warum sollten unsere Offiziere lügen? «

Vizeadmiral Hodrun'Tarun schüttelte seinen Kopf. »Sehen sie sich die Aufzeichnungen an«, erwiderte er an die Adresse des Regenten. »Dann können sie sich eine eigene Meinung bilden. Dort sehen sie auch den aussichtslosen Kampf unserer Flotte. «

Genervt atmete der Vizeadmiral tief aus.
»Ich hoffe inständig, dass ich meine Ausführungen beenden darf«, erklärte er.

Der Regent nickte kurz.

»Jedenfalls orteten wir in dem System ein monströses Gebilde«, erklärte Hodrun'Tarun. »Die Humanoiden hatten eine Art Wurmloch-Nachschubbasis erbaut. Die Position dieser gigantischen Basis befand sich zwischen dem 3. und dem 4. Planeten ihres Systems. Admiral Gordra'Wetun erkannte sofort, dass über diese Basis der Nachschub in ihr System erfolgen musste. Die Anlage besaß acht Wurmloch-Transmitter. Scheinbar konnte sie mehrfach betrieben werden. Mit Schrecken stellten wir fest, dass diese Basis von 8 großen Flotten-Kampf-Stationen gesichert wurde.

Die Raumschiffs-Docks waren zwar leer, doch die Stationen verfügten über weitere fest installierte Abwehr-Anlagen. Admiral Gordra'Wetun erkannte, dass die Stationen unterseitig nur gering geschützt waren. Wir entwickelten einen Plan. In dem Durcheinander der massiven Raumschlacht, befahlen wir 128 Schiffen die Unterseite der Stationen anzufliegen. Nach der Materialisierung teilte sich unsere kleine Flotte in 8 Gruppen, zu je 15 Schiffen auf. Das leichte Abwehrfeuer der unteren Geschütztürme der Stationen absorbierten die Schutzschirme unserer Schiffe problemlos. Die redartanischen Blockade- Verbände waren zu weit entfernt, um eingreifen zu können.

Wir brachten unsere Schiffe in Position. Nur Sekunden später öffneten sie ihre Ausdehnungsfelder. Die blaue Energie verdichtete sich zu einer großen Wolke, blähte sich sekundenschnell auf und hüllte die Kampfstationen ein. An jeder Station war das gleiche Szenario festzustellen. Die Schutzschirme fingen an zu flackern und brachen zusammen. Die Energien versagten. In den Stationen wurde es dunkel. Erste kleine Explosionen rissen die Außenhaut der Stationen auf. Aufbauten wurden abgesprengt. Unsere Schiffe unterstützten den Prozess mit ihren Laser-Geschütztürme. Die blauen Energie-Wolken breiteten sich immer weiter aus und verdichteten sich. Dann brachten sich unsere Schiffe mit einem Hypersprung in Sicherheit. Große Teile der Außenwände der Stationen wurden abgesprengt.

Auf unseren Bildschirmen verfolgten wir, wie gewaltige Explosionen aus dem Bereich des Maschinenraumes tiefe Krater in die Außenhüllen der Stationen rissen. Die Zerstörungskraft unserer blauen Energie-Wolken konnte nicht mehr aufgehalten werden. Immer mehr Explosionen tobten im Inneren der Stationen. Der Glutbrand fraß sich von Deck zu Deck weiter. Dann explodierten die Stationen der Reihe nach und sprengten ihre zerrissenen Metallteile in den kalten Weltraum.«

»Perfekt«, antwortete der Regent. »Das wollte ich hören. Ein großer Sieg für unsere Flotte und das Volk der Adramelech. Ihre Mission wird in die Geschichtsbücher unseres Volkes eingetragen werden.«

»Meine Erläuterungen sind noch nicht beendet«, unterbrach Vizeadmiral Hodrun'Tarun den Regenten. »Mit der Zerstörung der Kampf-Stationen hatten wir einen Teilsieg errungen. Der Weg zu der monströsen Wurmloch-Bachschub-Basis war offen. Admiral Gordra'Wetun erkannte, dass die Unterseite des Gebildes von 60.000 Schiffen der Humanoiden abgesichert wurde. Sie hatten starke Flotten-Verbände zusammengezogen, die dicht an dicht standen. Jede Lücke zu der Versorgungs-Station, wurde von ihren Schiffen geschlossen. Admiral Gordra'Wetun teilte uns seinen Plan mit. Räumen sie den Weg frei, befahl der Admiral. Unsere Schiffe sollten 200 ihrer 300-Meter- Angriffs-Jets ausschleusen.

Diese bestückten wir komplett mit Antimaterie. Als Besatzungen setzten wir ausschließlich Robot-Personal ein. Die Schiffe programmierten wir so, dass sie per Hypersprung unterhalb des Bahnhofes, inmitten der Blockade- Geschwader materialisieren würden. Mit dem

Wiedereintritt der Schiffe sollte die Selbstzerstörung unserer Jets ausgelöst werden. Admiral Gordra'Wetun hoffte, dass unsere 200 Jets die humanoide Flotte zerstören und die Wurmloch-Nachschub-Basis massiv beschädigen würde. Im Anschluss sollte unser erfolgreiches Geschwader mit seinen 128 Schiffen angreifen, ihre blauen Energien entfesseln und der Station den Rest geben. «

»Ein guter Plan«, bemerkte der Regent. »Ich habe Admiral Gordra'Wetun Unrecht getan. Er war ein ausgezeichneter Befehlshaber. Ihm ist es zu verdanken, dass wir aus einer unterlegenen Position heraus, den Feind empfindlich schwächen konnten. «

»Darf ich weitersprechen? «, fragte Vizeadmiral Hodrun'Tarun ärgerlich.

»Ich bitte darum«, antwortete der Regent. »Verzeihen sie meine Zwischenbemerkung. «

»Der Plan wurde von uns in die Tat umgesetzt«, fuhr der Vizeadmiral fort. »Unsere 200 Robot-Schiffe materialisieren unterhalb des Wurmloch-Bahnhofes der Humanoiden, inmitten ihrer Verteidigungs-Flotte. Sofort nach der Materialisierung wurde die Selbstzerstörung aktiviert. Die Antimaterie entzündete sich. Sekunden später füllte eine gewaltige Explosion die Bildschirme unserer Schiffe aus. Details konnten nicht mehr erkannt werden. Die grelle Explosion schien zu einer gigantischen Sonne anzuwachsen. Nur langsam verpuffte sie im kalten All. Als sich das grelle Licht gelegt hatte, erkannten wir, dass alle 60.000 Schiffe der humanoiden Schutz-Flotte verschwunden waren. Ein gewaltiges Trümmerfeld war zu orten.

Die Nachschub-Basis existierte nur noch in Teilbereichen. Die gewaltige Explosion hat sie schwer beschädigt. Ihr zentrales Kommando-Deck wurde vollständig zerstört. Zwischenzeitlich war unsere Flotte auf 1.057 Schiffe geschrumpft. Das massive Vorrücken der schweren Einheiten der Humanoiden zeigte Erfolg. Zweidrittel unserer Schiffe waren vernichtet. Die Zahl nahm ständig weiter ab. Wir überlegten abzubrechen und in unser Imperium zurückzufliegen. Admiral Gordra'Wetun bestand darauf, noch den Anflug der 128 Angriffs-Schiffe auf die Station abzuwarten. Er wollte ihnen die komplette Zerstörung der Nachschub-Basis melden.«

Vizeadmiral Hodrun'Tarun ließ seine Worte bei den Zuhörern wirken. Dann fuhr er fort.

»Plötzlich orteten wir eine massive Flottenpräsenz, unterhalb des zerstörten Bahnhofes«, erklärte er. »Die Humanoiden hatten ihre Schiffe dorthin umgelenkt.

»Warnt unsere Schiffe«, ordnete Admiral Gordra'Wetun an. »Sie sollen den Angriff abbrechen.«

Doch es war zu spät. Unsere Schiffe materialisierten direkt in dem Flottenaufkommen der Humanoiden. Wir mussten mit ansehen, wie unsere Angriffs-Geschwader in die Falle flogen. Unsere 128 Schiffe wurden von 25.000 feindlichen Schiffen erwartet. Ihr Dauerfeuer auf unsere Schiffe vernichtete sie in Sekunden. Wie ein kleines Feuerwerk flammten 128 Kunstsonnen auf den Bildschirmen unserer Flotte auf.«

Vizeadmiral Hodrun'Tarun blickte die Zuhörer an. Entsetzen war auf ihren Gesichtern zu erkennen.

»So erging es uns auch«, führte er seinen Vortrag fort. »Minutenlang sprach keiner unserer Crew ein Wort«, teilte er mit. »Wie verschleiert, blickte Admiral Gordra'Wetun mich an. In diesem Moment war er unfähig Worte zu formulieren. Ich erkannte, dass der Admiral von den Geschehnissen überfordert war. An seiner Stelle befahl ich den Rückzug und ließ den Admiral auf die Krankenstation bringen.

In diesem Moment erhielten wir noch einen Hyperkomm-Funkspruch der humanoiden Flotte. Ich befahl die Mitteilung, auf die Lautsprecher unseres Schiffes zu legen. Jedes Crewmitglied konnte den Funkspruch mit verfolgen. Ich zitiere den Wortlaut der Übertragung. «

Der Vizeadmiral holte kurz Luft.
»Hier spricht Adra'Metun«, hörten wir einen unserer Leute sprechen. »Mein Mentor war Adra'Sussor. Ich genieße die Gastfreundschaft dieser Wesen. Sie haben mich vor dem Tod gerettet, dem ihr mich übereignet hattet. Ich darf euch eine Mitteilung überbringen. Sie lassen euch Folgendes wissen. Wir kennen jetzt die Koordinaten eures Heimat-Systems. Dieser Angriff wird nicht unbeantwortet bleiben. Wir werden nicht eher ruhen, bis der Regent des Imperiums der Adramelech und seine Handlanger der Oberste Vollkommenheit unserer Gerichtsbarkeit unterstellt wird. Wir haben es bereits einmal geschafft, eure gezüchteten Rassen zu vernichten und von den Raumkarten zu tilgen.

Die Rigo-Sauroiden wurden von uns ausgelöscht. Unsere Vorfahren waren die Natrader. Aus ihrer Stärke sind wir hervorgegangen und haben uns weiterentwickelt. Endlich wissen wir, wer für den Untergang unserer ersten Heimatwelt verantwortlich war Das allein gibt uns den

Grund, euer unwichtiges Imperium zu zerschlagen und eure Führung zur Verantwortung zu ziehen. Wir sorgen dafür, dass in dem Territorium der Adramelech ein neues Zeitalter anbricht. Informiert alle Jüngeren des Volkes. Die Zeit der Erneuerung ist angebrochen. Erhebt euch und verhindert den Untergang eures Volkes. Entledigt euch des Regenten und der Obersten Vollkommenheit.«

Vizeadmiral Hodrun'Tarun blickte sich um.
»Hiermit endete die Übertragung«, teilte er mit. »Unsere Flotte flüchtete mit den verbliebenen 877 Schiffen in den Hyperraum. In einem vorgelagerten Sektor, öffneten wir die Wurmloch-Verbindungen in unser Heimat-System. Jetzt stehen wir vor ihnen, um ihnen diese Informationen zu überbringen.«

»Sie drohen uns, beleidigen den Regenten und die Oberste Vollkommenheit«, bemerkte der Sprecher des Rates. »Das ist eine Ungeheuerlichkeit. Wir müssen auf diese Diskrepanz reagieren.««

Der Regent war sichtbar nachdenklich geworden.
»Wir haben einen alten Feind erweckt, den wir nicht schlagen konnten«, bemerkte er. »Jetzt kommt es darauf an, wie schnell er seine Ressourcen erneuern kann. Ich erinnere mich an die Natrader. Sie haben uns schwer zugesetzt. Ihnen ist es gelungen, die Brutwelten der Rigo-

Sauroiden zu vernichten. Damals konnten wir froh sein, dass ihnen nicht die Koordinaten unseres Heimat-Systems in die Hände fielen. Sie gehören zu einer Rasse von Humanoiden, die nicht aus diesem Teil des Universums stammen.«

Er überlegte einen Augenblick.
Dann stand er auf und schlug mit seinem Zepter-Stab dreimal auf den Boden auf.

»Adra'Metun ist ein Verräter«, erklärte er. »Er ist aufzuspüren, gefangen zu nehmen und dem Tode zu übereignen. Seine Biodaten werden aus dem Auferstehungs-Zentrum gelöscht. Er wird niemals wieder unser Volk repräsentieren dürfen.«

Er blickte die Zuhörer an.
»Es ist wichtig, dass wir diese Natrader besiegen«, ergänzte er. »Sie werden nicht aufgeben, ehe sie unser Imperium zerstört haben. Ruft unsere starken Kampf-Verbände von allen Außenbezirken zurück. Übermittelt unseren Hilfsvölker Hyperkomm-Funksprüche. Fordert sie auf, uns große Kampf-Flotten zu senden. Wir allein sind die Mächtigen des Universums. Nur uns ist es gestattet über das geheiligte geistige Leben zu entscheiden. Es wird keiner anderen Species gestattet, sich neben uns zu entwickeln und unsere schwarze

Ballung mit ihrem Atem zu verunreinigen. So ist es von unseren Vorfahren bestimmt worden.«

»Unsere Hilfsvölker sind über die ganze Galaxie verstreut«, antwortete der Sprecher der Obersten Vollkommenheit.»

»Es wird eine lange Zeit dauern, bis ihre Flotten diesen Teil des Universums erreicht haben. Sie scheinen nicht mehr auf dem Laufenden zu sein. Die Netzwerkdenker haben empfindliche Niederlagen hinnehmen müssen. Die ihnen untergebenen Worgass-Stämme wurden aus der Kleinen Magellanschen Wolke vertrieben. In Andromeda gelang es humanoiden Rassen, Planeten, Werften, Basen und vollständige Garnisonen der Worgass zu vernichten. Ihre im Bau befindliche Angriffs-Flotte auf die Milchstraße wurde zerstört. Die Netzwerk-Denker waren nicht in der Lage, auf diese Aggression zu antworten. Auf anderen Worgass-Planeten finden Bürgerkriege statt. Die dort ansässigen Stämme kämpfen um ihre Selbstbestimmung. Die Daraner sind nicht ansprechbar. Sie suchen verzweifelt nach ihrer Kaiserin.«

»Das ist nicht hinnehmbar«, tobte der Regent. »Es sind unsere Züchtungen. Ihre Aufgabe ist es, mordlüstern auf neue Aufträge zu warten. Sie wissen, dass wir Möglichkeiten haben, sie alle wieder auszurotten. Ruft die Zierrakies, die Treutanten, die Virgonesen und die Uylaner herbei. Sie werden unseren Ruf nicht verstummen lassen.«

»Entschuldigen sie Regent«, antwortete der Sprecher des Rates. »Die Zierrakies sind erst vor kurzer Zeit von Humanoiden besiegt worden. Ihr Brückenkopf in der 2. Dimension wurde zerstört, alle inhaftierten Species konnten befreit werden. Mit dieser Rasse können sie nicht mehr rechnen. Sie werden derzeit von den minderwertigen Rassen angegriffen, die sie eigentlich unterwerfen wollten. Doch durch den Verlust ihrer starken Flotten-Verbände geraten sie jetzt in ernste Probleme. Sie haben mit sich selbst genügend zu tun. Die Uylaner stammen von Raubtieren ab. Sie besitzen Krallen und spitze Zahne. Diese Rasse hat sich ihren Urtrieb erhalten. Sie töten zum Spaß und aus Vergnügen, anschließend fressen sie ihre Opfer. Sie sind der Ansicht, dass somit die Stärke ihrer Gegner auf sie übergeht. Diese Species bedient sich keines Hilfsvolkes. Sie erledigen alles selbstständig. Doch lässt man sie erst einmal frei, dann sind sie kaum noch zu bändigen. Ihr Gehirn schaltet sich ab. Sie greifen alle Welten an, die auf ihrem Weg liegen. Auch die bewohnten Planeten unseres Imperiums wären vor ihnen nicht mehr sicher.«

»Gibt es nicht eine Rasse, die uns im Fall der Natrader hilfreich sein könnte?«, stutzte der Regent. »Ich erkenne Ähnlichkeiten mit den Rigo-Sauroiden. Ihnen ist es gelungen, die erste Heimat-Welt der Natrader zu vernichten. Warum sollten wir unsere Ressourcen aufreiben, wenn die Uylaner die Arbeit für uns erledigen können?«

»Bedenken sie auch die Verluste an den Bewohnern der Planeten unseres Imperiums?«, sagte der Sprecher des Rates. »Versprengte Einheiten der Uylaner machen keinen Unterschied bei ihrer Jagd.«

»Kollateralschaden gibt es immer«, grinste der Regent. »Das müssen wir in Kauf nehmen.« »Nehmen sie unverzüglich Kontakt zu ihnen auf.«

Vizeadmiral Hodrun'Tarun erkannte, dass der Regent über Leichen ging. Verächtlich verzog er sein Gesicht.

»Dem Regenten muss Einhalt geboten werden«, dachte er. »Das ist kein Angriff mehr. Hier geht es um den Erhalt unseres Volkes. Wie viele Offiziere haben wir bereits verloren? Werden sie alle wieder reproduziert, oder nur jene, die dem Regenten treu ergeben sind?«

So sehr Vizeadmiral Hodrun'Tarun auch über diese Frage nachdachte, er fand keine Antwort hierauf.

Imperium der Redartaner

Der redartanische Kaiser war außer sich. Er hatte eine Versammlung seiner Stabs-Offiziere einberufen. Admiral Tarn-Lim, der Befehlshaber des Flotten- Oberkommandos hatte Quoltrin-Saar-Arel über den Ablauf der Schlacht informiert. Mit grimmigem Gesicht lief er die Aufstellung seiner Offiziere auf und ab.

»Wie konnte es zu der Zerstörung der Flotten-Kampfstationen und großer Teile unseres Wurmloch-Bahnhofes kommen?«, fragte er. » Diese wertvollen Anlagen unseres Imperiums hätten besser gesichert werden müssen. Es ist unverzeihlich, dass diese Einrichtungen kurzfristig nicht mehr zur Verfügung stehen.«

Er blieb vor Admiral Tarn-Lim stehen.
»Es ist doch offensichtlich, dass ihre Abwehr-Maßnahmen nicht funktioniert haben?«, knurrte er den Admiral an.

»Ich verbitte mir ihre Anschuldigungen«, erwiderte Admiral Tarn-Lim ärgerlich. »Mit den uns zur Verfügung stehenden Ressourcen haben wir nicht nur ihr Leben, sondern auch das Leben aller Bewohner unserer 10 Planeten gerettet. Allein 60.000 Schiffe haben die Unterseite des Wurmloch-Bahnhofes abgesichert. Dass die Adramelech 200 ihrer Schiffe mit Antimaterie anreicherten und ihre Schiffe und Besatzungen opfern würden, das konnten wir nicht vorhersehen. Die Vernichter des Universums sind in unser System eingefallen, um unsere ganze humanoide Lebensform auszurotten. Wir leben seit Jahrtausenden in ihrem Hoheitsbereich. Erst jetzt hat man unsere Rasse entdeckt. Bei den Adramelech handelt es sich um eine sehr alte Species des Universums. Leider ist sie für viele schreckliche Vorfälle verantwortlich. So auch für die Züchtung der Rigo-Sauroiden und der Vernichtung unserer alten Heimat-Welt.«

Der Admiral schaute dem Kaiser in die Augen.
»Sie waren es, der den Standort unserer Fluchtwelt ausgewählt hat«, betonte er. »Ihre damaligen Offiziere hatten diesen Bereich des Universums für sicher erklärt. Wir erkennen erst heute, dass dies nicht der Fall ist. Die Vergangenheit holt uns wieder ein. Wir sollten reagieren und nicht zulassen, dass die selbsternannten Mächtigen ein zweites Mal die Heimatwelt von natradischen Flüchtlingen zerstören.«

»Wie wollen sie das bewerkstelligen?«, fragte der Kaiser. » Wie sie sehen konnten, waren die Adramelech in der Lage mit nur knapp 3.000 Schiffen die Hälfte unserer Flotte zu vernichten. Wozu sind sie erst in der Lage, wenn sie mit einer Flotte von 50.000 Schiffen auftauchen? «

»Für diesen Fall sollten sie sich bereits einen neuen Flucht-Planeten suchen«, antwortete der Admiral. »Darin sind sie ja geübt.«

Der Kaiser war kurz vor dem Explodieren. Seine Berater beruhigten ihn.

»Diese Vorwürfe bringen uns nicht weiter«, entgegnete ein Militärberater des Kaisers. »Beruhigen wir uns alle wieder. Das Geschehene ist zu analysieren. Wir sollten schnellsten einen Weg finden, die vermeidliche Bedrohung abzuwenden. «

Der Admiral drehte sein Gesicht von dem Kaiser ab und sprach die Militärberater an.

»Der Verlust unserer Schiffe beträgt exakt 138.714 Einheiten«, teilte er mit. »Die größte Anzahl ging verloren, nachdem die fremden Schiffe ihre blaue Energie aus dem Zwischenraum aktivieren konnten. Ganze zehn Schiffe reichten aus, um ihre blaue Wolke zu initiieren.

Unsere Geschwader von 120 Schiffen, oder auch mehr, zogen die Wolke magisch an. Die Energie und die Antriebe unserer Schiffe versagten. Wir mussten mit ansehen, wie die betroffenen Schiffe und ihre Besatzungen in grellen Feuerbällen vergingen.«

Die Flotten-Offiziere senkten betroffen ihren Kopf. »Admiral Tarn-Lim hat richtig gehandelt«, bemerkte Niras-Tok. »Uns waren die Hände gebunden.«

»Jetzt ergreift auch noch der von den Adramelech gehirnmanipulierte Commander die Partei seines Vorgesetzten«, sagte der Kaiser. »Wir wissen doch gar nicht, ob sie die Schuld an dem ganzen Übel tragen«

»Beherrschen sie sich«, fuhr der Militärberater den Kaiser harsch an. »Sie können es scheinbar nicht sein lassen?«

»Dank Commander Niras-Tok, der die Gedanken der Adramelech rechtzeitig empfangen konnten, wussten wir an welchen Koordinaten die Adramelech ihre Wurmloch-Verbindungen öffnen würden«, teilte Admiral Tarn-Lim mit. »Hierdurch konnten wir eine große Anzahl ihrer Schiffe vernichten. Ansonsten wäre der Verlust für unsere Flotte noch schlimmer ausgefallen. Ihr Angriff wurde abgebrochen, als ihnen nur noch 877 Schiffe zur Verfügung standen.«

»Dann dürfen wir ihnen noch dankbar sein«, murrte der Kaiser. »Für mich ist der heutige Tag, der schwärzeste in unserer Geschichte.«

»Wieder so eine Floskel, die nicht nachzuvollziehen ist«, regte sich der Admiral auf. »Ihre negativen Aussagen mindern den tapferen Einsatz meiner Flotten-Offiziere. Der Planet Redartan, Regierungs- und Kaisersitz unserer Heimat-Systems, wurden erfolgreich beschützt. Keinem einzigen feindlichen Schiff ist es gelungen, hierhin vorzudringen. Alle anfliegenden Bomben, Raketen und Geschosse, wurden von unserer Flotte noch im Anflug zerstört. Sie sollten ihren Offizieren mehr Respekt bezeugen.«

Der Kaiser ignorierte den Einwand und drehte sich zu seinen Militärberatern um.

»Wie kann unsere zukünftige Strategie aussehen?«, fragte er.

»Diese kann nur zusammen mit dem Flotten-Oberkommando erarbeitet werden«, antworteten die Berater. »Admiral Tarn-Lim ist der Einzige von uns, der exakt bestimmen kann, welche unserer Ressourcen von den äußeren Grenzen zurückbeordert werden können.«

»Es gibt noch einen weiteren Denkanstoß«, ergänzte der Admiral. »Die mächtigste Waffe der Adramelech ist die blaue Energie aus dem Zwischenraum. Wir sollten unsere Wissenschaftler beauftragen, sich mit diesem Thema zu beschäftigen. Irgendwie werden sie die Energie aus dem Zwischenraum zapfen müssen. Wenn wir diesen Prozess unterbinden können, dann werden ihre Schiffe weitgehend hilflos ein. Ihre Laser-Geschütze sind bedeutende schwächer als unsere. Sie können unseren Schutzschirmen nichts anhaben. Wenn wir ihnen den Zugriff auf die blaue Energie verbauen können, dann haben wir gewonnen.«

Der Kaiser und die Militärberater hörten interessiert zu. »Vielleicht zapfen sie diese Energie nicht«, fragte einer von ihnen. »Ist es nicht möglich, dass diese Energie bereits auf ihrer Heimat-Welt in ihre Schiffe verladen wird?«

Die Offiziere des Flotten-Oberkommandos, der Kaiser und seine Berater wirkten irritiert.

»Alles ist möglich«, erwiderte der Admiral. »Wir wissen zu wenig über sie. Kurz vor dem Abflug der feindlichen Flotte habe ich Spionage-Drohnen ausschleusen lassen. Einige von ihnen konnten sich an den Außenwänden ihrer

Schiffe verankern. Die Sensoren arbeiten noch. Wir erhalten kontinuierlich Daten. Es ist uns bald möglich, das Heimat-System der Adramelech zu bestimmen. Erst dann ist eine geheime Mission für uns möglich.«

Mission Fluchtwelt Redartan

Die Flotte von Oberst Cameron sicherte den Planeten der Centauri-Scruffs. Sie waren als neues Mitglied dem Imperium von Natrid & Tarid beigetreten. Nach dem unerwarteten Angriff einer daranischen Suchflotte gelang es ihnen, unter widrigen Umständen die Nachkommen der Natrader um Hilfe zu bitten. Dank der Unterstützung einer entsandten Flotte des Neuen-Imperiums konnten die Aggressoren besiegt und vertrieben werden. Der in der Raumschlacht unterlegene daranische Befehlshaber sicherte zu, nie mehr Ansprüche auf Gebiete in der Milchstraße zu erheben. Er versprach alle anderen Suchflotten zu warnen, einen vergleichbaren Versuch zu unternehmen.

Das Leben auf dem Planeten verlief wieder in normalen Bahnen. Die gemütlich wirkenden Blaupelze des Centauri-Planeten waren dabei, die restlichen Schäden des Angriffes durch die Daraner zu beseitigen. Schweres Räumgerät und unzählige Arbeits-Roboter unterstützten sie im Auftrag der EWK.

Major Travis und sein Flotten-Verband waren bereits vor mehreren Wochen zu neuen Aufgaben abberufen worden. General Poison hatte Oberst Cameron gebeten den Planeten und seine Bevölkerung vor neuen Gefahren zu schützen, bis eine neu formierte Wach- Flotte aus Lord-Schiffen eintreffen würde, um ihn abzulösen.

Der Oberst sehnte diesen Tag herbei. In seinem Hauptquartier auf Natrid, warteten dringende Aufgaben auf ihn. Seine 300 Schiffe der Prinz-Klasse, hatten unterschiedliche Positionen in der Umlaufbahn des Planeten bezogen. Der Oberst befahl das Ausschleusen zahlreicher Tarin-Jets. Sie sollten in der unteren Atmosphäre agieren und im Tiefflug nach möglicherweise noch versprengten Gruppen von Daranern Ausschau halten. Er wollte sichergehen, dass sich nicht noch geflüchtete Gruppen auf dem Planeten befanden, die in heimlicher Stille Widerstandsnester aufbauen konnten.

Sanna Lightman blickte durch das Sicherheitsglas ihrer Cockpit-Kanzel auf die vielen Gruppen von Tarin-Jets, die in der Atmosphäre des Planeten patrouillierten. Es waren Dutzende von Jets, wie sie aus ihrem Cockpit sehen konnte. Sie donnerten in kleinen Geschwadern durch die Atmosphäre und suchten nach Auffälligkeiten. Ihre ausgereiften Sensoren orteten Wärme-Signaturen und mögliche Feindsignale. Sie wusste, dass bald ihre Ablösung erfolgen sollte. First Leutnant Olsen, der 1 Offizier von Oberst Cameron, hatte die Flugstaffeln bereits informiert, dass die EWK-Führung eine größere Flotte losgeschickt hatte, welche die Mission des Imperialen-Sicherheits-Dienstes beenden sollte.

Sie lächelte schwach.

Die Pilotin war neu zu der Flotte des ISD versetzt worden. Sie hatte sich freiwillig gemeldet, ohne zu wissen, worauf sie sich eingelassen hatte. Aber das wusste niemand, der sich bei den aktuellen Flugdiensten beworben hatte. Sanna wollte ihren Job gut machen und den andern Piloten beweisen, dass auch Frauen diesem Job gewachsen waren. Niemals hätte sie geglaubt, dass sie nach dem erfolgreichen Abschluss der Akademie, sofort in den aktiven Dienst versetzt würde, um hier draußen im unbekannten Weltraum ihren Dienst zu absolvieren. Ihr Auftrag war einfach zu umschreiben. Die gutmütigen blaupelzigen Centauri-Scruffs, ein neues Mitglied des Imperiums, mussten beschützt werden.

Sie blickte nach rechts, durch das Glas ihres Cockpits. Ihr Flügelmann flog etwas versetzt hinter ihr. Oberst Cameron hatte befohlen, immer nur in Gruppen zu zwei Schiffen auf einen Patrouillenflug zu gehen. Obwohl sie und ihr Partner schon einige Stunden in der Luft waren, konnten sie nichts Verdächtiges registrieren.

»Die Daraner scheinen tatsächlich alle den Planeten verlassen zu haben«, dachte sie. »Trotz unserer intensiven Suche konnten keine untergetauchten Gruppen mehr lokalisiert werden. Die Daraner sind abgezogen. Nach dem Abflug ihrer Flotte wollte vermutlich niemand mehr von ihnen allein auf diesem Planeten verbleiben und auf eine möglicherweise nie wiederkehrende Flotte zu warten.«

Sie griff nach den Communicator und sprach ihren Flügelmann an.

»Hi Joe, ich habe nichts Auffälliges entdecken können«, sprach sie in das Gerät. »Lediglich einige Karawanen der Scruffs wurden auf meinem Display angezeigt. Sie scheinen die Richtung ihrer Hauptstadt eingeschlagen zu haben.«

»Ich habe das Gleiche geortet«, antwortete Joe Byder. »Es wurden keine Auffälligkeiten registriert. Der Oberst wird zufrieden sein.«

»Das denke ich auch«, antwortete Sanna. »Wir haben den Planeten jetzt mehrfach umrundet, die Berge und die Canyons abgesucht. Von den Aliens ist keiner mehr aufzufinden. Joes Lachen wurde laut durch die Lautsprecher der Kanzel wiedergegeben.

»Wenn du das Wort Alien benutzt, dann weiß niemand, von wem du sprichst«, erwiderte er.

»Verstehe ich nicht?«, antwortete Sanna.

»Ganz einfach«, erklärte Joe. »Die Flotten der EWK haben ständig Kontakt zu irgendwelchen neuen Rasen und Species. Du solltest die Mitglieder des Neuen-Imperiums schon mit ihrem Namen benennen, damit wir alle wissen, wen du meinst. «

»Das ist alles noch sehr neu für mich«, antwortete Sanna. »Bisher habe ich immer geglaubt, dass es außer uns Menschen keine Lebewesen im All gibt. Aber das Universum ist voll von Ihnen. «

»Wenn es sich nur um so gutmütige Blaubeeren handelt, wie die Centauri-Scruffs, dann habe ich nichts dagegen«, antwortete Joe. Doch die schlimmeren Varianten sind die aggressiven Species, die jedes Mal davon ausgehen, dass sie das Wichtigste im Universum sind. Nur aufgrund dieser unterentwickelten Einstellungen kommt es zu den ständigen Auseinandersetzungen. Ganz zu schweigen von den sich immer weiter ausdehnenden Gebietsansprüchen dieser Herrenrassen. Es sollte für denkende Wesen doch naheliegend sein, dass man irgendwann an die Grenzen eines anderen Hoheitsgebietes stößt. Aus kleinen Reibereien entwickeln sich schnell neue Krisenherde. Es ist eigentlich immer das Gleiche. «

»Du scheinst schon viel herumgekommen zu sein?«, bemerkte Sanna. »Ich versuche neuen Rassen freundlich zu begegnen.«

»Das ist eine richtige Einstellung«, antworte Joe. »So sieht es die Vorschrift der EWK-Richtlinie vor.«

Ein rotes Licht blinkte auf ihrem Display ihres Jets. »Warte einen Augenblick«, gab sie ihrem Flügelmann durch. »Ich bekomme gerade eine Nachricht von unserem Flagg-Schiff.«

Sie drückte auf den roten Knopf und stellte die Verbindung her.

»Hier ist die Prinz 2.730, Captain Bogart spricht«, tönte es aus den Lautsprechern. »Ihr Einsatz wurde beendet. Fliegen sie mit ihrem Flügelmann zurück zu unserem Schiff. Oberst Cameron hat mich informiert, dass in Kürze mit unserer Ablösung zu rechnen ist. Die Wach- Flotte der EWK wird in 60 Minuten materialisieren.«

»Wir haben verstanden«, antwortet Sanna. »Wir brechen unseren Patrouillenflug ab und kehren zum Schiff zurück. Danke für die Mitteilung.«

Die Verbindung wurde beendet.

»Hast du es mitbekommen? «, fragte sie ihren Flügelmann. » Unsere Mission ist beendet, wir wurden zum Schiff zurückbeordert. Eine Flotte der EWK wird in 60 Minuten bei uns eintreffen. Endlich fliegen wir zurück zur Erde. Ich freue mich schon auf meinen Urlaub. «

»Juhu«, freute sich Joe. »Darauf haben wir alle lange gewartet. So lieb mir auch die Centauri geworden sind, es geht nichts über die gute alte Erde. Ich freue mich, alte Bekannte zu treffen und mit meinen Freunden auszugehen. «

Auf dem zentralen Display des Tarin-Jets blinkte die Position ihres Mutterschiffes. Die beiden Piloten beschleunigten ihre Maschinen, flogen einen Bogen und zogen ihr Schiff hoch, in die dünnere Atmosphäre des Planeten.

Die Prinz 2.730 war ein modernes Schiff der neuen Prinz-Flotte von Oberst Cameron. Schiffe dieser 400-Meter-Klasse waren als Schutzflotte in der Umlaufbahn des Planeten der Centauri-Scruffs stationiert worden. Zu den Funktionen der neu gegründeten ISD-Behörde gehörten unter anderem, die Durchführung von Polizei-Aufgaben innerhalb des Imperiums und die Beseitigung von Krisenherden unter rivalisierenden Rassen.

Die beiden Tarin-Jets durchflogen die Atmosphäre und reduzierten ihre Geschwindigkeit. Ihr Mutterschiff lag in Sichtkontakt. Die Piloten schalteten auf Automatik. Der Landevorgang war zur reinen Routine geworden.

Sanna lehnte sich zurück. Durch das Cockpitglas sah sie, wie sich vor ihnen der Hangar der Prinz 2.730 öffnete. Das große Schiff hatte die Annäherung der eigenen Jets bereits registriert. In dem geöffneten Schott schalteten sich zahlreiche Lampen an, die den Einflugbereich kennzeichneten. Langsam flogen die Jets in den Hangar und setzten auf. Hinter ihren Jets flogen weiter Geschwader ein.

Sanna öffnete ihren Sicherheitsgurt, nahm ihren Helm ab und ging in den hinteren Bereich des Jets. Dort schlug sie mit ihrer Faust gegen einen roten Knopf an der Wand. Das Schott öffnete sich und verschwand blitzschnell in der Wandverkleidung.

Sanna sprang aus ihrem Vogel auf den harten Boden des Hangars. Sie drehte sich um und erkannte, dass weitere Tarin-Jets sich im Landeanflug befanden. An dem Ausgang des Hangars warteten drei Kampf-Roboter, die eine Sicherheits-Überprüfung durchführen wollten. Die 2,20 Meter großen Bollden registrierten jede Kleinigkeit.

Sanna trat auf sie zu.

»Leutnant Lightman bittet um Erlaubnis, an Bord kommen zu dürfen«, sagte sie.

»Erlaubnis wird erteilt«, antwortete der befehlsgebende Shy-Ha-Narde. »Begleiten sie mich bitte in die Zentrale. Captain Bogart erwartet sie bereits. «

Sie drehte ihren Kopf nach rechts und schaute ihren Flügelmann an.

»Gilt das auch für meinen Begleiter? «, fragte sie nach.
»Der Captain möchte nur mit ihnen sprechen«, antwortete der Roboter. »Ihr Begleiter darf seine dienstfreie Zeit selbst gestalten. «

Joe hob seine Schultern, drehte sich ab und ging durch die Schleuse in das Innere des Schiffes. Sanna folgte dem Kampfroboter auf die Brücke des Schiffes.

Die Kommandozentralen der 400-Meter messenden Prinz-Schiffe, waren als Mittelpunkt der Schiffe ausgelegt. Dieser wichtige Bereich wurde nochmals besonders gesichert und konnte bei einer massiven Beschädigung autark den Überlebenden Schutz bieten. Alle

Neukonstruktionen von Schiffs-Modellreihen wurden zwischenzeitlich baugleich konzipiert.

Vor dem Schott der Kommandozentrale standen erneut zwei Kampf-Roboter. Sie beobachteten Leutnant Lightman akribisch. Ihr Begleiter zeigte auf seine Kollegen.

»Sie übernehmen jetzt«, teilte er kurz mit. »Ich begebe mich wieder in den Hangar.«

»Danke«, antwortete der Leutnant. »Ich finde mich jetzt allein zu Recht. «

Langsam schritt sie auf die Kampf-Roboter zu.
»Captain Bogart hat nach mir gerufen«, sagte sie. »Er erwartet mich. «

»Bitte teilen sie ihren ID-Code mit«, erwiderte einer von ihnen blechern.

Er hielt Sanna ein Eingabegerät hin. Sie tippte ihren persönlichen Code ein und bestätigte ihn mit einem Fingerabdruck. Dann zog sie ihre ID-Card aus der Tasche und schob sie in das Gerät. Die digitale Anzeige rotierte in dunkler roter Farbe. Es vergingen einige Sekunden. Dann leuchte die Farbe Grün auf.

»Ihre Angaben wurden bestätigt«, bemerkte ein Roboter. »Sie dürfen eintreten. Er gab an dem Codeschloss der Türe einen Sicherheits-Code ein. Zischend öffnete sie sich und gab den zentralen Befehlsstand des Schiffes frei.

Langsam schritt sie auf Captain Bogart zu.
»Leutnant Lightman meldet sich zum Bericht«, formulierte sie ihre Worte. »Sie haben mich rufen lassen, Captain? «

Captain Bogart drehte seinen Kopf und lächelte sie an. »Sie sind neu bei der Flotte«, bemerkte er. »Ihre Personalakte ist ausgezeichnet. Sie genießen bereits einen Ausbildungs-Vorteil gegenüber ihren Kollegen. Ich lese nur vorbildliche Berichte über sie. Ihre Verschwiegenheit, ihr Verhalten gegenüber Vorgesetzten ist einwandfrei. Die Analyse und die Durchführung der ihnen erteilten Aufgaben kann ich nur bewundern. «

Captain Bogart ließ eine kleine Pause vergehen. »Oberst Cameron ist bereits auf sie aufmerksam geworden«, ergänzte er. »Wir brauchen dringend intelligentes und ausgereiftes Personal, welches in der Lage ist, schwierige Krisensituationen zu meistern.

Sanna lächelte.

»Darf ich das als ein Kompliment auffassen?«, erkundigte sie sich.

»Natürlich«, entgegnete Captain Bogart. »Deswegen sind sie hier. Ich wurde mit anderen Aufgaben betraut. Immer mehr neue Rassen des alten natradischen Imperiums nehmen Kontakt zu uns auf. Von dem ISD wird verlangt, alles unter Kontrolle zu halten. Nicht immer ist das so einfach möglich, wie es die Bürokraten von uns verlangen. Mir wurde ein Geschwader von 500 Schiffen der Prinz-Klasse zugeteilt. Ich werde in andere Gebiete des Universums aufbrechen und Kontakt zu den Rassen unserer Randbezirke aufnehmen. Oberst Cameron möchte, dass sie das Kommando der Prinz 2.730 übernehmen.«

Er schmunzelte sie an.
»Sie werden direkt ins kalte Wasser geschmissen«, teilte er mit. «Der Oberst hält viel von ihnen. Sie erhalten zunächst den Oberbefehl über eine Flotte von 50 Schiffen der Prinz Klasse. Diese Eingreif-Flotten übernehmen Polizei-Aufgaben, beobachten und registrieren, schlichten kleinere Streitigkeiten und unterstützen technisch noch nicht entwickelte Rassen.«

Er blickte ihr kurz in die Augen.

»Ich muss ihnen ja nicht noch ausdrücklich mitteilen, dass sie als kommandierender Offizier für ihre Schiffe und für ihr Personal verantwortlich sind. Gehen sie nicht leichtfertig hiermit um. Major Travis ist das Leben unseres Personals sehr wichtig. «

»Das ist mir bekannt«, antwortete Leutnant Lightman. »Ich werde mich in keine zwielichtigen Angriffe verwickeln lassen. «

»Nicht immer stellt sich die Situation so dar, wie sie auf den ersten Eindruck her erscheint«, teilte Captain Bogart mit. »Prüfen sie in Ruhe die Sachlage vor Ort, bevor sie eine Entscheidung treffen. Horen sie sich in Ruhe alle Einwände an. Die letzten Entscheidungen werden bei ihnen liegen. Hören sie auf ihr Herz. «

»Danke für ihre Tipps«, lächelte Leutnant Lightman. »Ich bin kein Typ der schnellen Entschlüsse. «

Captain Bogart nickte.
»Kommen wir zu ihrer ersten Aufgabe«, sagte er ernst. »Spürschiffe einer unserer Roboter-Flotten haben in einer Region der Milchstraße einen massiven Hyperfunk-Verkehr geortet. An diesen Koordinaten ist das sehr ungewöhnlich. Bisher waren die Sektoren in den alten natradischen Raumkarten als unbewohnt

gekennzeichnet. Oberst Cameron ist der Meinung, dass sie dieser Aufgabe gewachsen sind. Fliegen sie die Koordinaten an und untersuchen sie diesen Sachverhalt. Bleiben sie zurückhaltend und vermeiden sie in jedem Fall Kampfhandlungen. Es handelt sich um eine Aufklärungs-Mission. Der ISD möchte lediglich wissen, um was es sich bei diesem Anstieg von Hyperkomm-Funkmeldungen handelt. «

»Das hört sich nach einer leichten Aufgabe an«, antwortete Leutnant Lightman. »Wurden die Koordinaten an die Hypertronic-KI meines Schiffes übergeben? «

»Selbstverständlich«, antwortete Captain Bogart. » Alle Hinweise, die Koordinaten und die Berichte der Roboter-Schiffe liegen ihrer Hypertronic-KI vor. Auch die Crew des Schiffes ist bereits informiert. «

Captain Bogart blickte den jungen Leutnant nochmals ernst an.

»Ich werde mich in dieser Situation auf sie verlassen? «, entgegnete er. » Vermeiden sie Kampfhandlungen. «

»Was ist in dem Fall, wenn ich ohne Vorwarnung angegriffen werde? «, fragte sie.

»Diese Frage sollte sich eigentlich erübrigen«, konterte der Captain. »Falls es nötig wird, verteidigen sie sich mit allem, was sie aufbieten können. Vorrangig empfehle ich Ihnen jedoch die Flucht in den Hyperraum. Fordern sie erfahrene Verstärkung an. Unternehmen sie nichts auf eigene Faust. Wir werden keine Sektoren der Gebiete des ehemaligen natradischen Imperiums an andere Species abtreten. Das ist eine Anordnung von Noel und Major Travis.«

»Ich halte mich an die Statuten der Flotte«, antwortete sie. »Der Schutz der Flotte und des Personals haben in jedem Fall die oberste Priorität.«

»Ich sehe, wir verstehen uns«, lächelte Captain Bogart. »Dann sind wir uns einig?«

Leutnant Lightman nickte.
»Danke für ihr Vertrauen und für meine erste kleine Flotte«, schmunzelte sie.

»Danken sie nicht mir, sondern Oberst Cameron«, antwortete der Captain. »Sie scheinen einen Protegé in der Flotte zu haben. Noch nie wurde einem erst kürzlich von der Akademie entlassenen Piloten in so kurzer Zeit der Befehl über ein eigenes Geschwader übergeben. Ich hoffe, sie wissen das zu schätzen?«

Leutnant Lightman salutierte und wollte abtreten.

»Bleiben sie noch bei mir«, äußerte sich Captain Bogart. »Da sie zukünftig der Befehlshaber dieses Schiffes sind, schauen sie zu, wie meine Crew aufeinander abgestimmt ist.«

Er blickte seinen Funk-Offizier an.
»Leutnant Bruns«, sagte der Captain. »Teilen sie unseren Schiffen mit, dass unsere Mission beendet wurde. Alle Einheiten möchten sich wieder in die Formation der Flotte einreihen.«

»Ihr Befehl wurde übermittelt«, antwortet der Funk-Offizier des Schiffes. »Die Bestätigungen unserer Staffeln wurden bereits übermittelt.«

Er blickte auf sein Display.
»Die gleiche Anweisung kommt von dem Flagg-Schiff von Oberst Cameron«, teilte er mit. »Wir haben die Genehmigung, uns wieder in die Formation des ISD-Verbandes einzureihen.«

»Den Befehl an unsere Schiffe weitergeben«, befahl Captain Bogart. »Steuermann, bitte beschleunigen sie und bringen sie unser Geschwader zurück in die Flotte. Minimalschub voraus. «

Der Steuermann bestätigte den Befehl. Das Geschwader aktivierte die Antriebe, flog eine Schleife und näherte sich der Flotte des ISD. Ab hier waren es Routinemanöver der Prinz-Schiffe.

Captain Bogart und Leutnant Lightman beobachten alles auf dem Panoramaschirm des Schiffes.

»Die Schiffe der Prinz-Klasse sind eine neue Schiffs-Baureihe der EWK«, erklärte der Captain. »Ich war sehr zufrieden mit meinem Schiff. Es ist wendig und steht einer Naada-Klasse nicht viel nach. Die Schiffs-Klasse besitzt erstklassige modifizierte Waffen-Systeme, den neuen Superschutz-Schirm und weitere Feinheiten. «

»Ich kenne die Daten der Schiffe der Prinz-Reihe«, lächelte Leutnant Lightman.

Die beiden Offiziere blickten auf den großen Bildschirm des Schiffes. Die Haupt-Flotte des ISD wuchs immer weiter an. Die 400-Meter durchmessenden Prinz-Schiffe machten einen erhabenen und stolzen Eindruck auf sie.

»Eingehender Hyper-Funkspruch«, meldete Leutnant Bruns.

»Legen sie auf die Lautsprecher«, antwortete Captain Bogart.

»Hier spricht Leutnant Olsen, der 1. Offizier der Cuuda 001«, hallte es aus den Lautsprechern.

Jeder Brückenoffizier der Prinz 2.730 wusste, wer der 1. Offizier des Flagg-Schiff war. Er war weisungsbefugt und der Stellvertreter von Oberst Cameron.

»Die Formation ist unbedingt einzuhalten«, teilte er mit. »Wir erwarten in den nächsten Sekunden die Materialisierung von 500 Schiffen der Lord-Klasse, unter dem Kommando von Captain Radisson. Er ist unsere Ablösung. Alle Schiffe halten ihre Formation und aktivieren ihre Kennungen. Das ist ein direkter Befehl von Oberst Cameron. Wir bitten um ihre Bestätigungen. «

Die Mitteilung brach ab.

»Bestätigen sie bitte den Befehl«, antwortete Captain Bogart.

Gespannt blickte die Crew des Schiffes auf den großen Bildschirm. Von einer Sekunde zur anderen materialisierten die 500 Schiffe des Lord-Verbandes. Es waren schwere Zerstörer der natradischen 1.000 Meter Klasse, modifiziert und mit neuester Technik ausgestattet. Zwischenzeitlich wurden neue Produktions- Serien mit den Wurmloch-Antrieben bestückt. Die hochlegierten Natrid-Spezialstähle der Raumkreuzer funkelten mystisch schwarz in dem Lichteinfall der System-Sonne.

Captain Bogart pfiff durch seine Zähne.
»Das ist doch mal ein überwältigender Anblick«, lächelte er. »Ganze 500 Schiffe unserer 1.000 Meter-Zerstörer als Wachflotte für die Centauri-Scruffs.«

Er war begeistert und konnte von dem Bild nicht genug bekommen. Die Schiffe wiesen eine Länge von 1.000 Meter, eine Breite von 490 Metern und eine Höhe von 160 Metern auf.

Er blickte Leutnant Lightman an.
»Darf ich ihnen kurz einige Informationen geben? «, lächelte er stolz. » Diese Schiffe besitzen 30 ausfahrbare Laser-Waffentürme, verteilt und jeder Schiffsseite exakt 15 Stück. Zusätzlich können sie auf jeweils ein Laser-Hochleistungs-Geschütz und eine Hyper-Space-Kanone im Frontbereich zurückgreifen. Zwölf konventionelle

Raketen Abschussröhren wurden auf jeder Schiffsseite verbaut. Diese können auch für Torpedos eingesetzt werden. Jedes einzelne Schiff ist mit 25 Kampf-Jets der Tarin-Klasse bestückt, 12 Garde-Gleitern und 1.500 Kampf-Robotern. Weitere Besonderheiten sind die Tarn-Vorrichtung und unser neuer Super-Schutzschirm. Wie ich den neusten Berichten entnehmen konnte, wurden alle diese Schiffe bereits mit einem Wurmloch Antrieb ausgestattet.«

Leutnant Lightman nickte interessiert.
»Wir erhalten einen Funkspruch«, teilte Leutnant Bruns mit. »Er kommt von dem Flaggschiff der Lord-Flotte.«

»Stellen sie auf die Lautsprecher«, sagte Captain Bogart.

»Hier spricht Captain Radisson«, tönte es aus auf der Brücke. »Ich rufe Captain Bogart.«

Der Captain griff nach seinem Communicator und aktivierte ihn.

»Hier ist Captain Bogart«, antwortete er. »Ich höre sie, Captain Radisson.«

»Es ist schön eine vertraute Stimme zu hören«, antwortete der Captain. »Wir erreichen Oberst Cameron nicht. Vermutlich ist er auf der Rückseite des Planeten mit seinem Schiff. Wir sind ihre Ablösung. General Poison hat uns für die nächsten sechs Monate an diese Koordinaten befohlen. Sie können sich freuen, zurück ins Sol-System fliegen zu dürfen. «

»Danke für ihre Ablösung«, antwortete Captain Bogart. »Sie haben Recht. Wir freuen uns wirklich. Die lange Zeit hier draußen war sehr eintönig. «

»Ich dachte, die Centauri-Scruffs hätten sie nach dem Sieg über die Daraner gut bewirtet?«, flachste Captain Radisson.

»Dagegen ist nichts zu sagen«, antwortete Captain Bogart. »Ihre Gastfreundschaft ist ausgezeichnet und sie sind uns sehr dankbar, dass wir ihnen die Daraner vom Hals geschafft haben. Doch ihre Speisegewohnheiten weichen stark von unseren ab. «

Captain Radisson lachte.
»Vermutlich gibt es auf ihrem Planeten andere Delikatessen als bei uns auf der Erde? «, antwortete er. » Aber der gute Wille zählt letztendlich. Machen Sie sich auf den Weg, wir übernehmen jetzt. «

»Wir bedanken uns«, antwortete Captain Bogart. Ich informiere Oberst Cameron. Viel Erfolg für ihre Flotte.«

»Danke«, antwortete Captain Radisson. »Wir halten die Augen offen. «

Das Gespräch wurde beendet.

Captain Bogart blickte Leutnant Lightman an
»Hier trennen sich unsere Wege«, lächelte er. »Viel Erfolg für ihre erste Mission. Ich begebe mich auf das Schiff von Oberst Cameron. Er wird mir neue Aufgaben zuweisen. Ich hoffe, sie gehen fürsorglich mit meinem alten Schiff um? «

»Ich werde sie nicht enttäuschen«, antwortete der Leutnant.

»Warten sie, bis der Oberst mit seinen Schiffen in den Hyperraum gesprungen ist«, entgegnete Captain Bogart. »Dann fliegen sie mit ihren Schiffen die aufgezeichneten Koordinaten an. «

Sanna nickte.
»Wir haben keine Eile«, erwiderte sie. »Ich wünsche ihnen einen guten Rückflug. «

»Danke«, lächelte der Captain.

Er wandte sich ab und verließ schnellen Schrittes die Brücke.

Leutnant Lightman beobachtete, wie die Prinz-Flotte nach 30 Minuten ihre Antriebe startete, beschleunigte und in den Hyperraum sprang.

Dann drehte sie ihren Kopf dem Steuermann zu. »Leutnant Rossi, liegen die Koordinaten unserer Mission vor? «, fragte sie.

Der Steuermann nickte.
»Ich habe sie aus unserer Hypertronic-KI abgerufen und programmiert«, antwortete der. » Die Flotte ist bereit. «

»Bringen sie uns einen Klick vor den Koordinaten aus dem Hyperraum«, befahl sie. »Ich möchte erst in einem gewissen Abstand beobachten, was dort vor sich geht. «

Der Steuermann nickte.
»Die Flugdaten wurden programmiert und unserer Flotte übermittelt«, bestätigte er. »Wir sind bereit. «

»Sofort nach dem Eingang der Bestätigungen springen wir in den Hyperraum. «

»Die Bestätigungen sind eingetroffen«, bemerkte der Funk-Offizier.

»Ich aktiviere unsere Antriebe, der Sprung erfolgt jetzt«, ergänzte Leutnant Rossi.

Die kleine Flotte von 26 von Schiffen beschleunigte und verschwand im Hyperraum. Nur noch die 500 Schiffe der Lord Klasse kreisen um den Planeten der Centauri-Scruffs und sicherten seine Bevölkerung.

Drei große Fracht-Transporter einer unbekannten 2.000-Meter Bauart lagen in einem kleinen Sternen-System, nahe dem Hauptreihenstern Tau-Ceti. Der Stern wurde als Sonne mittlerer Größenklasse eingestuft. Sie war von zwölfmal mehr Staub umgeben als die heimatliche Sonne im Sol-System. Aus den alten natradischen Raumkarten war zu entnehmen, dass in den Staubscheiben auch Kometen und Asteroiden enthalten waren. Nahe kreisende Planeten und Systeme wurden einem stetigen Bombardement von Einschlägen ausgesetzt. Obwohl nach Ansicht der natradischen Forscher eventuelles Leben hierdurch stark beeinflusst wurde, erweckte die Ähnlichkeit der Sonne mit Sol stets ein großes Interesse.

In der Umlauflaufbahn des dritten Planeten standen 300 Kampf-Schiffe eines Piraten-Clans, unter dem Befehl von Reco Kuriato. Sie sicherten die Abbau-Förderungen auf dem Planeten. In kurzen Zeitabständen stiegen Frachtgleiter auf und übergaben ihre Ladungen an die wartenden Erz-Transporter. Dieses kleine Planeten-System wurde von den Piraten beansprucht. Vor nicht ganz 16 Monaten hatten Such-Flotten des Clanführer Reco Kuriato das System durch Zufall gefunden.

Es schien vielversprechend zu sein. Bohrungen wurden durchgeführt und die Mineralproben analysiert. Der dritte Planet hieß Rofuss und war einer von fünf Begleitern, welche die Sonne des Systems umrundeten. Der Abstand zwischen dem dritten und dem vierten Planeten des Systems war groß genug, um Platz für einen weiteren Planeten bieten zu können. Doch durch eine Laune der Natur befand sich hier nichts. Die Schürfexperten der Piraten beachteten diesen Sachverhalt nicht weiter.

Der Planet war reich an seltenen Mineralien, Rohstoffen und Kristallen. Ein Glücksfall für den Clan von Reco Kuriato, der durch den Abbau wertvoller Rohstoffe den Wohlstand seines Volkes über einen langen Zeitraum sichern konnte. Nach der Installation von Atmosphärenwandlern, einer großen Station, schweren

Förderanlagen und zahlreichen Abbau-Robotern auf dem Planeten, stießen die Piraten auf künstlich angelegte unterirdische Gänge, die sie erkennen ließen, dass früher bereits einmal auf dieser trostlosen Geröll - und Steinkugel ein intensiver Mineral-Abbau betrieben wurde. Sie wunderten sich, doch ihr archäologisches Interesse war nur gering, um nach den Ursachen zu forschen.

Während der Auskundschaftung der alten Stollen stießen die Abbau-Experten der Piraten auf unzählige Adern des heißbegehrten Masarith-Kristalls. Analysen ergaben, dass es sich um ein reines Kristall erster Güte handelte. Die Flotte wurde durch Clanführer Reco Kuriato zum Stillschweigen verpflichtet. Auch andere Piraten-Sippen waren auf der Suche nach diesen Mineralien, welche zu Höchstpreisen der EWK angeboten werden konnten. Reco beanspruchte dieses kleine System für sich. Vor anderen Clans wollte er den Reichtum dieses Planeten verbergen. Erst vor drei Monaten gingen die teuren Anlagen in Betrieb und konnten mit dem Abbau des Masarith-Kristalls beginnen.

Ein Teil der Flotte der 300 Schiffe flog Patrouille in den Nachbar-Sektoren. Die Piraten bevorzugten nach wie vor wendige Angriffs-Schiffe ihrer 250-Meter-Klasse. Der Clanführer wollte es ausschließen, dass es zu Ansprüchen anderer Rassen kommen würde. Der Befehlshaber blickte auf den großen Bildschirm seines Schiffes. Reco erkannte, wie weitere gefüllte Abraum-Gleiter die großen Transport-Schiffe anflogen, um ihre Ladungen Masarith-Kristalle zu übergeben.

Der Befehlshaber des größten Piraten-Clans rieb sich seine Hände. Er blickte auf die Anzeigen des Füllstandes der drei großen Transporter. Die Anzeigen näherten sich der oberen Grenze.

»Wann haben wir Glück gehabt«, sagte er. »Dieser Planet ist eine Goldgrube für uns. Das Masarith ist von reinster Qualität. Nirgendwo im Universum gibt es eine vergleichbare Qualität. Die EWK wird dieses Mal mit einem Zuschlag rechnen müssen. Die reine Qualität des Kristalls wird einen neuen Rekordpreis für uns erzielen.«

»Wir sollten das Neuen-Imperium nicht verärgern«, bemerkte Surus Tanjati, der 1. Offizier des Schiffes. »Bedenken sie, dass die EWK uns die Möglichkeit gegeben hat, unser Volk zu rehabilitieren. Nur durch ihr Zugeständnis werden unsere Clans für ihre Überfalle auf die EWK-Transportschiffe nicht weiterverfolgt.«

»Das war gestern«, lächelte der Clanführer verwegen. »Blicken sie auf den Planeten. Wir haben massive

Ausgaben gehabt und große Arbeitsleistungen investiert. Warum ist es falsch diese Kosten entsprechend in Rechnung zu stellen? Wir haben uns zu Geschäftsleuten weiterentwickelt. Die Reinheit dieses Kristalls lassen wir uns bezahlen.«

»Wenn der Preis überzogen ist, wird die EWK uns das Masarith nicht abnehmen«, antwortete Surus Tanjati. Reco Kuriato schaute seinen 1. Offizier ärgerlich an.

»Das Neuen-Imperium wird zahlen«, sagte er. »Wenn ihnen unsere Preise zu teuer erscheinen, dann gibt es reichlich andere Abnehmer.«

Der Zentralrat der Piraten hatte vor nicht allzu langer Zeit ein Abkommen mit der EWK geschlossen. Vermutlich auch durch den Druck unseres wachsenden Flottenaufkommens musste der Rat zustimmen, von einem Angriff auf die Transport-Flotten der EWK abzusehen. Im Gegenzug durften die Piratenschiffe sich wieder frei in der Milchstraße bewegen, ohne Angst zu haben gejagt zu werden. In nervenaufreibenden Verhandlungen wurde den Piraten zugestanden, sich ein neues Betätigungsfeld zu suchen.

Überfalle auf EWK- Transportschiffe, ihre gelegentlichen Geiselnahmen und die Versklavung von heranwachsenden neuen Rassen der Milchstraße, wurden schlagartig unterlassen. Im Gegenzug sagte die EWK ihnen zu, alle wichtigen Rohstoffe ihrer Förderung abzunehmen. Planeten, auf den sie bereits aktiv waren, wurden den Piraten als Eigentum übereignet. Weitere Rohstoff-Planeten mussten bei der EWK angemeldet und registriert werden. Nur so konnte ein Besitzeintrag der Piraten gesichert werden. Sobald von dieser Vereinbarung abgewichen und wieder Transportschiffe überfallen würden, konnte der Vertrag von der EWK einseitig als hinfällig eingestuft werden.

Die Piraten wussten, was für sie auf dem Spiel stand. Der Abbau von Rohstoffen und der Verkauf an potente Kunden, entwickelten sich zu einem einträglichen Geschäft. Erst nach langen Wochen des Zögerns erkannten die Piraten diesen lukrativen Geschäftszweig. Sie registrierten mit Wohlwollen den nicht erwarteten Wohlstand, der nach und nach über ihre Familien hereinbrach. Diese Art der Erwerbstätigkeit war wesentlich einfacher und sicherer als die früheren Beschäftigungen, bei denen immer wieder mit Verlusten an Schiffen und Personal gerechnet werden musste.

»Transporter 1 meldet die volle Ladekapazität an«, teilte Surus Tanjati. »Der Kommandeur bittet um Begleitschutz und um eine Flug-Freigabe ins Heimatsystem.«

»Eigentlich wollte ich die Transporter zusammen fliegen lassen«, antwortete Reco Kuriato.

»Es wird noch einige Zeit brauchen, bis die restlichen Transporter ihre volle Ladekapazität erreicht haben«, erwiderte Surus Tanjati. »Zu Hause wartet man dringend auf die Kristalle, um die weitere Bearbeitung vorzunehmen. «

Reco nickte kurz.
»Dann lassen sie unsere Schiffe fliegen«, entgegnete er. »Ich wünsche, dass sie einen direkten Flug in unser System programmieren. Wir werden ihnen 30 Kampf-Flieger als Begleitschutz mitgeben. «

»Ich gebe den Befehl weiter«, lächelte der 1. Offizier.

Er drehte sich um und schritt auf die Hyperfunk- Leitstelle. Die Funkleitstelle unterrichtete das Transportschiff und befahl 30 Schiffe als Begleitschutz an seine Seite. Reco Kuriato erkannte auf dem Schirm seines Schiffes, wie sich 30 Kampf-Schiffe lösten und in Formation zu dem ersten Transportschiff gingen. Gemeinsam beschleunigten die Schiffe und sprangen in den Hyperraum.

✷✷✷

Major Travis und Heran waren wieder auf Sira gelandet. Admiral Dragphan wurde von ihm über die neusten Vorkommnisse auf Garth informiert.

Der Admiral schüttelte seinen Kopf.
»Wir werden noch intensivere Personalkontrollen durchführen müssen«, teilte er mit. » Vermutlich gibt es doch noch einige unseres Volkes, die der Herrschaft der Zierrakies nachtrauern. Sie heißt es jetzt herauszufiltern, um mögliche Schläfer im Vorfeld unschädlich zu machen.«

Die Türe des Besprechungsraumes öffnete sich. Ein Assistent des Admirals trat ein.

»Thardrick ist eingetroffen«, meldete er. »Möchten sie ihn empfangen? «

»Führen sie ihn bitte ins Zimmer«, antwortete der Admiral.

Der Assistent führte die biomechanische Lebensform, der die Bio-Datenbank der Bewahrer hütete, in das Büro hinein.

Freudig begrüßte er die Wartenden. Erstaunt blickte er Major Travis und Heran an.

»Sie sind schon zurück von Garth«, erkundigte er sich. »Ich hoffe, ihre Kolonie macht gute Fortschritte?«

»Es gab kleinere Schwierigkeiten«, antwortete Major Travis. »Der Aufbau geht trotzdem zügig voran.«

»Ich habe auch gute Neuigkeiten«, sagte Thardrick. »Das Anpassung der Umwelt für meine Herren ist abgeschlossen. Die Anzeigen unseres Generations-Schiffes weisen auf erstklassige Werte hin. Das ist nur ihrem Schutzschirm zu verdanken, der uns die benötigte Fläche für den Lebensraum unserer Herren exakt eingrenzt. Hierdurch ist nur ein wesentlich kleiner Bereich des Planeten anzupassen. In Kürze werden wir mit der Reproduktion unserer Bewahrer beginnen.«

»Das hört sich positiv an«, antwortete der Major. »Vielleicht habe ich die Gelegenheit, einen ihrer Herren persönlich kennenzulernen?«

Thardrick lächelte ihn an.
»Dazu werden sie sicherlich Gelegenheit bekommen«, antwortete er. »Der Prozess wird drei Monate dauern, bis die Reproduktion abgeschlossen werden kann. Im

Anschluss werden wir unsere Herren mit allen nötigen Informationen ausstatten, bevor sie ihre Arbeit aufnehmen können.«

»Doch solange?«, fragte Heran und blickte seinen Freund an.

»Wir werden in drei Monaten wiederkommen und nach dem Fortschritt der Reproduktion fragen«, entschied Major Travis. »Es warten noch weitere Arbeiten auf uns.«

»Das verstehen wir«, erwiderte Thardrick. »Wir haben nicht vor, ihnen fortzulaufen.«

Nachdem wir den Rückflug angetreten haben, wird Admiral Dragphan ihr Ansprechpartner sein«, teilte Major Travis mit. »Er hat einen direkten Draht zu uns. Falls es Fragen geben sollte, bitten sie ihn uns über eine Hyperkomm-Funknachricht zu kontaktieren.«

»Das werde ich«, antwortete Thardrick. »Danke für die Zusage, dass sie unseren Bewahrern den Schutz ihres Imperiums gewähren.«

Major Travis und Heran drehten sich Admiral Dragphan zu.

»Sie kommen zurecht?«, erkundigte sich der Major.

»Wir werden es müssen«, lächelte der Admiral. »Sie haben uns die Türe zu unserer Selbstverwaltung geöffnet. Alles Weitere geht von uns aus. Ihre Techniker wissen, was sie tun müssen. Wir sind ihnen sehr dankbar, dass sie uns in ihrer Technik einweisen.«

»Wir werden uns zurückziehen«, ergänzte der Major. »Lediglich die Transportschiffe, unsere Wissenschaftler und Techniker werden noch hierbleiben und die Arbeits-Roboter einweisen. Sie verfügen über genügend Schiffe, um diesen Sektor der Milchstraße selbst abzusichern. Halten sie Kontakt zu uns und informieren sie uns über den weiteren Verlauf des Aufbaues ihrer Kolonien. Wir sehen uns in drei Monaten wieder und können weitere Fragen besprechen.«

»Das machen wir«, antwortete Admiral Dragphan. »Danke für ihr Vertrauen. Wir werden sie nicht enttäuschen.«

Major Travis und Heran verließen das Besprechungszimmer des Admirals. Ein Gleiter wartete außerhalb auf sie. Er brachte sie zurück zu ihren Schiffen. Beide waren froh, sich wieder auf den Weg nach Tarid begeben zu können. Die Flotte des Neuen Imperiums blieb noch eine Stunde in der Umlaufbahn des Planeten Garth. Dann startete sie und entschwand in dem Hyperraum.

***

Durio Cankowski, der leitende Commander der Abbau-Förderstation, stand mit Vogus Danlowski auf der Aussichtsplattform der Basis. Ein kräftiger Sturm tobte außerhalb. Geröll und Gesteinsbrocken wurden mit voller Wucht gegen das kreischende Metall der Förder-Basis gewirbelt. Die Lage wurde immer bedrohlicher. Das schreiende und knirschte Metall hörte sich fast so an, als ob es sich aus der Verankerung des Felsenbodens lösen wollte.

»Das ist der erste mächtige Sturm, den wir hier erleben«, teilte Commander Cankowski mit. »Die herumwirbelnden Steine beschädigen massiv die Metallwände unserer Station. Wir müssen dafür sorgen, dass wir einen Schutzwall um die Basis gelegt bekommen.«

»Damit konnte nicht gerechnet werden«, antwortete Leutnant Danlowski. »Das ist der erste Sturm in dieser Art, den wir hier verzeichnen. In der Regel kommt es nur zu leichten Staubstürmen, die keinen großen Schaden anrichten.«

»Die Anlage muss verstärkt werden«, sagte der Commander. »Wir haben einige Milliarden Terun investiert, um mit der Förderung beginnen zu können. Jetzt ist der Zeitpunkt gekommen, an der die Anlage rentabel arbeiten muss.«

»Es nützt nichts«, erwiderte Leutnant Danlowski. »Wenn der Clanführer keine weiteren Investitionen vornehmen möchte, ist der von ihnen gewünschte Schutzwall nicht zu installieren.«

»Warum haben wir keinen Natridstahl verwendet?«, fragte Commander Cankowski.

antwortete Vogus Danlowski. »Dieser hochlegierte Stahl wird lediglich auf den Planeten des Neuen-Imperiums produziert. Eine weitere Frage ist es, ob wir ihn überhaupt hätten verarbeiten können. Wir haben keinerlei Erfahrung mit dem Material.«

»Er ist jedenfalls wesentlich widerstandsfähiger, als der Stahl, den wir verwenden«, registrierte der Commander. Er zeigte auf einige Deformierungen an der Außenhülle der Basis.

»Schauen sie dort hin«, sagte er. »Einschlagendes Geröll haben bereits die Seitenwand von Sektor fünf beschädigt. Die Wand muss sofort verstärkt werden.«

Leutnant Vanriato, der Sicherheits-Offizier der Station kam angelaufen. Nach Atem ringend blieb er vor den Offizieren stehen.

»Sektor 5 meldet einen Riss in der Außenwand der Hülle«, teilte er mit. »Vermutlich haben eingeschlagene Gesteinsbrocken diesen verursacht.«

Der Commander der Förder-Station nickte.
»Stellen sie ein Team zusammen«, befahl er. »Wir müssen größere Schäden vermeiden. Macht euch an die Arbeit. Verschweißt die Risse und stützt die Wand zusätzlich ab. Der Sturm wird nicht ewig andauern.«

Er blickte auf die Anzeigen der Monitore.
»Ich werde den Atmosphären-Generator unter einen Energie-Schirm legen. Er ist die teuerste Anlage unserer Basis.«

Leutnant Danlowski und Leutnant Vanriato eilten davon und machten sich auf dem Weg, ein Techniker-Team zusammenzustellen. Die Außenarbeiten konnten nur mit

Schutzanzügen und Helmen in Angriff genommen werden.

Der Commander verfluchte diesen steinigen Planeten. Es verging nicht ein Tag, an dem nicht eine Störung gemeldet wurde.

»Wen wir hier nicht die wertvollen Masarith-Kristalle gefunden worden hätten, dann wären wir längst weitergezogen«, dachte er. »Das ist hier ein feindlicher und ungemütlicher Brocken. Der Riss in der Außenwand der Basis muss beseitigt werden.«

Er begab sich wieder in die Zentrale der Anlage. »Statusbericht«, erkundigte er sich.

»Die Förderungen der Kristalle laufen in der Vorgabe«, bestätigte sein Stellvertreter. »Im Inneren des Planeten kommen wir gut voran. Die Schürfroboter haben weitere erstklassige Adern freigelegt.«

»Wenigstens eine gute Nachricht«, antwortete der Commander.

Verhalten blickte er auf die Außenbildschirme.
»Wo kommt nur dieser verdammte Sturm her?«, fragte er sich leise.

Warnsignale sprangen an und zogen einen grellen Warnton durch die Leitstelle. Sämtliche Schutzschirme der Förder-Station aktivierten sich automatisch. Das Licht verdunkelte sich in ein diffuses Rot.

»Was ist jetzt wieder passiert? «, fragte der Commander. Unsere Schutz-Flotte im All hat für alle Einheiten und Anlagen vollen Alarm ausgerufen«, meldete der Ortungs-Offizier. » Der Sturm ist künstlich. Unsere Einheiten haben starke Gravitations-Wellen zwischen dem dritten und vierten Planeten dieses Systems geortet. Dort ist ein seltsames Naturereignis erschienen. «

»Was für ein Naturereignis? «, erkundigte sich Commander Cankowski.

»Dort ist es eine Art Wirbel, der eine wellenartige Fläche im Raum entstehen lässt«, meldete Leutnant Ranjati.

Er war der Ortungs-Offizier der Basis.
»Der Durchmesser dieses Wirbels beträgt exakt 150.000 Kilometer«, teilte er mit. »Unsere Schiffe ziehen sich von diesem Phänomen zurück und beobachten es nur noch. «

Der Commander blickte auf den Monitor.

»Reco Kuriato hat uns befohlen, sämtliche Schutzschirme der Station zu aktivieren«, meldete der Funk-Offizier. »Von dem Objekt gehen Druck und Gravitations-Wellen aus. Vermutlich sind sie die Ursache des Sturms auf diesem Planeten.«

Der Commander blickte auf die Ortungsanzeigen seiner Station und rieb sich seine Stirn.

***

Die Flotte von Leutnant Sanna Lightman war wieder im Normalraum materialisiert. Sie stand nur noch einen Klick von den besagten Ortungsquellen entfernt.

»Was haben wir?«, fragte sie ihren Ortungs-Offizier.

»Die Sensoren registrieren starke Verzerrungen des Raum-Zeit-Gefüges«, antwortete Leutnant Ingersoll. »Sie stammen aus dem kleinen Sternen-System, das vor uns liegt.«

»Bitte auf den zentralen Schirm legen«, befahl Leutnant Lightman.

Die Raumkarte wurde von der Schiffs-Hypertronic auf dem zentralen Bildschirm angezeigt. Die Karte zeigte ein kleines Planeten-System, nahe der mittelgroßen Sonne im Sektor Tau-Ceti an.

»Die Gravitationswellen gehen von dem Leerraum zwischen dem 3. und 4. Planeten aus«, teilte der Ortungs-Offizier mit. »Scheinbar bildet sich dort eine Anomalie, eine Art Gravitationswirbel?«

»Das System besitzt 7 Planeten«, bemerkte der Leutnant. »Kann der große Abstand zwischen dem 3. und 4. Planeten der Grund für dieses Phänomen sein?«

»Es handelt sich um ein autarkes System«, antwortete Leutnant Ingersoll. »In unseren Raumkarten ist nichts hierüber vermerkt. Es scheint sich nicht um eine wiederkehrende Anomalie zu handeln.«

Die Hypertronic-KI des Schiffes signalisierte 272 rote Signaturen in der Raumkarte. Alle waren um den 3. Planeten des Systems angesiedelt.

»Was ist das?«, fragte der Leutnant.
»Unsere Sensoren werden durch die starken Gravitationswellen gestört«, antwortete Leutnant Ingersoll. »Wir registrieren erst jetzt eine starke Flotte von Feindschiffen.«

»Können wir die ID's der Schiffe empfangen?«, fragte Leutnant Lightman.

Der Ortungs-Offizier schüttelte seinen Kopf.
»Ich empfange nur Störsignale«, antwortete er. »Wir müssen näher heran. Dann kann ich die ID's der Schiffe auslesen. «

»Bringen sie uns näher heran«, befahl der Leutnant. »Wir wollen doch sehen, mit wem wir es hier zu tun haben. «

Der Befehl wurde an die Begleit-Flotte weitergeleitet. Langsam beschleunigten die Schiffe und flogen näher an das System heran.

»Was machen die Ortungsdaten?«, fragte Leutnant Lightman.

»Sie werden langsam klarer«, antwortete Leutnant Ingersoll.

Der Leutnant blickte ihren 1. Offizier an.

»Leutnant Reider«, sagte sie. »Stoppen sie hier unsere Flotte. »Wir beobachten erst einmal. «

Der 1. Offizier nickte und übergab den Befehl an die Flotte. Die Signale auf der Raumkarte des zentralen Bildschirms änderten sich in eine grüne Farbe.

Fragend blickte Leutnant Lightman den Ortungs-Offizier an.

»Wir haben es«, lächelte er. »Es handelt sich um einen Verband von Piraten-Schiffen. Sie sind mit 270 Schiffen ihrer 250-Meter-Klasse im System. Ich erkenne noch zwei Transporter einer unbekannten 2.000- Meter-Klasse. Das Schiff scheint aber unbewaffnet zu sein.«

»Was machen die Piraten hier draußen?«, fragte Sanna laut.

»Seit die EWK mit den Piraten Verträge geschlossen hat, dürfen sie sich Rohstoff-Planeten suchen«, erklärte der 1. Offizier. »Die geförderten Erze, Mineralien, oder auch Energie-Kristalle, dürfen von den Piraten abgebaut und an das Neue-Imperium geliefert werden. Man hat dem Rat der Piraten zugestanden, falls sie neue Rohstoff- Planeten finden, können sie diese bei der EWK als ihr Eigentum registrieren lassen. Planeten, auf denen sich bereits Leben entwickelt hat, sind für sie tabu.«

Leutnant Lightman lehnte sich in ihrem Kommando-Sessel zurück und blickte auf den Bildschirm des Schiffes.

»Können die Piraten für diese starken Gravitationswellen verantwortlich sein?«, fragte sie.

»Das halte ich für ausgeschlossen«, antwortete Leutnant Kean.
Er war der Spezialist für natradische Antriebe und Waffensysteme. Der Leutnant überlegte kurz.

»Ich bin mir nicht sicher, ob diese starken Wellen von Gravitations-Bomben verursacht werden können«, erklärte er. »Selbst die gleichzeitige Detonation von einer ganzen Schiffsladung dieser Bomben, würde keinen Einfluss auf das Raum-Zeit-Gefüge haben.«

»Aber was löst die Wellen aus?«, erkundigte sich der Leutnant.

»Vielleicht können uns die Piraten das beantworten«, bemerkte Leutnant Reider. »Sie gehören doch jetzt dem Neuen-Imperium an.«

Leutnant Lightman verzog ihr Gesicht.
»Konnten sie jemals mit den Piraten ein vernünftiges Hyperkomm-Funkgespräch führen?«, fragte sie. »Sie

können ihren Argwohn gegenüber dem Neuen-Imperium nicht ablegen. Sie vermuten hinter jeder Kontrolle unsererseits eine Beschneidung ihrer Kompetenzen.«

»Ihre Entscheidung, Leutnant«, lächelte der 1. Offizier. »Sie sind der Flottenführer.«

»Also gut«, entschied sie. »Fragen wir bei den Piraten nach.«

Sie drehte ihren Kopf dem Funk-Offizier zu.
»Leutnant Bruns, öffnen sie mir bitte eine Verbindung zu den Piraten-Schiffen«, befahl sie.

»Die Hyperkomm-Funkverbindung baut sich auf«, erwiderte der Leutnant. »Sie sollten jetzt empfangen werden.«

Eisige Ruhe war auf der Brücke des Schiffes der Prinz-Klasse zu hören. Jeder Offizier wollte das Gespräch ihrer Befehlshaberin mit verfolgen.

»Hier spricht Leutnant Lightman«, sprach sie in ihren Communicator. »Wir sind eine Patrouillen-Flotte des Neuen-Imperiums von Natrid. Ich rufe den Befehlshaber der Piraten-Flotte. Bitte melden sie sich.«

Nach einem kurzen Knistern meldete sich eine ärgerliche Stimme.

»Hier spricht Clanführer Reco Kuriato«, hallte es aus den Lautsprechern. »Warum kontrollieren sie uns? Unsere Flotte fördert legal Rohstoffe für ihr Imperium.«

»Dagegen ist nichts zu sagen«, antwortete Leutnant Lightman. »Welche Ursache haben die von ihnen ausgelösten Gravitationswellen?«

Eine kurze Pause entstand, bevor der Clanführer antwortete.

»Geben sie mir bitte einen kompetenten Vorgesetzten«, knurrte Reco Kuriato. Sicherlich wird er wissen, dass diese starken Gravitationswellen nicht von uns ausgelöst werden können. Unserer Flotte fehlen die technischen Hilfsmittel hierfür. Aber vielleicht sind sie hierfür verantwortlich?«

»Sie sprechen bereits mit dem Vorgesetzten«, antwortete Leutnant Lightman. »Es wird ihnen sicherlich nichts ausmachen, mit einer weiblichen Person zu sprechen.«

»Wir verhandeln nicht mit Frauen«, antwortete Reco Kuriato. »Fliegen sie nach Hause. Wir kommen hier allein zu Recht. Das System wird von uns beansprucht. «

Die Verbindung wurde unterbrochen.

Leutnant Lightman blickte ihren 1. Offizier an.
»Was für ein unfreundlicher Gesprächspartner«, fluchte sie.

Die Crewmitglieder lachten laut auf.
Leutnant Lightman blickte sie fragend an.

»Es ist bekannt, dass die Piraten keine Frauen als Gesprächspartner akzeptieren«, erklärte Leutnant Reider. »Dafür sind sie zu stolz. Ihre Lebensphilosophie unterscheidet sich von unserer. «

»Sie wollen damit andeuten, dass die Frauen auf dem Piraten-Planeten noch ihren Männern unterdrückt werden? «, fragte sie.

Der 1. Offizier lächelte sie an.
»So kann man es auch ausdrücken«, erwiderte er. »Die Piraten sind verwegene Gestalten und lassen sich nicht gerne bevormunden, am wenigsten von Frauen. «

»Öffnen sie mir noch einmal eine Verbindung zu den Piraten-Schiffen«, befahl der Leutnant. »Wir wollen doch einmal sehen, ob dieser Pirat nichts dazulernen kann. «

Sie griff nach ihrem Communicator.
»Ich rufe den unfreundlichen Clanführer Reco Kuriato«, sprach sie in den Communicator. »Melden sie sich unverzüglich. «

Ein erneutes Knistern wies auf die eingerastete Verbindung hin.

»In welchem Ton wagen sie es, mich anzusprechen, Frau«, fluchte der Clanführer. »Hat man ihnen keine Manieren beigebracht. Sie wissen vermutlich nicht, mit wem sie sprechen? «

Reco Kuriato wollte noch etwas sagen, doch Leutnant Lightman ließ ihn seine Worte nicht aussprechen.

»Sie sind die unhöflichste Person im ganzen Universum«, sprach sie ihn an. »Ich werde einen Bericht an das Neue-Imperium übersenden und mitteilen, dass sie mit einer neuen Gravitations-Technik ihre Rohstoff-Förderung durchführen. Die Wellen beeinflussen alle angrenzenden Sektoren. Ich werde dafür sorgen, dass ihnen die Lizenzen entzogen werden. «

»Wie dumm sind sie? «, erwiderte der aufgebrachte Clanführer. » Haben sie nicht verstanden, dass uns eine solche Technik nicht zur Verfügung steht. Schauen sie auf ihre Ortungsanzeigen. Sie werden doch auch die Anomalie orten können, die zwischen dem 3. und dem 4. Planeten dieses Systems entstanden ist. Diese Wellen stören unsere komplette Förderung. Unsere Basis auf dem 3. Planeten ist bereits stark beschädigt. «

Die Verbindung brach wieder ab.
»Mit dem Clanführer kann man nicht reden«, bemerkte sie. »Kann es sein, dass sie für die Gravitations-Wellen nicht verantwortlich sind? «

Ihr 1. Offizier hob seine Schultern.
»In unseren Raumkarten sind keine Gravitationswellen in diesem System verzeichnet«, antwortete er. »Wo sollen sie herkommen. Einzig allein die Piraten bauen hier Rohstoffe ab. «

»Achtung«, warnte der Ortungs-Offizier. »Die Wellen nehmen massiv zu. Die Anzeigen schlagen bis an die oberste Skala aus. «

Die Crew blickte auf den Bildschirm.

Der Wirbel der Gravitationswellen verstärkte sich. Die Wellen des Wirbels schlugen unruhig hin und her. Von einem Moment zum anderen, schob sich aus dem Mittelpunkt des Wirbels ein Planet und stabilisierte sich an den Koordinaten. Schlagartig ebbten die Gravitationswellen ab.

»Echtzeitbildschirm aktivieren«, befahl Leutnant Lightman. »Sehe ich richtig? Ist da ein neuer Planet in dem System materialisiert? «

Der Ortungs-Offizier war fassungslos. Er überprüfte seine Instrumente. Doch auch nach einem Neustart wurden die gleichen Resultate angezeigt.

»Die Werte sind real«, antwortete er. »Ein neuer Planet ist in dem System materialisiert. Er wurde aus dem Wirbel gespült. Ein starker globaler Schutzschirm schützt ihn. Seine Position liegt exakt zwischen dem 3. und 4. Planeten. «

»Bekommen wir Ortungsdaten? «, fragte Leutnant Lightman. » Können unsere Orter und Sensoren den Schirm durchdringen? «

»Nichts zu machen«, antwortete Leutnant Ingersoll. »Der Schirm blockt alle unsere Versuche ab. Nichts ist aus seinem Inneren zu erkennen, noch weniger zu orten. Er ist mit unserer Technik nicht zu durchdringen.«

»Vorschläge?«, fragte Leutnant Lightman.
»Wir kommen hier nicht weiter«, antwortete der 1. Offizier. »Sie sollten die EWK informieren.«

»Die Piraten formieren sich«, teilte der Ortungs-Offizier mit. »Scheinbar wollen sie einen Angriff auf den Schutz-Schirm fliegen.«

Leutnant Lightman schüttelte ihren Kopf.
»Öffnen sie eine Verbindung zu diesem Reco Kuriato«, sagte sie. »Er will mit seinem Kopf durch die Wand.

»Die Verbindung ist offen«, antwortete der Funk-Offizier. »Das Flagg-Schiff empfängt sie.

»Ich rufe Flottenführer Kuriato«, sprach sie in ihren Communicator. »Bitte antworten sie.«

»Was wollen sie wieder«, antwortete der Clanführer in einem herablassenden Ton. »Ziehen sie sich zurück, wir Männer übernehmen ab hier.«

»Wollen sie den Planeten angreifen?«, fragte Leutnant Lightman.

»Sie wollen uns die Rohstoffe und die Masarith-Kristalle stehlen«, fluche Reco. »Das lassen wir nicht zu. Wir haben den Planeten entdeckt und fördern bereits seit geraumer Zeit. «

»Brechen sie ab«, empfahl Leutnant Lightman. »Wer einen Planeten in ein anderes System versetzen kann, der hat auch Waffen, um ihre kleinen Schiffe abzuwehren. Schicken sie Ihre Piloten nicht in den Untergang. «

»Das werden wir noch sehen, «hyperventilierte Reco Kuriato. »Wir werden ihnen zu verstehen geben, dass wir zuerst hier waren. «

»Ich fordere sie im Namen des Neuen-Imperiums auf, diesen Angriff zu unterlassen«, sagte Leutnant Lightman. »Falls sie nicht hierauf eingehen, gefährden sie alle mit dem Zentral-Rat der Piraten abgeschlossenen Verträge. «

»Wir pfeifen auf die Verträge«, antwortete der Clanführer. »Sie sind uns eine Kette am Bein. Wir sind Piraten, keine Abbauspezialisten. «

Wieder wurde die Verbindung von Seiten des Clanführers unterbrochen.

»Sofort eine Meldung an die EWK senden«, befahl der Leutnant. »Teilen sie mit, dass an diesen Koordinaten eine neue Welt materialisiert ist. Ferner informieren sie unsere Führung, dass die Piraten diese angreifen wollen, obwohl wir ihnen das ausdrücklich verboten haben. Wir bitten um Unterstützung. «

Der Funk-Offizier nickte.
»Ich habe alles mitgeschrieben«, teilte er mit. »Die Hyperkomm-Funknachricht ist raus. «

Die Crew der Prinz 2.730 sah, wie ein Geschwader von 25 Schiffen der Piraten aus der Formation ausscherten und einen Kurs auf den neuen Planeten einschlugen.

»Sie fliegen auf Kollisionskurs«, bemerkte der Ortungs-Offizier. »Ihre Waffen-Systeme wurden aktiviert. «

Die 25 Piraten-Schiffe flogen in einer breiten Linienformation. Schiff neben Schiff schnellten sie auf den Schutz-Schirm des neuen Planeten zu. Ihre Laser-Geschütztürme feuerten im Dauermodus. Salve an Salve schlug in den Schirm ein und wurde von ihm verschluckt. Keine Anzeichen von Schwachstellen wurden sichtbar.

»Dem Schirm hat der Beschuss nichts ausgemacht«, meldete der 1. Offizier. »Langsam sollten die

Piratenschiffe abdrehen, ansonsten schlagen sie auf den Schirm auf.«

Leutnant Lightman griff nach ihrem Communicator. Der Funk-Offizier hatte die Verbindung bereits hergestellt.

»Lassen sie ihre Schiffe abdrehen«, sprach sie in die Verbindung. »Wie dämlich müssen sie sein? Sie opfern bewusst ihre Piloten. Ich werde das dem Zentral-Rat der Piraten mitteilen. Ihnen wird der Oberbefehl über ihre Schiffe entzogen.«

»Wir werden ihnen Manieren beibringen«, tobte der Clanführer. »Ich habe endlich genug von ihnen.«

Die Verbindung brach ab.
»Achtung«, teilte der Ortungs-Offizier mit. »Die 25 Piraten- Schiffe treffen auf den Schirm auf.«

Die Crew erkannte, wie die Schiffe versuchten durch den Schirm zu fliegen. Sie erhöhten ihre Geschwindigkeit. Gleichzeitig erreichten sie den orangefarbenen Schutz-Schirm. Ein geringer Kontakt reichte aus. Synchron flackerten 25 Feuerbälle vor dem Schirm auf. Die Energie wurde von dem unbekannten Schirm eingezogen. Nichts deutete mehr auf 25 Piraten-Schiffe hin. Fast schien es so, als ob sie gar nicht existiert hätten.

Geschockt blickte die Crew der Prinz 2.730 auf den Schirm.

»Der Clanführer hat die Piloten bewusst in den Tod geschickt«, bemerkte Leutnant Lightman. »Das ist unverzeihlich.«

»Weitere 80 Schiffe der Piraten brechen aus ihrer Formation aus und fliegen unsere Koordinaten an«, teilte der Ortungs-Offizier mit.

»Schutzschirme auf Maximum schalten«, befahl der 1. Offizier. »Alle Geschütztürme ausfahren. Die Piraten wollen uns angreifen.«

»Sollen wir fliehen?«, fragte er.

Leutnant Lightman schüttelte energisch ihren Kopf.
»Wir sind in unserem Hoheitsbereich«, antwortete sie. »Die Piraten missachten unsere Anweisungen. Das wird sie teuer zu stehen bekommen. Auf einen Angriff vorbereiten. Alle Schiffe der Piraten kampfunfähig schießen. Verluste an Leben möglichst vermeiden.«

Langsam näherte sich die Flotte der Piraten. Ihre Laser-Geschütztürme waren schussbereit.

Die im Hyperraum befindliche Flotte von Major Travis konnte die unverständliche Mitteilung von der Prinz 2.730 empfangen. Die 500 Naada-Schiffe hatten den Hyperraum verlassen und warteten auf neue Instruktionen.

»Wie lautet der exakte Hyper-Funkspruch?«, fragte Major Travis.

»Sie übermittelten uns ihre Hypersprung-Koordinaten«, teilte Sergeant Farmer mit. »Der Wortlaut ist etwas unverständlich. Sie teilen uns mit, dass an ihren Koordinaten eine neue Welt materialisiert ist. Angeblich wird das kleine Planeten-System von den Piraten beansprucht. Eine Flotte unter dem Befehl von Leutnant Lightman hat den Piraten ausdrücklich verboten, diese neue Welt anzugreifen. Anscheinend ignorieren sie aber den Befehl. Der Befehlshaber ist Reco Kuriato. Er hat genug von der weiblichen Bevormundung. Der 1. Offizier des Prinz-Schiffes informiert uns, dass die Piraten jetzt versuchen die Flotte des Neuen-Imperiums anzugreifen. Sie bitten um Unterstützung.«

Major Travis blickte Commander Brenzby an.
»Informieren sie Commander Hanks und Heran«, befahl er. »Wir werden die Piraten zur Ordnung rufen. Überall

wo dieser Reco Kuriato auftaucht, entstehen nur Schwierigkeiten. Wir machen einen kleinen Abstecher.«

Der Commander nickte und informierte den Funk-Offizier.

Kurze Zeit kam er zu Major Travis zurück.
»Alle Schiffe wurden informiert«, teilte er mit.

Er blickte Sergeant Hausmann an.

»Bringen sie uns zu den Koordinaten«, befahl er.
Die Flotte sprang geordnet in den Hyperraum. Nur wenige Sekunden später materialisierte sie zielgenau an übermittelten Koordinaten.

Ein greller Alarmton durchzog die Brücke des Schiffes. Die Ortungs-Anzeigen schlugen aus. Die Hypertronic-KI hatte bereits Sekunden nach dem Eintauchen in den Normalraum die Annäherungskontakte zu fremden Schiffe erkannt.

»Schutzschirme aktivieren«, befahl der Major. »Alle Waffentürme ausfahren.«

Er blickte seinen Ortungs-Offizier an.
»Was haben wir?«, fragte er.

Sergeant Dantow war noch über seinen Instrumenten vertieft.

»Exakt 80 Schiffe der Piraten haben einen Kollisionskurs eingeschlagen«, antwortete er. »Ihr Ziel ist unsere Patrouillen-Flotte. Wir sind gerade noch rechtzeitig gekommen.«

»Auf den Schirm legen«, befahl der Major.

Der zentrale Bildschirm des Schiffes zeigte die Situation im System an. Der dritte Planet war von einer großen Anzahl Piraten-Schiffe gesichert. Planet 4 schien durch einen globalen Schutzschirm vor Übergriffen geschützt zu sein.

»Öffnen sie einen Kanal zu den anfliegenden Schiffen«, sagte Major Travis.

»Sie können sprechen, antwortete Sergeant Dantow. »Die Verbindung steht.«

»Hier spricht Major Travis«, sprach er in den Communicator. »Erbfolgeberechtigter Oberbefehlshaber der vereinigten Natrid & Tarid Streitkräfte. Erhobener im Gefüge der Kaiserkaste mit Rang 1. Bestätigt und eingesetzt von Noel von Natrid im Rahmen der Nachfolge-Programmierung von Admiral Tarin. Ich fordere die Schiffe der Piraten unverzüglich auf, ihren Angriffskurs abzubrechen. Wir werden ihrem Angriff nicht tatenlos zusehen. Vermeiden sie den Verlust an Schiffen und Personal. Sie sind uns unterlegen.«

Major Travis blickte Commander Brenzby an. »Gravitations-Torpedo bereitmachen«, sagte er. »Zielpeilung 800 Meter vor dem Bug der Schiffe. Das wird sie wachrütteln.«

Der Commander lief zur Waffenleitstelle und gab den Befehl weiter. Schnell kam er zurückgeeilt.

»Torpedo bereit«, erklärte er. »Der Abschuss erfolgt auf ihren Befehl hin.«

Major Travis blickte auf den Bildschirm. Die Schiffe der Piraten näherten sich weiter.

»Feuer«, befahl er. »Torpedo abschießen.«

Die Crew sah, wie das schlanke Geschoß auf die Schiffe der Piraten zuschoss. Es vergingen fünf weitere Sekunden, dann detonierte der Torpedo 800 Meter vor den Schiffen. Die starke Gravitationswelle ließ die Piraten-

Schiffe durcheinanderwirbeln. Ein heilloses Durcheinander brach aus. Ein Teil der Schiffe konnte ihren Kurs nicht mehr halten und driftete gefährlich nahe Kollegen- Schiffen entgegen. Nur mit letzter Kraft schienen die Piraten ihre Schiffe wieder stabilisieren zu können. Abrupt stoppten sie ihren Anflug.

»Eine starke Flotte des Neuen-Imperiums ist im System materialisiert«, meldete Logus Kanlawski, der Funk-Offizier des Flaggschiffes von Reco Kuriato. »Ihre Verstärkung ist eingetroffen.«

Der Clanführer tobte durch die Zentrale seines Schiffes. »Wir lassen uns von ihnen nicht drangsalieren«, fluchte er. »Noch immer sind wir freie Piraten und keine Sklaven des Neuen-Imperiums.«

»Uns sind die Hände gebunden«, bemerkte Surus Tanjati, der 1. Offizier. »Darf ich sie daran erinnern, dass wir Verträge unterzeichnet haben. Wir haben uns von Piraten zu Händler gewandelt. Dieses Vorgehen wurde von allen Clanführern einheitlich beschlossen. Ich glaube mich zu erinnern, dass auch sie an der Abstimmung teilgenommen haben. Ein bewusster Verstoß gegen diese Verträge wird ihnen ihre Führungsposition kosten.«

Der 1. Offizier wurde von Reco Kuriato mit einem verächtlichen Blick bedacht.

»Ich registriere 500 schwere Naada-Kreuzer«, teilte der Ortungs-Offizier mit. »Alle Schiffe haben ihre Schutz-Schirme und ihre Geschütztürme aktiviert.«

»Widerrufen sie den Angriffsbefehl«, befahl der 1. Offizier dem Flottenführer. »Unsere Chancen stehen sehr schlecht. Ihnen ist doch auch die Feuerkraft dieser natradischen Angriffs-Schiffe bekannt. Setzen sie nicht alles aufs Spiel.«

Der Clanführer war hin und hergerissen. Er wollte der weiblichen Kommandantin der Patrouillen-Flotte einen Denkzettel erteilen. In seinen Augen konnte es nicht angehen, dass weibliche Flottenführer ihm Befehle erteilten.

»Ich bin immerhin der Anführer des größten Piraten-Clans in der Milchstraße«, dachte er. »Das wird noch ein Nachspiel haben. So einfach kommt sie nicht davon.«

Nur widerwillig gelang es ihm, sich mit dem Abbruch des Angriffes anzufreunden. Er wusste, dass seine Angriffs-Geschwader gegen die 500 schweren Naada-Schiffe massiv unterlegen waren.

»Ich registriere den Abschuss eines feindlichen Torpedos«, meldet der Ortungs-Offizier. »Er schwenkt auf einen Kollisionskurs zu unserem Angriffs- Geschwader ein.«

»Täuschungskörper auswerfen«, befahl Reco Kuriato. »Den Torpedo bereits im Anflug vernichten.«

Der Funk-Offizier kam nicht mehr dazu, den Befehl weiterzugeben. Der Torpedo hatte Fahrt aufgenommen und sich den Piraten-Schiffen genähert. In einem Abstand von 800 Metern detonierte er in einer gigantischen Explosion. Die massive Druckwelle rollte auf die Schiffe der Piraten zu.

»Gravitations-Torpedo«, meldete der Ortungs-Offizier. »Unsere Angriffs-Geschwader werden durchgerüttelt. Das war eine Warnung der natradischen Schiffe.«

Die Crew des Flagg-Schiffes sah, wie die Gravitationswellen die Formation der Schiffe auseinanderrissen. Ein heilloses Durcheinander brach aus. Ein Teil der Schiffe konnte ihren Kurs nicht mehr halten und driftete gefährlich nahe den Kollegen-Schiffen entgegen. Nur mit letzter Kraft schienen die Piraten ihre

Schiffe wieder stabilisieren zu können. Abrupt stoppten sie ihren Anflug.

Der Flottenführer Reco Kuriato resignierte. Wieder musste er eine Niederlage von dem Neuen-Imperium akzeptieren.

»Brechen sie endlich den Angriff ab«, sagte er. »Rufen sie unsere Schiffe zurück. «

Logus Kanlawski gab den neuen Befehl an die Angriffs-Geschwader durch. Sekunden später drehten die Schiffe ab, flogen eine Schleife und schlugen einen Kurs ein, der sie zurück zu dem dritten Planeten des Systems brachte. Immer noch verärgert beobachtete Reco Kuriato das Manöver seiner Schiffe. Niemand war zu Schaden gekommen.

»Ich habe mich an die Vorgaben des Zentral-Rates gehalten«, dachte er. » Doch ich werde ihnen von den Vorfällen berichten. Die Terraner dürfen sich nicht in unsere Belange einmischen. «

***

Major Travis erkannte auf der Brücke der Termar 1, dass die Warnung des Gravitations-Torpedos gewirkt hatte. Die anfliegenden Piraten-Schiffe drehten ab.

»Warum ist dieser Clanführer nur so stur?«, fragte er sich.

Heinze hatte die Gedanken von Reco Kuriato aufgefangen.

»Der widerspenstige Flottenführer kann sich nicht damit abfinden, dass seine Piraten nicht mehr ihrer ursprünglichen Aufgabe nachkommen dürfen«, bemerkte er. »Er hasst das Neue-Imperium mit seinem ganzen Herzen. Vermutlich wird er nicht mehr unser Freund werden.«

»Das lässt sich nicht ändern«, antwortete Major Travis. »Solange er sich an die Verträge hält, haben wir hiermit kein Problem. Er zieht seine Flotte zurück. Vermutlich hat er erkannt, dass er nichts ausrichten kann.«

»Sergeant Farmer«, sprach Major Travis seinen Funk-Offizier an. »Öffnen sie mir bitte eine Hyperkomm-Funkverbindung zu dem Schiff von Leutnant Lightman.«

»Die Leitung steht«, antwortete der Offizier. »Sie können sprechen. «

»Hier ist Major Travis«, sprach er in den Communicator. »Ich rufe Leutnant Lightman. «

Nach einem kurzen Knistern in der Verbindung, meldete sich die Empfängerin.

»Leutnant Lightman hört sie«, hallte es aus den Lautsprechern. »Es ist gut ihre Stimme zu hören, Herr Major. «

»Ich möchte ihnen meinen Dank aussprechen, dass sie uns gerufen haben«, teilte der Major mit. »Sie haben sich nach Vorschrift verhalten. Allein wäre es für ihre Patrouillen-Flotte schwierig geworden, die Piraten-Schiffe abzuwehren. «

»Ich hätte meine Schiffe und das Personal nicht aufs Spiel gesetzt«, erwiderte der Leutnant. »Falls wir in Bedrängnis geraten wären, dann hätten wir uns zurückgezogen. «

»Ich verstehe«, antwortete der Major. »Schließen sie sich unserer Flotte an. Wir fliegen nach Hause. Lassen wir die Piraten in Ruhe ihre Rohstoffe abbauen. Das wurde ihnen zugestanden. «

»Zu Befehl«, antwortete Leutnant Lightman. »Meine Schiffe schließen zu ihnen auf.«

Die Verbindung wurde beendet.

»Jetzt benötige ich noch eine Verbindung zu dem Flottenführer Reco Kuriato«, bat Major Travis seinen Funk-Offizier.

Dieser nickte ihm zu.
»Die Verbindung wird aufgebaut«, antwortete er.

»Ich rufe Flottenführer Reco Kuriato, sprach der Major in den Communicator.«

»Hier spricht Reco Kuriato, Clanführer des größten Piraten-Verbandes«, hallte es ungehalten aus den Schiffs-Lautsprechern. »Was wollen sie noch?«

»Halten sie sich zukünftig an die Verträge«, schellte ihn Major Travis scharf. »Bei wiederholten Verstößen dieser Art, werden wir unsere Haltung gegenüber ihrem Rat überprüfen. Verspielen sie nicht ihre Vorteile, die wir ihnen eingeräumt haben.«

»Entschuldigen sie unseren Angriff«, teilte der Piratenführer mit. »Wir dachten, es handelt sich um eine fremde Rasse. Wir werden das nächste Mal genauer hinsehen.«

Major Travis lächelte Commander Brenzby an. Mit einer Hand hielt er den Communicator zu.

»Sie können ihren Fehler nicht zugeben«, flüsterte er.

»In Ordnung«, sprach er in das Gerät. »Wir ziehen uns zurück und lassen sie in Ruhe ihre Rohstoffe fördern.«

Dann brach er die Verbindung ab.

Reco Kuriato lächelte.
»Geht doch,« sagte er zu seinem 1. Offizier. »Sie lenken ein und ziehen sich zurück. Unsere Flotte wird ihnen Respekt eingeflößt haben.«

Der 1. Offizier des Flagg-Schiffes schüttelte seinen Kopf und schritt zu den Ortungsgeräten des Schiffes.

***

»Kannst du noch etwas empfangen?«, erkundigte sich der Major bei Heinze.

Er blickte seinen kleinen Freund an und bemerkte wie dieser angestrengt sein Gesicht verzogen hatte.

Der Körper von Heinze fing an zu zittern.
Schlagartig schlug er seine Augen auf.

»Ich fühle eine nie dagewesene Präsenz«, teilte er mit. »Wir sind nicht allein in diesem System. «

»Was für eine Präsenz? «, fragte Major Travis nach.

Heinze schüttelte seinen Kopf.
»Es ist eine kollektive geistige Barriere errichtet worden«, teilte er mit. »Sie ist nicht von mir zu durchbrechen. Sie ist stark und mächtig. Ihr Volk ist wissend und sie sind sehr alt. «

»Ist die Präsenz auf dem vierten Planeten zu finden, der in einen Schutzschirm gehüllt ist? «, fragte der Major.

Heinze nickte erschöpft.
»Wir werden von ihnen gerufen«, teilte er mit. »Sie lassen uns wissen, dass sie nur 7 Tage an dem Ort ihres Ursprungs verbleiben werden. Alle berechtigten Wesen dürfen in dieser Zeit ihre Wünsche vortragen. «

»Was für Wünsche?«, erkundigte sich Major Travis. »Sie verstehen sich als die Bezwinger der Gezeiten und der Dimensionen«, antwortete Heinze. »Sie krümmen das Universum und die Zeit. Sie können sich überall hinbegeben. Sie halten das zusammen, was andere auslöschen möchten. Sie waren die Ersten, die dem Universum Leben einhauchen konnten.«

»Wie kommen wir zu ihnen?«, fragte der Major. » Können wir den Schutzschirm durchfliegen. Den Schiffen der Piraten gelang es nicht. Sie explodierten bei dem Auftreffen auf den Schirm?«

Der Ro hatte seinen Kopf schräg gestellt und esperte intensiv. Schmerzvoll verzog er wieder seine Stirn. Dann richtete er sich auf und stolperte einige Schritte zurück.

»Sie erwarten, dass wir selbst wissen, wie wir zu ihnen kommen«, flüsterte er. »Ihr Wunsch ist es, nur mit intelligenten Species zu sprechen. Allen nicht bereiten Rassen wird der Zugang verwehrt. Alles, was wir brauchen, haben wir auf unserem Schiff. Diese Nachricht konnte ich noch empfangen, bevor ich von ihnen ausgeschlossen wurde.«

Major Travis dachte angestrengt nach.

»Welcher Gegenstand hilft uns, zu ihnen zu gelangen«, dachte er. »Welche Geheimnisse verbergen sie?«

Major Travis konnte sich keinen Reim hierauf machen. »Versuche es noch einmal«, bat er seinen kleinen Freund. »Frage sie bitte nach ihrem Namen. Vielleicht haben wir etwas in den Archiven unserer Hypertronic-KI abgelegt?«

Heinze atmete schwer aus.
»Weil du mich hierum bittest«, entgegnete er. »Sie sind nicht erfreut über mein geistiges Eindringen.«

Heinze ballte seine Hände zu Fäusten. Sein Gesicht bildete wieder tiefe Falten. Mit aller Macht stieß er nochmals in die geistige Lebenssphäre der Mächtigen vor.

Major Travis verfolgte, wie Heinze seine Augen schloss. Schweißperlen entstanden auf seiner Stirn. Ganze acht Sekunden konnte er der Macht des Kollektivs widerstehen. Dann wurde er von seinen Beinen geschleudert. Schreiend fiel er auf seinen Rücken. Irritiert blickte der Major ihn an und half ihm aufzustehen.

Er bemerkte, dass Heinze erschöpft wirkte. »Entschuldige«, sagte er. »Dass es so anstrengend für dich werden würde, das hätte ich nicht erwartet.«

Heinze lächelte ihn an.

»Sie haben mich zurückgeworfen«, beantwortete er die Frage. »Sie nennen sich selbst Kon-Ra-Tak. «

Der Hinweis reichte aus. Major Travis wusste jetzt, um wen es sich handelte.

Er lief zu seinem Kommandosessel und nahm einen Speicher-Kristall aus einer Klappe. Vorsichtig hielt er ihn hoch.

»Das ist der Kristall, den mir Geoffwan bei seinem letzten Besuch übergeben hat«, teilte er mit. »Der Aller-Erste bat mich, mit den Mächtigen Kontakt aufzunehmen. Er teilte mir mit, dass sie mich erwarten wurden. «

Major Travis gab den Speicherkristall Commander Brenzby.

»Lesen sie ihn bitte in unsere Hypertronic-KI ein«, befahl er. »Vermutlich wird der Weg zu den Mächtigen der Gezeiten und der Dimensionen offengelegt. «

Der Commander nahm den Speicherkristall in seine Hand und schaute ihn an.

»Er unterscheidet sich in der Farbe von unseren Ausführungen«, bemerkte er. »Ich hoffe sehr, dass er keinen Schaden in unserer Hypertronic-KI anrichtet.«

»Die Kon-Ra-Tak sind solchen Spielereien längst entwachsen«, antwortete Major Travis. »Ich habe nur diesen einen Kristall. Vermutlich hat ihn Geoffwan bereits kontrolliert.«

Commander Brenzby steckte den Speicher-Kristall in die Aufnahme der Hypertronic-KI und ließ ihn einziehen. Datenkolonnen liefen über den zentralen Bildschirm der Termar 1. Die künstliche Intelligenz musste eine große Anzahl von Daten verarbeiten. Der vierte Planet des Systems zoomte heran. Noch immer wurde er von einem globalen Schutz-Schirm gesichert. Die Kon-Ra-Tak wollten kein Risiko eingehen. Rote Symbole erschienen auf dem Bildschirm. Der Planet wurde in Planquadrate aufgeteilt. Immer wieder sprangen die Zeichen auf dem Bildschirm weiter. Die Hypertronic-KI des Schiffes suchte etwas auf dem Schutz-Schirm. Der Scan sprang von oben nach unten, dann zur linken und weiter zur rechten Seite. Plötzlich blieb das Rasterfeld stehen und blinkte.

»Bitte zoomen«, befahl Major Travis.

Das Bild vergrößerte sich.

»Strukturloch im Schirm erkannt«, meldete die Hypertronic-KI. »Der Einflug eines Tarin-Jets wird als unbedenklich angesehen.«

»Dort ist die Türe«, lächelte Major Travis. »Sie ist regulär nicht zu erkennen, nur mit dieser speziellen Software lässt sie sich ermitteln. Vermutlich fluktuiert sie zeitlich.«

Er blickte sich auf der Brücke um.
»Sergeant Farmer, informieren sie unsere Schiffe, dass wir dem Planeten einen Besuch abstatten«, befahl er. »Sechs Schiffe möchten uns Begleitschutz geben. Sie können vor dem Schirm auf unsere Rückkehr warten. Informieren sie Leutnant Bender, dass er das Kommando der Brücke übernimmt. Er möchte sofort zu uns kommen.«

Der Funk-Offizier bestätigte und gab den Befehl weiter. Major Travis blickte Commander Brenzby und Heinze an.

»Ihr begleitet mich«, lächelte er. »Sicherlich seid ihr auch froh, wieder festen Boden unter den Füßen zu haben.«

Tart 1 und Tart 2 warteten auf ihren Schutzbefohlenen im Hangar. Auf Außenmissionen waren sie stets an der Seite des Majors.

Major Travis, Heinze und Commander Brenzby sprangen in den Tarin-Jet. Tart 1 folgte, Tart 2 verschloss den Schott hinter sich.

Commander Brenzby bat die Leitstelle um Flugfreigabe. Die Genehmigung wurde erteilt, der Hangar der Termar 1 öffnete sich selbstständig. Sanft hob der Jet vom Boden ab. Commander Brenzby manövrierte ihn mit den aus dem Schiff. Außerhalb warteten bereits die sechs Naada-Kreuzer, die als Begleitschutz auserkoren wurden. Die Schiffe beschleunigten und flogen die Koordinaten des vierten Planeten an. Je naher sie kamen, umso klarer wurde das Strukturloch auf den Instrumenten dargestellt. Es war gerade groß genug, um den Einflug des Tarin-Jets zu gewährleisten.

»Bedanken sie sich für den Begleitschutz«, sagte Major Travis. »Bitten sie die Schiffe hier auf uns warten.«

Commander Brenzby gab die Mitteilung durch. Er blickte auf den Bildschirm.

»Eintauchen in den inneren Bereich des Schirms in fünf Sekunden«, teilte er mit.

Gespannt blickten die Offiziere auf das sich vor ihnen liegende Strukturloch.

Commander Brenzby reduzierte die Geschwindigkeit. Vorsichtig stieß er mit der Nase des Jets an den Durchgang an. Nichts Ungewöhnliches passierte. Erleichtert atmeten die Insassen auf. Der Jet durchflog das nebelige Strukturfeld.

Die Besatzung des Jets schrie auf. Erstmals konnten sie einen vollständigen Blick auf den Planeten werfen. Die klare Atmosphäre ließ bis zu dem Boden schauen. Es war hell. Der Planet machte einen wüstenähnlichen Eindruck. Riesige Sandgebiete reihten sich aneinander. Er war trocken, als ob die Hitze einer übergroßen Sonne den Planeten gekocht hatte. Er wirkte tot und schon viele Millionen Jahre alt. Alles sah so unwirklich und verdorrt aus. Die Besatzung hatte mehr erwartet. Sie flogen einem verbrannten toten Lebensraum entgegen. Nichts konnte hier existieren und gedeihen.

»Was sagen die Anzeigen?«, fragte Major Travis.

Commander Brenzby schüttelte seinen Kopf.
»Die Atmosphäre ist atembar«, antwortete er. »Die Temperatur liegt bei 67 Grad Celsius. Wir werden unsere Taja's anlegen müssen. Fremde Lebensformen werden keine angezeigt.«

»Ich bin enttäuscht«, bemerkte Major Travis. »Von den Bezwingern der Gezeiten und Dimensionen hätte ich mehr erwartet.«

»Sie sind hier«, antwortete Heinze. »Vermutlich werden wir eine weitere Türe öffnen müssen. Sie spielen gerne mit anderen Rassen. Ihre geistige Präsenz ist allgegenwärtig.«

Der Tarin Jet näherte sich dem Boden. In einer Höhe von 500 Metern zog Commander Brenzby die Nase des Jets gerade. Mit reduzierter Geschwindigkeit flog er den Planeten ab. Jeder Insasse erwartete etwas vorzufinden, zumindest alte Ruinen einer mächtigen ausgestorbenen Kultur. Leider war das nicht der Fall. Die Welt wirkt ausgedorrt, verbrannt und leblos. Nicht einmal eine intakte Vegetation wurde sichtbar. Weite Standflächen wurden von steinigen zerklüfteten Gebirgen abgelöst. Die Korrosion hatte bereits die Felsen erfasst. Staub rieselte im Vorbeiflug des Jets zu Boden.

»Hier ist nichts Interessantes zu entdecken«, bemerkte Commander Brenzby. »Die Welt ist bereits lange verlassen.«

»Der erste Eindruck kann täuschen«, antwortete Major Travis. »Warum schützt ansonsten ein mächtiger Energie-Schirm diesen Planeten?«

Er blickte aus dem Sicherheitsglas der Cockpitkanzel. Vergeblich suchte der Major nach Anhaltspunkten und Hinweisen von Lebensformen. Doch der Boden des Planeten sah überall gleich aus.

»Wo sind sie?«, fragte er. »Kannst du sie noch fühlen?«

»Ihre Gedanken sind weiterhin präsent«, antwortete Heinze. »Hier auf dem Planeten noch intensiver als im Raum. Es müssen Millionen Individuen sein.«

Major Travis zeigte auf eine tiefe Mulde, die wie der Grund eines ausgetrockneten Sees wirkte.

»Wir sollten dort landen und nach Hinweisen suchen«, entschied er. »Vielleicht entdecken wir Hinweise unter dem Sand. Städte können auch unterirdisch angelegt werden. Das beste Beispiel ist Tattarr. Die natradische Fluchtstadt liegt 80 Kilometer unter der Oberfläche verborgen.«

»Hätten wir nicht zumindest eine intensive Energiewerte orten müssen?«, fragte der Commander. »Der globale Schutz-Schirm wird aufwendig gespeist werden müssen.«

Major Travis nickte. Er wusste, dass sein Commander Recht hatte.

Commander Brenzby senkte den Tarin-Jet zu Boden. Vorsichtig setzte er ihn auf dem sandigen Untergrund auf. Er schaltet die Antriebe ab.

Das Team der Termar 1 zog sich ihre Taja's an. Der Helm des Anzuges formte sich selbstständig um den Kopf des Trägers.

»Sind alle bereit?«, erkundigte sich Major Travis.

Die Begleiter nickten. Dann drückte er auf den roten Knopf, der das Außenschott öffnete

Trotz der anlaufenden Kühlung der natradischen Schutzanzüge konnte die Hitze des Planeten gespürt werden. Major Travis blickte zum Himmel. Die große Sonne des Systems strahlte ihre Hitze auf toten Planeten. Nichts konnte hier mehr existieren und gedeihen.

Commander Brenzby bückte sich und hob eine Handvoll Sand auf. Langsam ließ er ihn wieder zu Boden rieseln. Die Offiziere der Termar 1 erkannten nicht, dass dies alles nur eine perfekte Illusion war.

Ein breites weißes Flimmern baute sich in einem Abstand von 10 Metern vor ihnen auf.

»Achtung, es passiert etwas«, flüsterte der Major.

Commander Brenzby zog seinen Scanner und richtete ihn auf das fluoreszierende Feld.

»Eine Art Wurmloch«, sagte der Commander.

Das Feld dehnte sich weiter aus und nahm an Stärke zu. Es schien fast so, als ob ein Transmitter-Tor aus dem Nichts entstand. Zum Erstaunen der Beobachter traten die fünf Rats-Mitglieder der Aller-Ersten aus dem Energiefeld. Sie kniffen ihre Augen zu. Die Sonne am Firmament blendete sie. Sie verbeugten sich vor den Offizieren des Neuen-Imperiums.

»Geoffwan«, sagte Major Travis erfreut. »Mit ihnen hätte nicht gerechnet. «

»Ich hatte es ihnen versprochen, dass wir uns wiedersehen«, antwortete der Sprecher der Aller-Ersten. »Widrige Umstände haben uns zu diesem Besuch veranlasst. Das Universum ist wieder in Bewegung. Die mordenden Bestien werden bald freigelassen. Sie stürzen sich auf alle Lebensformen, die sie auf ihren Beutezügen ausfindig machen können. Aus diesem Grund haben wir beschlossen, sie zu begleiten. Wir möchten die Kon-Ra-Tak um eine weitere Unterstützung zu bitten. Auch sie werden kein Interesse haben, dass die Ausbreitung der Lebensvielfalt im Universum massiv gestört wird.«

Major Travis blickte ihn fragend an. Doch Geoffwan beantwortete seinen fragenden Blick nicht.

»Diesmal haben sie das Gesicht ihres Planeten nicht verändert«, erkannte Halswan. » Uns wird die gleiche Zeit-Epoche vorgegaukelt, wie bei unserem letzten Besuch.«

Der Sprecher des Ältestenrates der Aller-Ersten nickte. »Es scheint die gleiche tote Welt zu sein, wie bei unserem letzten Besuch«, bestätigte Geoffwan. »Rufen wir die Kon-Ra-Tak. Sie wissen bereits, dass wir angekommen sind. Ich fühle ihre starke Präsenz.«

Er blickte die Offiziere des Neuen-Imperiums an.

»Die Kon-Ra-Tak stellen immer wieder die gleichen Fragen«, sagte er. »Es scheint ein Spiel von ihnen zu sein. Lassen sie sich nicht irritieren.«

Die fünf Ratsmitglieder fassten sich an ihre Handel. Ihre Gedanken wurden eins. Sie riefen intensiv nach den Meistern. Einige Sekunden vergingen, als vor ihnen der Sand in Bewegung geriet. Ein Kreis von zwei Metern Durchmesser formte sich in den hüpfenden Sandkörnern. Aus diesem Kreis erhob sich ein weißes Energiefeld, das dem Himmel entgegen raste. Es stand stabil und fest in dem Sand. Nichts deutete auf ein fluktuierendes Energiefeld hin. Es war undurchsichtig.

Nadewan blickte an dem Feld hoch, dem Himmel entgegen. Der Befehlshaber der Wolkenstädte der Aller-Ersten konnte das Ende des weißen Energie-Feldes nicht erkennen.

»Das ist immer wieder ein imponierender Anblick«, sagte er. »Es ist genauso, wie bei unserem letzten Besuch. Der beeindruckende Schirm schützt den bewohnbaren Bereich der Kon-Ra-Tak vor der heißen Sonne.«

»Es ist auf allen ihren Planeten so«, erklärte Geoffwan. »Die Bezwinger der Gezeiten und der Dimensionen haben immer wieder Überraschungen für uns.«

»Warum treiben sie dieses Spiel mit uns?«, fragte Commander Brenzby.

Talswan lächelte ihn an.
»Das ist ihre Art von Humor«, antwortete er. »Sie wollen zuerst immer spielen und uns beeindrucken.«

Die Aller-Ersten verstärkten ihren gedanklichen Ruf. Wieder vergingen einige Sekunden. Die Kon-Ra-Tak schienen ihre Lust auf Spiele verloren zu haben.

»In dem weißen Energie-Schirm baute sich ein transparenter Durchgang auf. Gespannt blickten die acht Besucher auf den glasig werdenden Torbogen. Obwohl er immer klarer wurde, spiegelte er nichts von der inneren Umgebung heraus.

Die Rat-Mitglieder der Aller-Ersten und die Offiziere der Termar 1 warteten geduldig ab. Nach wenigen Sekunden trat ein Energie-Wesen in humanoider Körperform aus dem Torbogen heraus. Seine Körper festigte sich. Es hatte einen haarlosen Kopf und eine sehr weiße Hautfarbe. Seine Größe überragte die Besucher um 30 Zentimeter.

Major Travis schätzte die Größe des Wesens auf 2,10 Meter. Die Gestalt musterte die Gäste kurz.

»Ihr seid vom Zweig der Macoronarus?«, sprach er sie an. »Es ist noch nicht viel Zeit vergangen, seit eurem letzten Besuch.«

Sein Kopf drehte sich den Offizieren der Termar 1 zu. »Ihr seid Nachkommen der Natrader«, erkannte er. »Das ist euer erster Kontakt zu uns. Bitte verzeiht uns, wenn wir Erstbesucher intensiv scannen. So lauten unsere Vorschriften. Warum habt ihr uns gerufen?«

Seine Stimme wies einen freundlichen Klang auf. »Nennt mir den Grund eures Besuches?«

»Wir ersuchen euch um Hilfe und hoffen als Bittsteller vor der Zusammenkunft der Bezwinger der Gezeiten und der Dimensionen sprechen zu dürfen?«, teilte Geoffwan mit. »Für unsere terranischen Freunde möchten wir einfordern, was allen intelligenten Rassen von euch offeriert wird.«

Das Energiewesen in humanoider Form blickte nach und nach in alle Gesichter der Besucher.

»Was können wir euch gewähren, dass ihr selber nicht erreichen könnt?«, fragte er. »Ein Teil von euch steht bereits auf einer hohen Entwicklungsstufe. Ihr seid uns gleich.«

Geoffwan verbeugte sich demütig.
»Niemand ist den Erbauern des Universums gleichzusetzen«, entgegnete er. »Im Vergleich zu euch sind wir klein und unbedeutend. Es ist richtig, dass wir eine Stufe der körperlichen Entstofflichung erreicht haben. Doch ihr seid bereits viele Millionen Jahre auf dieser Stufe und konntet Dinge erforschen, die wir erst noch finden müssen. Wir sind zu euch gekommen, um den Rat von den Bezwingern der Gezeiten und der Dimensionen zu erfragen. Wir möchten sie auf neue aufziehende Probleme aufmerksam machen und hoffen auf eure Unterstützung.«

»Was für eine Unterstützung konnten wir euch gewähren?«, fragte die Energiegestalt. »Wir haben uns lange dem realen Universum abgewandt.«

»Das widerspricht sich mit euren planmäßigen Transitionen in die alten Sektoren eures ehemaligen Lebensraumes«, antwortete Geoffwan. »Es geht um den Erhalt des realen Universums und um das Zusammenführen junger Rassen. Die großen Kriege aggressiver Herrenrassen, die das Unterjochen und Ausrotten vieler Species zum Ziel haben, müssen beendet werden. Der Ausbruch der mordenden Bestien steht kurz bevor.«

»Die mordenden Bestien werden freigelassen?«, fragte die weiße Gestalt traurig. »Leider sind auch sie ein Teil des Ganzen. Keine Rasse hat es bisher geschafft, die mordenden Bestien in die Schranken zu weisen. Alle, die es probiert haben, sind nach kurzer Zeit von der Bühne des Universums verschwunden.«

»Die Ursache dieses Übels liegt einmal mehr in der Intoleranz der Adramelech«, antwortete Geoffwan. »Sie akzeptieren niemanden außer sich selbst. Hierdurch werden alte weise Rassen und ihre Errungenschaften für immer ausgelöscht. Viele der Offenbarungen können neuen Zivilisationen nicht mehr zugänglich gemacht werden.«

»Die Suche nach etwas Neuem findet erst statt, wenn das Alte nicht mehr auffindbar ist«, bemerkte der Kon-Ra-Tak. »Wir erkennen in euren Worten den Ansatz großer Besorgnis.«

Geoffwan lächelte.
»Wir sind hier, um die alten Probleme zu bereinigen und die Nachkommen der Natrader vorzustellen. Sie werden für die Ordnung in der Milchstraße sorgen.«

Die Milchstraße ist uns nicht gleichgültig«, antwortete die Energiegestalt. »Auch wir entstammen ihrem Schoß. Folgt mir, die Meister der weisen Zusammenkunft werden euch empfangen. Tretet mit mir durch dieses Energie-Tor. Es bringt uns in eine andere Zeitebene. Die beiden Roboter müssen hier warten. Für sie ist der Eingang verschlossen. Ihr Eintritt würde sie in ihre Moleküle auflösen. «

Tart 1 und Tart 2 wollten aufbegehren, doch Major Travis hob seine Hand.

»Ich brauche euch noch«, bemerkte er. »Ihr wartet hier und bewacht unseren Gleiter. Uns wird nichts passieren. Wir begeben uns in die Obhut mächtiger Wesen. Vertraut ihnen. «

Geoffwan, seine Kollegen und die Offiziere der Termar 1, verbeugten sich respektvoll vor der humanoiden Gestalt. Dann folgten sie dem Energie-Wesen durch den klaren Torbogen. Dieser schien flüssig zu sein, vergleichbar mit einem Zeit-Feld. Nacheinander schritten sie in den ovalen Torbogen hinein.

Nur Sekunden später tauchten sie auf der anderen Seite des Durchganges auf. Ein unerwartetes Schauspiel erwartete sie. Sie standen auf einem Steilhang. Vor ihnen lag eine nicht vermutete, wunderschöne Welt im saftigen Grün. Ein durchgestylter Planet, mit vielen Seen und Flüssen war zu sehen. Der Himmel glänzte in hellem Licht. Er war mit zahlreichen Wolken verhangen. Eine Kunstsonne strahlte ihr violettes Licht auf den Planeten. Die Ratsmitglieder der Aller-Ersten atmeten tief ein. Major Travis, Commander Brenzby und Heinze waren begeistert. Die Luft war unverbraucht, schmeckte nach würzigen Tannen und Nadelbäumen.

Der Kon-Ra-Tak beobachte die Gäste schmunzelnd. Er erkannte, wie ihre Blicke zu Boden sanken und den Planeten musterten. Ein Teil der Seen wurde von den Fels-Barrieren abgetrennt. In diesen waren Torbogen eingelassen. Sie dienten vermutlich den Schiffen auf dem Wasser als Durchgang.

Die Gäste konnten unterschiedliche Boote erkennen, die Architekturen unterschiedlicher Zivilisationen in sich vereinten. Der erste Eindruck betätigte eine intakte, technisch hochstehende Kunstwelt. Sie wirkte, wie der Zufluchtsort aus ihren Träumen. Am Horizont waren halbrunde Gebäude sichtbar. Sie scheinen aus glänzendem Stahl und massivem Glas erbaut worden zu sein. Major Travis schätzte die Höhe der Gebäude auf mindestens 3.000 Meter.

Die Besucher ließen die Eindrücke auf sich wirken. Major Travis erkannte, dass die Gebäude auf runden Plattformen erbaut worden waren. Das Dach schien die Funktion einer riesigen Sonnenterrasse zu haben. Sie wurde von vier gewaltigen Stützen getragen. Den Abschluss bildeten gewaltige Figuren unterschiedlicher Species.

»Jedes Gebäude zeigt Lebensformen anderer Galaxien an«, flüsterte Halswan.

Die Offiziere der Termar 1 nickten nachdenklich.

»Vermutlich sind das alles Wesen, die von den Bezwingern der Gezeiten und Dimensionen unterstützt wurden«, antwortete Geoffwan.

Das Geisteswesen beteiligte sich nicht an den Vermutungen. Er zeigte unverhofft auf ein großes Gebäude. Es trug eindeutig Nachbildungen humanoider Lebensformen auf seinem Dach.

»Das ist unser Ziel«, teilte er mit. » Es ist der Anhörungs-Tempel für humanoide Lebensformen. Dort wird sich die Zusammenkunft unseres Rates versammeln und euch anhören. «

»Wir verstehen«, antwortete Major Travis. »Wie kommen wir dort hinüber?«

»Geistige Fähigkeiten werden innerhalb unseres Schirmes blockiert«, antwortete der Kon-Ra-Tak.

Er blickte Heinze an.
»Leider gilt das auch für dich«, ergänzte er. »Bemühe dich nicht mehr. Du kannst nicht in unsere Gedanken eindringen. Das haben schon andere Wesen erfolglos probiert. Doch wir sind sehr erstaunt, dass deine Kräfte bereits so ausgeprägt sind. Wir werden den Weg über eine Energiebrücke nehmen.«

Er machte eine ausfallende Bewegung mit seinem Arm. Von dem besagten Gebäude fuhr eine Energiebrücke aus, die sich immer weiter ausdehnte, bis sie sich mit dem Steilhang der wartenden Gäste verbunden hatte. Sie blinkte in einer unbekannten, glänzenden Energieform. Auch die Brücke war in vollendeter Form.

»Tretet auf die Energieplattform«, sagte das Energiewesen. »Die Brücke führt sich selbstständig.«

Er machte eine einladende Bewegung mit seinem Arm. Die Gäste betraten auf die Brücke. Diese setzte sich langsam in Bewegung und zog sich wieder ein.

Die Offiziere der Termar 1 richteten ihre Blicke auf das Gebäude, welches langsam näher rückte. Es stellte einen Etagenbau dar. Die unterste Plattform war mit zahlreichen Grünanlagen dekoriert. Die nächste kreisrunde Plattform schien der Zugang zu den unteren Geschossen des Gebäudes zu sein. Hierüber war eine kleinere runde Platte angelegt, die vermutlich dem öffentlichen Bereich Zugang gestattete. Unzählige Plätze mit Sonnenschirmen waren zu sehen. Auf der nächsten Plattform befanden sich ein gigantisches Verwaltungs- und Technikgebäude.

Es bestand überwiegend aus eingelassenen Glasscheiben. Zur linken Seite wurde ein großer Kegel in das Bauwerk integriert. Er stellte den Hangar und den Landebereich für kleinere Flug-Jets dar. Die Gäste der Termar 1 erkannten staunend vier Kampf-Jets, die auf einer äußeren markierten Landezone standen. Das überdimensionierte Einflugs-Tor war geöffnet. Es schien ein Parkhaus für Raumgleiter zu sein. Auf mehreren Etagen waren zahlreiche Jets geparkt. Alles war symmetrisch und kreisrund angeordnet. Auf dem Dach des Gebäudes war eine großflächige Grünanlage erstellt worden.

Die Anordnung der Pflanzen, Sträucher und Bäume schien ebenfalls akribisch genau geplant zu sein. Zwischendurch wurden die Grünanlagen durch Wasser-Anlagen unterbrochen. Kräftige Fontänen aus Wasser spritzten in die Luft. Sie sorgten für ein angenehmes Klima. Im Hintergrund wurde ein palastartiges Gebäude sichtbar. Es war die Residenz der Bezwinger der Gezeiten und der Dimensionen.

Die Gruppe hatte das gigantische Gebäude erreicht. Am Ende der Brücke standen zwei Gardisten in bunten Uniformen.

»Wo möchten sie hin? «, fragte einer von ihnen in natradischer Sprache.

Major Travis blickte ihn verwundert an.
Geoffwan drehte seinen Kopf dem Kon-Ra-Tak zu, der sie begleitet hatte.

Dieser hatte seinen Kopf in den Nacken gelegt und starrte in den Himmel. Er machte keine Anstalten, die Frage der Uniformierten zu beantworten.

»Wir bitten um eine Audienz bei dem Rat der Zusammenkunft«, antwortete er. »Uns wurde der Besuch gestattet. «

»Ihnen wurde bisher nur der Eintritt gestattet«, erwiderte ein Soldat. »Können sie bitte den Namen ihres Volkes nennen? Ich werde ihre Berechtigung abfragen.«

»Unsere Rasse wurde unter dem Namen Macoronarus bei ihnen registriert«, erklärte Geoffwan.

Der Soldat zog ein kleines Gerät aus der Tasche und hielt es auf die Aller-Ersten gerichtet.

»Ja«, bestätigte er. »Das Gerät erkennt ihre Herkunft.«

Er nickte den fünf wartenden Gästen zu.
»Ihre Berechtigung wurde erneuert«, antwortete er. »Das Konzil der Wissenden erwartet sie bereits.«

Er hielt seinen Scanner den Terranern entgegen.
»Für sie liegt keine Berechtigung vor«, teilte er mit. »Ihr Weg ist hier zu Ende.«

Major Travis blickte den Soldaten an.
»Hier muss ein Irrtum vorliegen«, lächelte er. »Sie sprechen unsere Sprache und verwehren uns den Eintritt? Auch wir haben bereits die Erlaubnis, mit der weisen Zusammenkunft der Bezwinger der Gezeiten und der Dimensionen sprechen zu dürfen.«

Er reichte dem Soldaten den Kristall-Speicher.

Wortlos nahm dieser ihn an sich, prüfte ihn kurz und steckte ihn vorderseitig in den Scanner. Der Scanner rotierte und zeigte nach wenigen Sekunden ein grünes Licht an. Der Soldat zog den Speicher-Kristall ab und gab ihn Major Travis zurück.

»Ihre Angaben wurden bestätigt«, erklärte er. »Sie können passieren.«

Der Soldat instruierte das Energiewesen.
»Führe deine Gäste zu dem Konzil«, bemerkte er.

Er machte eine ausfallende Bewegung mit seinem Arm und zeigte auf den zentralen Eingang.

Die Gäste bedankten sich und folgten dem Energie-Wesen, welches anscheinend nur die Funktion eines Begleiters innehatte. Die Gruppe schritt auf eine große Pforte zu.

Diese öffnete sich selbstständig.
»Der Lift bringt uns zu dem oberen Bereich der Anlage«, sagte das Energie-Wesen. »Treten sie bitte in den ein.«

Die Gäste folgten der Anweisung. Die Türen schlossen sich automatisch. Der gläserne Lift beschleunigte und schoss mit unvorstellbarer Geschwindigkeit zu den oberen Etagen. Obwohl er förmlich an den Stockwerken vorbeiflog, dauerte die Fahrt ganze 16 Sekunden. Dann bremste der Lift ab, seine Türen öffneten sich selbstständig. Die Aller-Ersten, die Offiziere der Termar 1 und ihr energetischer Begleiter stiegen aus. Interessiert schauten sich die Gäste um. Die Dachterrasse beeindruckte durch eine völlig abgeschlossene Umgebung.

Eindrucksvoll architektonisch angeordnet wechselten sich Grünflächen mit betonähnlichem Baumaterial und Glaselementen ab. Die Gruppe durchquerte einen langen Verbindungsgang, der sie zu dem Eingang des Palastes brachte. Hier standen weitere zwei Soldaten in humanoider Körperform Spalier. Ihre fremdartigen Laser-Waffen hingen in ihren Kampfgürteln.

Fast schon gelangweilt blickten die Soldaten der Gäste-Gruppe entgegen.

»Wir haben eine Audienz bei dem Konzil «, teilte Geoffwan ihnen mit.

»Sie wurden bereits angekündigt«, antwortete ein Soldat. »Auf der Brücke wurden sie gescannt. Treten sie bitte.«

Das Energie-Wesen ging voraus. Die Gruppe trat in den beeindruckenden Palast ein. Vor ihnen lag ein langer Korridor. Überall waren Standbilder zu sehen, die scheinbar herausragende Persönlichkeiten aus der jüngeren Geschichte der Mächtigen darstellten. Die Wände waren mit Fresken bemalt. Sie berichteten von der Geburtsstunde der Kon-Ra-Tak, bis zu ihrer körperlichen Verwandlung zu Energiewesen. Die Gruppe folgte dem langen Korridor. Neue Bilder zeigten den Kontakt der Mächtigen zu zahlreichen unterschiedlichen Kulturen. Interessiert verfolgten die Aller-Ersten die Szenen an den Wänden. Noch in Gedanken schritt die Gruppe auf eine große Pforte zu.

Das Energiewesen klopfte dreimal an die Türe. Unverhofft schwang sie nach innen auf. Auf einem großen Podest saßen 7 humanoide Gestalten, welche die Besucher interessiert mit ihren Blicken abtasteten. Eine leuchtende Aura umgab sie.

»Tretet näher«, sprach die Person, die in der Mitte des Konzils stand, die Gäste an. »Bitte verzeiht unsere Dreistigkeit. Wir haben wieder unsere alte humanoide Körperform angenommen, um das Gespräch mit euch lebendiger zu gestalten. Wir wissen, dass humanoide Lebensformen gerne einen direkten Ansprechpartner bevorzugen.«

Er blickte auf die Aller-Ersten.
»Vor nicht allzu langer Zeit war ein Teil von euch, schon einmal bei uns zu Besuch«, ergänzte der Sprecher. »Was führt euch erneut auf unsere Welt? «

Die Bezwinger blickten die Gäste fragend an. Es schienen organische Lebewesen zu sein, perfekt nachgebildet, ohne einen Hinweis auf ihre energetische Daseinsform. Geoffwan wusste, dass sie im Laufe von Jahrmillionen ihrer körperlichen Daseinsform entwachsen waren.

»Wir danken euch, dass ihr uns erneut empfangt«, entgegnete Geoffwan.

Die Gäste verbeugten sich und bezeugten ihren Respekt vor dem Konzil.

»Tretet vor und sprecht eure Wünsche aus«, teilte der Kon-Ra-Tak mit.

Die Gäste richteten sich wieder auf.

»Wir stehen in Ehrfurcht und Respekt vor den Wissenden des Universums«, teilte Geoffwan mit. » Ihr seid es, die alles zusammengefügt und uns Raum für eine selbstständige Entwicklung gegeben haben. Ihr habt vor vielen Jahrmillionen die Sternen-Inseln erbaut und den Samen des Lebens im Universum gelegt. Hierfür danken wir euch. «

»Das ist richtig«, antwortete der Sprecher des Konzils. »Es erfreut uns, dass sich jüngere Rassen noch an diese Tatsache erinnern. Das zeigt uns, dass unsere körperliche Form nicht umsonst gewesen war. «

Er blickte die Besucher an.
»Deswegen seid ihr aber nicht gekommen? «, fragte er mit sanfter Stimme. » Ihr seid vom Stammbaum der Macoronarus. Eure Begleiter bezeichnen sich selbst als Terraner, doch sie können auch ihre natradischen Einflüsse nicht verbergen. «

»Deswegen sind wir hier«, antwortete Geoffwan. »Auch wir haben eine neue Schwelle überschritten. Die eigene Evolution verändert unsere Ansicht auf das reale Universum. Sie eröffnet uns einen Zugang zu zahlreichen neuen Dimensionen und Sphären. Wir werden uns aus dem realen Universum zurückziehen und möchten die

Ordnung und Steuerung der Abläufe einer anderen Rasse übergeben.«

Er zeigte auf Major Travis, Commander Brenzby und Heinze.

»Sind sie nach eurer Meinung prädestiniert für diese hoheitliche Aufgabe?«, fragte die Stimme des Sprechers.

Geoffwan blickte das Konzil der Mächtigen an.
»Was können wir euch noch mitteilen, dass ihr nicht bereits selbst wisst?«, erwiderte er.

Die Personen der Mächtigen schienen zu schmunzeln.
»Sprecht bitte weiter«, forderte der Kon-Ra-Tak die Gäste auf.

Der Sprecher der Aller-Ersten nickte.
»Die Terraner sind zugegeben eine junge Rasse«, erklärte Geoffwan. »Trotzdem konnten sie sich verantwortungsvoll entwickeln. Durch die Nutzung und Weiterentwicklung der alten natradischen Hinterlassenschaften haben sie in ihrer Entwicklung viele Jahrhunderte übersprungen. Innerhalb von kürzester Zeit konnten wir ihre gewissenhafte Nutzung der technischen Errungenschaften feststellen. Es ist ein Volk, denen ihre Nachbarn am Herzen liegen. Sie versuchen zuerst zu

verhandeln, um ihre Wünsche zu erreichen. Es liegt in ihrer Art, Frieden zu stiften. Das Universum wird durch sie neu geordnet werden. Wir sehen in den Terranern eine Rasse mit viel Potenzial. Wir möchten für den Anführer dieser Rasse und für seine Freunde um mehr Zeit bitten. Diese steht den Terranern leider nur begrenzt zur Verfügung.«

»Die Zeit ist das Kostbarste im Universum«, antwortete der Sprecher des Konzils. »Erst wenn die Zeit beherrscht wird, kann ein Volk gelassen in die Zukunft blicken. Garantiert ihr uns, dass die Rasse der Terraner die Zeit positiv nutzen wird?«

»Wir wissen es«, antwortete Geoffwan. »So ist es in dem Buch des großen Aahnn vorherbestimmt.«

Die Mitglieder des Konzils schauten sich an.
»Der große Aahnn ist uns bekannt«, entgegnete der Sprecher der Kon-Ra-Tak. »Er war auch einmal bei uns zu Gast und sprach eine Bitte aus. Durch ihn verbindet uns eine gewisse Freundschaft mit euch.«

Die Gäste blickten den Sprecher fragend an.
»Die Gründe hierfür darf ich nicht mitteilen«, antwortete er. »Es obliegt jedem Volk selbst, seine Vergangenheit aufzuarbeiten.«

Er blickte seine Kollegen an. Diese nickten gemeinsam.

»Habt ihr nicht vor vielen Dekaden die gleichen Wünsche für die Natrader erbeten? «, fragte der Sprecher. » Ist euer Plan nicht aufgegangen? «

»Dieser Plan wurde von Rassen anderer Sternen-Inseln untergraben«, antwortete Geoffwan. »Wir konnten zu dem damaligen Zeitpunkt, noch nicht alle Galaxien einsehen. «

»Das wussten wir«, antwortete der Kon-Ra-Tak. »Auch das gehört zu der geistigen Entwicklung einer Species. Deswegen konnten wir auf eine Intervention verzichten.«

»Hierdurch haben wir leider viel Zeit verloren«, entgegnete Geoffwan.

»Die Zeit ist für uns ein unbedeutender Begriff«, antwortete der Sprecher des Konzils. »Gemessen an dem Alter des Universums, war diese Zeit nur ein kleiner Bruchteil. Heute steht Ihr wieder vor uns mit der gleichen Bitte. Seid ihr sicher, dass euer Plan dieses Mal aufgeht?«

»Wer weiß sicher, wie sich die Entwicklung fortsetzt?«, antwortete Halswan. » Nach einem Ende kommt ein neuer Anfang, Dies hat uns die Zeit gelehrt. «

»Eine wahrlich weise Erkenntnis«, bemerkte der Sprecher des Konzils. »Wir erkennen eure beachtliche Weiterentwicklung. «

Geoffwan zeigte auf den Major.
»Dieser Terraner nennt sich Major Travis«, teilte Geoffwan mit. »Er trägt das aktive natradische Gen in sich und darf über die mächtigen natradischen Hinterlassenschaften verfügen. Er ist der Anführer der Terraner, die sich bereits im Universum verdient gemacht haben. Er benötigt noch eine Gruppe von Freunden als Unterstützung, die wir jedoch seiner Auswahl überlassen möchten. «

»Es ist ein ungeschriebenes Gesetz unserer absoluten Gutmütigkeit, dass jeder Rasse, die wir als evolutionsberechtigt einstufen, noch zwei weitere Species vorschlagen darf«, antwortete der Sprecher des Konzils. »Euch ist bewusst, dass wir bei einer Gewährung dieses Wunsches, eurem Volk keine weiteren Gefallen mehr erfüllen werden. «

»Das ist uns bewusst«, antwortete Geoffwan. »Wir halten es für erforderlich, den besten Weg aller möglichen Entscheidungen auszuwählen. «

Die sieben Mitglieder des Konzils der Kon-Ra-Tak blickten sich an und unterhielten sich. Nach einer kurzen Absprache, drehte der Sprecher seinen Kopf wieder Geoffwan zu.

»Die Formalitäten wurden alle erfüllt«, teilte er mit. »Eurem Wunsch wurde bereits bei eurem letzten Besuch zugestimmt. Wir wollten nur noch einmal die Ernsthaftigkeit eures Wunsches überprüfen. Wir stimmen zu. «

Eine kurze Pause verstrich.
»Wir sind die Kon-Ra-Tak«, sprachen die sieben Mitglieder des Konzils in einer identischen Stimmlage. »Viele Rassen nennen uns die Erbauer des Universums. Wir gewähren euren geforderten Wunsch einer Rasse, die sich selbst Terraner nennen. Ich bitte Major Travis, Commander Brenzby und Leutnant Heinze vorzutreten. «

Major blickte irritiert Geoffwan an.
Dieser nickte ihn nur kurz an.

»Nehmt die Ehre der Bezwinger der Gezeiten und der Dimensionen an«, flüsterte der Sprecher des Konzils. »Nicht vielen Rassen wird diese Ehre zuteil.«

Die Offiziere der Termar 1 traten einen Schritt vor. Der Sprecher stieg von dem Podest herunter und schritt auf die drei Gäste zu. Auch er wies eine Körpergröße von 2.10 Metern auf. Er hob seine Hände über die Köpfe der Gäste.

»Zwei von euch sind humanoiden Ursprungs, erstanden aus der Saat, die von uns verstreut wurde«, sagte er stolz. »Einer von euch ist ein Zuchtwesen, trotzdem aber reinen Geistes und mit besonderen Fähigkeiten ausgestattet. Der Ro stellt eine Bereicherung für euch dar und wird sich als verlässlicher Freund erweisen. Er würde gerne ein humanoides Wesen sein. Doch dieser Wunsch ist nicht Grundlage unseres heutigen Zusammentreffens.«

Der Sprecher griff in die Tasche seiner weißen Kutte und zog eine kleine Schatulle heraus.

»Die Macoronarus haben uns um mehr Zeit für euch gebeten«, teilte er mit. »Sie halten euch für etwas Besonderes. Wir sind skeptisch und teilen diese Meinung noch nicht. Der Rat der Allwissenden hat beschlossen, euch zu beobachten. Euch wird 120 Jahre Zeit gegeben, um mit großen Taten unsere Skepsis zu widerlegen.

Eurem Körper wird ein Chip injiziert. Er sucht sich selbstständig den Weg zu den erforderlichen Bausteinen eures Körpers. Ab heute werdet ihr nicht mehr altern. Alle eure Fähigkeiten bleiben erhalten und können sogar noch optimiert werden. Doch geht achtsam mit eurer Zeit um. Der Chip verliert seine Wirkung, falls ein gewaltsamer Eingriff den Körper des Trägers tötet.«

Der Sprecher blickte die drei Gäste des Neuen-Imperiums an.

»Heute in exakt 120 Jahren schaltet sich der lebenserhaltende Chip ab. Die Alterung eurer Körper findet rasend schnell statt. Sorgt dafür, dass ihr rechtzeitig zu einem Besuch bei uns erscheint. Nur so ist der seltene Chip zu reaktivieren. Die Aller-Ersten haben mit lobenden Worten über euch gesprochen. Sie sind von euch überzeugt. Vermutlich auch, weil es in dem Buch ihres Propheten Aahnn so verzeichnet ist.«

Geoffwan schmunzelte kurz bei den Worten.
»Öffnet eure Sinne«, fuhr der Sprecher des Konzils fort. »Wenn wir die von euren Protegés vermuteten Eigenschaften in euch finden, steht einer weiteren Verlängerung eures Lebens nichts im Wege. Bringt Frieden in die Milchstraße und unterstützt die Entwicklung aller Rassen. Leider ist das uns verwehrt

geblieben. Der Planet unseres Ursprungs wird alle 60 Jahre in diesem System materialisieren und sich für alle Besucher öffnen. Das Verfahren ist euch Dank der Macoronarus bekannt gemacht worden. Haltet das Geheimnis für euch. Gebt es nur an vertrauenswürdige Species weiter, die ihr als geistig geeignet anseht. Ihnen wird die gleiche Möglichkeit wie euch eröffnet. Zeigt ihnen, wie sie zu uns vordringen können.«

Der Sprecher des Konzils öffnete langsam die Schatulle. »Dieser Chip kann chirurgisch nicht entfernt werden«, teilte er mit. »Nachdem er seine Funktion aufgenommen hat, wird er unsichtbar werden und nicht mehr zu scannen sein. Nur wir verfügen über eine Technik ihn zu reaktivieren.«

Er trat auf den Major zu.
»Terraner Travis«, flüsterte er feierlich. »Bist du bereit die Zeit zu empfangen?«

»Das bin ich«, antwortete der Major.

Langsam entnahm der Kon-Ra-Tak einen Chip aus der Schatulle und legte diesen an den Hals des Majors. Der Chip fing an zu pulsieren, es wirkte fast so, als ob er ein Eigenleben besaß. Der Chip sank in die Haut und war nicht mehr zu sehen.

Major Travis empfand keinen Schmerz. Der Prozess war ausgereift.

»Danke«, nickte der Major und trat einen Schritt zurück.

Der Sprecher schritt zu dem Commander der Termar 1. »Terraner Jörge Brenzby«, flüsterte er erneut. »Bist du bereit die Zeit zu empfangen? «

»Ja«, antwortete der Commander nervös.
Erneut entnahm der Sprecher des Konzils einen Chip aus der Schatulle und legte ihn an den Hals des Commanders. Auch dieser Chip sank sofort unter die Haut und war nicht mehr zu sehen. «

Der Sprecher ging weiter zu Heinze. Er blickte ihn intensiv an.

»Bist auch du auch bereit die Zeit zu empfangen? «, fragte er.
»Das bin ich«, antwortete der Ro. »Wir haben noch viel Arbeit vor uns. «

Es schien so, als ob der Sprecher des Konzils lächelte. Er drückte dem Ro den Chip an den Hals. Auch dieser pulsierte und verschwand unter die Haut des Empfängers. Der Kon-Ra-Tak trat zurück.

Er hob seine Hände in die Luft.
»Es ist vollbracht«, sagte er. »Vor uns stehen drei Lebewesen, die das Angesicht des Universums beeinflussen werden. Geben wir ihnen unseren Segen mit auf den Weg.

Die restlichen Mitglieder des Konzils erhoben sich. Ihre Hände zeigten in die Luft. Rhythmisch bewegten sie ihre Körper hin und her.

»Rantacks Wille geschehe«, riefen sie gleichzeitig aus.

»Wir danken euch«, sagte Geoffwan feierlich. »Nur ihr besitzt das Wissen die Dauer des Lebens zu verlängern. «

»Nicht dafür«, antwortete der Sprecher. »Diese Rituale werden bereits seit Anbeginn des Lebens in den Sterninseln durchgeführt. Wichtig ist es, wie die Zeit genutzt wird. «

»Darf ich eine Frage stellen? «, entgegnete Major Travis.

»Der Wunsch nach Erkenntnis wird von uns nicht verboten«, antwortete der Sprecher des Konzils. »Ihr seid gekommen, um Wissen zu erlangen. Wir beantworten gerne eure Fragen.«

»Wir kommen gerade von einer Mission zurück, in der wir den Bewahrern aus einer Misere helfen konnten«, erklärte der Major. »Sie sprachen von einer alten Rasse, die sich die Mächtigen nannten. Wisst ihr, um wen es sich hierbei handelt?«

»Es gibt viele selbsternannte Mächtige in der Galaxis«, antwortete der Sprecher des Konzils. »Selbst die Zierrakies bezeichneten sich als mächtig und unterdrückten zahlreiche Völker. Erst ihr konntet sie zurückdrängen.«

Er blickte die Macoronarus an.
»Selbst die Aller-Ersten besaßen die Möglichkeiten sie in ihre Schranken zu verweisen«, erklärte er. »Doch sie hielten es für besser, sie über mehrere Jahrtausende zu studieren.«

Er schaute Geoffwan in die Augen. »Wir sind uns doch einig, dass solche Forschungen der Entwicklung der Galaxis nicht dienlich sind«, schellte er den Sprecher der Aller-Ersten. »Eine lange dunkle Epoche ist vergangen, in der die Mächtigen ihren Machtanspruch ausbauen konnten. Sie haben sich die technischen

Errungenschaften unterdrückter Völker zu Eigen gemacht und diese weiterentwickelt. Sie sind ein Volk, angestachelt von einem nicht identifizierbaren Regenten, der einen immensen Hass auf alle andersartigen Lebensformen entwickelt hat.«

Er blickte Major Travis.
»Sie haben bereits indirekt Kontakt zu diesem Volk aufgenommen«, fragte er.

Major Travis verstand nicht.
»Dieses Volk ist uns noch nicht begegnet?«, antwortete er. » Nur durch die Berichte der Bewahrer haben wir von ihrem Namen erfahren.«

»Der Kreis schließt sich«, antwortete der Sprecher des Konzils. »Sprechen sie ihren Freund Heran an. Vermutlich wird er es nicht wissen, da er einem jüngeren Geburtsprozess seiner Rasse entstammt. Aber in den Archiven der Lantraner wird sicherlich einiges über die Mächtigen zu finden sein. Vermutlich auch über die Ursache des ganzen Übels. Es handelt sich um eine von ihnen gentechnisch veränderte Lebensform.«

Major Travis blickte den Kon-Ra-Tak fragend an.

»Wir werden nicht den Lauf der Ereignisse verändern«, teilte der Sprecher mit. »Wir weisen lediglich auf Tatsachen hin. Jede Species des Universums muss sich selbstständig weiterentwickeln und dafür sorgen, dass ihre geistigen und technischen Errungenschaften fortbestehen. Leider vergessen die meisten Rassen von ihnen, sich unangreifbar zu machen.«

Der Sprecher des Konzils machte eine kurze Pause. Er lächelte Major Travis an.

»Um ihre Frage zu beantworten«, ergänzte er. »Sie verstecken sich in einer weit entfernten Sterneninsel. Seit sie der lantranischen Kontrolle entschlüpft sind, sehen sie sich an der Spitze der Evolution. Sie akzeptieren keine anderen intelligenten Lebensformen neben sich. Vermutlich ein Resultat ihrer kriegerischen Feldzüge, in denen sie nie auf vergleichbare Gegner getroffen sind. In Wirklichkeit sind sie aus einer Lebensform hervorgegangen, welche entfernt vergleichbar ist mit der Gattung der Stachelschweine, die sich auf Tarid entwickelt hat. Sie erkennen also, was gentechnisch alles möglich ist.«

»Stellen sie eine Gefahr für die Milchstraße dar?«, fragte Commander Brenzby.

Der Sprecher des Konzils blickte ihn an. »Wie ich ihnen bereits mitteilte, haben sie indirekt bereits Kontakt zu ihnen aufgenommen«, erklärte er. »Durch den wieder aktivierten Raumzeiten-Wurmloch-Generator des ehemaligen natradischen Kaisers Quoltrin-Saar-Arel öffnet sich ein Wurmloch-Tunnel in das Imperium der Adramelech.«

Der Kon-Ra-Tak schien zu lächeln. »Durch einen glücklichen Zufall gelangte der ehemalige Kaiser an dieses Artefakt einer ausgestorbenen Rasse«, erklärte er. »Quoltrin-Saar-Arel dachte, dass es sich bei diesem Gerät um einen normalen Transmitter handeln würde. Nach seiner Aktivierung öffnete sich ein Durchgang zu einer weit entfernten Welt. Dieser Planet schien für den natradischen Kaiser ein guter Fluchtort zu sein. Seine Experten konnten die Sternen-Systeme auf keiner der natradischen Raumkarten identifizieren.

Er befürchtete bereits lange, im Kampf gegen die Rigo-Sauroiden zu unterliegen. Was dann auch durch die falsche Strategie von Admiral Tarin eintraf. Jedenfalls wissen die Redartaner bis zu den heutigen Tagen nicht, so nennen sich die geflüchteten Natrader seit dem Verlassen ihres Heimat-Planeten, dass es sich bei diesem Artefakt um einen Raumzeiten-Wurmloch- Generator handelt. Dieses Artefakt krümmt nicht nur den Raum, sondern auch die Zeit. Es ist möglich, dass die Redartaner in einer Zeit leben, die 500.000 Jahre vor der Zerstörung von ihrer ersten Heimatwelt Natrid angesiedelt ist.«

Commander Brenzby schüttelte seinen Kopf. »Das ist mir jetzt zu hoch«, bemerkte er. »Bedeutet dies, dass alles noch einmal passieren kann?«

»Von der Zeit-Epoche der Redartaner ausgesehen, theoretisch ja«, antwortete der Kon-Ra-Tak. »Aber da sie nicht in der Milchstraße leben, ist es für sie nicht möglich Natrid zu besiedeln.«

Er drehte seinen Kopf Major Travis zu. »Ganze 100.000 Jahre konnten die Redartaner sich entwickeln und ihre Stärke wieder aufbauen. Jetzt sind die Vernichter des Universums, so werden die Adramelech genannt, auf sie aufmerksam geworden. Eine erste Raumschlacht hat bereits stattgefunden. Die Adramelech waren zu überheblich und haben die Redartaner mit einer zu kleinen Flotte angegriffen. Aus dieser Schlacht sind die Nachkommen der Natrader, zwar mit schweren Verlusten an Schiffen und Personal, aber immerhin erfolgreich hervorgegangen. Doch die Adramelech sind jetzt gewarnt.

Sie werden wieder ihre Züchtungen in die Schlacht schicken, wie seinerzeit die Rigo-Sauroiden. Die Adramelech werden die Uylaner auf sie hetzen. Diese Species stammt von Raubtieren ab. Sie haben Krallen und spitze Zähne. Diese Rasse hat sich ihren Urtrieb erhalten. Sie töten zum Spaß und aus Vergnügen, anschließend fressen sie ihre Opfer. Sie sind der Ansicht, dass die Stärke ihrer Gegner auf sie übergeht.«

Major Travis überlegte einen Augenblick. »Die Bewahrer teilten mit, dass sie von den Mächtigen in der Milchstraße angegriffen wurden«, offenbarte er. »Wenn ihr Imperium an einem weit entfernten Teil des Universums liegt und wie sie uns mitteilten, auch noch in einer anderen Zeitepoche, wie konnten dann die Mächtigen vor 70.000 Jahren den Planeten der Bewahrer angreifen?«

Wieder schien der Kon-Ra-Tak zu lächeln. »Alles ist in Bewegung«, antwortete er. »Wie konnten die Redartaner diesen Ort erreichen? Welche Technik verhalf ihnen hierzu?«

»Das Artefakt einer ausgestorbenen Rasse«, antwortete Major Travis. »Es war nicht das einzige Artefakt dieser Art. Die Mächtigen verfügen über die gleichen Raumzeiten-Wurmloch-Generatoren.«

»Warum war das möglich? «, fragte der Sprecher des Konzils. » Weil sie die Mächtigen es waren. Sie waren für die Ausrottung der intelligenten Species verantwortlich, die als Erfinder dieser steuerbaren Raum-Zeit Wurmloch-Generatoren bekannt waren. Die Adramelech hatten den Nutzen dieser besonderen Technik erkannt. Sie wollten die Technik für sich allein. Hiermit ist es ihnen möglich gewesen, in alle Bereiche des Universums zu gelangen. Niemand wäre vor ihnen sicher. Das haben die Natrader bereits an ihrem eigenen Leib erfahren. «

»Gibt es eine Strategie gegen sie Mächtigen? «, fragte Major Travis. » Wie können wir unsere Zivilisationen vor ihnen schützen? «

»Wir sind schon lange der körperlichen Daseinsform entwachsen«, antwortete der Kon-Ra-Tak. »Diese Form haben wir lediglich für euch angenommen. Dieser Planet, seine Errungenschaften und auch wir bestehen aus reiner Energie. Wir haben unserer alten Existenzform viel zu verdanken. Nur aus diesem Grunde versetzen wir unsere Ursprungswelt alle 60 Jahre an den Ort und das Sternen-System unserer Geburt. Nennen sie es Nostalgie, oder auch nur Dankbarkeit an unsere ehemals feste Körperform. Dieser haben wir viel zu verdanken. «

»Ich verstehe«, antwortete Major Travis. »Ihnen können die Mächtigen nichts anhaben. «

Der Sprecher des Konzils antwortete nicht auf die Frage. »Es gibt eine alte Waffe von uns, die in der Milchstraße versteckt wurde«, teilte der Kon-Ra-Tak mit. »Die Mächtigen bereiten nicht erst seit heute Probleme. Diese Waffe zerstört die Ausdehnungsfelder ihrer Schiffe, welche ihre blaue Energie eindämmt. Sobald die Waffe abgefeuert wurde, baut sich eine orangefarbene Partikel-Strahlenwolke auf, die gezielt die Ausdehnungsfelder ihrer Schiffe kollabieren lässt. Die Folge ist, dass sich ihre aus dem Zwischenraum gesaugte blaue Energie nicht mehr kontrollieren lässt. Sie wird unkontrollierbar und entfaltet sich. Die Energie reißt alle Schiffe der Adramelech in den Untergang. «

»Wo können wir diese Waffe finden? «, fragte der Major.

Der Kon-Ra-Tak reichte ihm einen Speicher-Kristall. »Löst dieses Rätsel«, entgegnete er. »Hinweise findet ihr auf dem Speichermedium. Es ist für die Verwendung durch eure Hypertronicen ausgelegt. Einen Hinweis geben wir euch noch. Die Frage ist nicht wo, sondern wann ihr sie findet? Gebt den Redartanern eine technische Unterstützung und Hilfeleistung, dann öffnet sich der Weg zu der Waffe fast selbstständig. «

Major Travis blickte irritiert auf den Speicher-Kristall.

Der Kon-Ra-Tak hob seine Hand. »Wir sprechen uns in 60 Jahren wieder«, lächelte er. »Seid ohne Sorge, wir beobachten eure Entwicklung. Ihr seid nicht allein. Schließt eure Taja's. Eure Besuchszeit ist beendet. «

Bevor Major Travis noch etwas fragen konnte, drehte sich der Sprecher des Konzils ab. Er machte eine ausschweifende Bewegung mit seinem Arm. Die Umgebung verschwamm und wurde undeutlich. Alles fiel in sich zusammen. Irritiert bemerkten die Besucher, dass sie wieder auf dem trockenen Sand des Wüstenplaneten standen. Nichts deutete auf die futuristische Welt der Bezwinger der Gezeiten und der Dimensionen hin. Tart 1 und Tart 2 warteten in einigem Abstand vor dem Tarin-Jet.

»Unsere Mission ist beendet«, bemerkte Geoffwan. »Wir haben euch den Weg zu den Kon-Ra-Tak geöffnet. In 60 Jahren findet ihr den Weg allein. «

»Wir danken euch aufrichtig«, lächelte Major Travis. »Sehen wir uns wieder? «

»Das weiß nur Aahnn, der große Prophet unserer Rasse«, erwiderte der Sprecher der Aller-Ersten. »Seine Wege sind unergründlich.«

Die Offiziere der Termar 1 salutierten vor ihren Gönnern. Die Aller-Ersten fassten sich an die Handel und schlossen ihre Augen. Nur durch die gemeinsame geistige Kraft versetzten sie sich zurück in ihre Wolkenstadt. Major Travis, Commander Brenzby und Heinze stiegen in den Tarin-Jet ein. Der Commander aktivierte die Antriebe. Langsam hob die Maschine ab, gewann an Höhe und raste auf die Atmosphäre des trockenen unwirklichen Planeten zu.

***

Atlanta hatte Lorin ein geräumiges Gemach zur Verfügung gestellt. Jahol-Sin wurde ihr an die Seite gegeben. Die Kommandantin der großen Basis hatte ihn als Lorins persönlichen Mentor eingesetzt. Der ehemalige Protokoll-Roboter von Kaiser Quoltrin-Saar-Arel war gewartet und modifiziert worden. Die ursprüngliche Programmierung konnte von Noel gelöscht und mit der aktuellen Programmierung des Neuen-Imperiums versehen. Er war ein ab sofort vollständiges Mitglied von Noels Robotern der kaiserlichen Garde.

Jahol-Sin hatte den Auftrag bekommen, die letzte Amazone des Kaisers zu beschützen und ihr zu helfen, sich in der neuen Welt zurechtzufinden. Die Kommandantin der großen Tarid- Basis hatte Lorin die Schönheiten von Tarid gezeigt. Diese waren ganz anders, als die Amazone es von früher her kannte. Lorin zeigte sich begeistert über die Zivilisation und die fortgeschrittene Technik des 3. Planeten des ehemaligen natradischen Heimat-Systems. Ihr Gemach war noch nach natradischen Ansprüchen ausgestattet. Der dicke Teppich auf dem Boden schluckte ihre Schritte. Die bunten Farben des Musters stammten von den unterschiedlichen Sandraupen von Natrid.

An den Wänden hingen Bilder, welche von den glorreichen Schlachten des alten Imperiums berichteten. Das große Fenster aus neuem Panzerglas, wurde erst vor kurzer Zeit eingebaut. Lorin konnte hierdurch auf die große Atlantis-Basis schauen. Ein massiver Tisch mit sechs Stühlen stand in der Mitte des Raumes. Rechts war eine Nische, in der ein breites Bett stand. Links daneben stand der eingebaute Wandschrank. Ihr Amazonen-Gewand hing ordentlich auf einem Bügel.

Mehrere legere Kleidungsstücke, die sie im Beisein von Atlanta gekauft hatte, hingen sauber nebeneinander. Mehrere Hosen, eine Jeans, Blusen und weitere moderne Stücke waren hier aufbewahrt. Auch eine neue Taja war in ihrem Besitz; ebenso wie Kampf- Stiefel und mehrere moderne Waffengurte. Auch ihre Schwerter hatte sie von Atlanta zurückerhalten.

»Diese darf ich als Erinnerung behalten«, teilte die Kommandantin der Basis mit. »In der heutigen Zeit findet sich hierfür keine Verwendung mehr. «

Lorin fühlte sich in der neuen Welt wohl.
»Sie ist ganz anders als das alte Natrid«, dachte sie. »Ein Planet zum Wohlfühlen und zum Genießen. Besser und schöner als die alte Heimat mit den andauernden Bevormundung der Adelskaste. Hier ist alles ausgerichtet auf das Wohl der Menschen und nicht auf den Ruhm des Kaisers. «

Tief in ihr brodelte es. Der lange verdrängte Hass auf Quoltrin-Saar-Arel stieg wieder in ihr auf. Atlanta und die Psychologen der Menschen hatten ihr empfohlen, das Geschehene zu verarbeiten und zu vergessen. Doch das konnte sie nicht.

»Unser vormals so geschätzter Kaiser hat mich und meine Amazonen in eine Todesmission geschickt«, dachte sie. »Das kann und werde ich ihm nicht vergeben. Warte nur Kaiser Quoltrin-Saar-Arel, bis ich bei dir bin. Dann werde ich von dir Rechenschaft fordern. Fühle dich nicht mehr sicher. Ich warte nur auf eine Gelegenheit, um zu dir zu kommen.«

Liebevoll strich sie über ihre Schwerter, die ihr immer gute Dienste geleistet hatten.

Lorin stand lange unter dem Befehl des natradischen Kaisers. Sie wusste nur allzu gut, dass dieser Mann gefährlich und unberechenbar war. Obwohl er in seiner Amtszeit hin und wieder Niederlagen erleiden musste, änderte das nichts an der Tatsache seiner Gefährlichkeit. Noch nie war der Kaiser von einer einmal beschlossenen Entscheidung abgerückt.

»Er wird dort auf seiner Fluchtwelt auch wieder von zahlreichen Elite-Soldaten beschützt werden«, dachte sie. »Ich brauche einen guten Plan, um bis zu ihm vorzudringen.«

Sie blickte auf die Taja, die in ihrem Schrank hing.
»Die heutigen Schutzanzüge sind mit modernen Tarnmodulen ausgestattet«, erinnerte sie sich. »Atlanta teilte mir mit, dass als Grundlage hierfür eine lantranische Technik verwendet wurde. Die Körperschirme sollen wesentlich leistungsfähiger sein als die alten natradischen Ausführungen. Da zeigt es sich, dass man auch von Freunden profitieren kann.«

Sie drehte sich um und blickte Jahol-Sin an. Der Roboter hatte in den Stand-By-Modus geschaltet.

»Jahol-Sin«, sagte sie. »Bitte aktiviere dich.«

Sie bemerkte, wie der ehemalige Protokoll-Roboter sich regte.

»Wie kann ich von Diensten sein?«, erkundigte er sich.

»Was steht heute auf unserem Programm?«, fragte Lorin.

»Wir werden in 30 Minuten von Arfan-Don, dem Sicherheits-Offizier der Basis abgeholt«, teilte der Roboter mit. »Sie werden einen Ausflug zu der neuen Großraum-Basis, auf dem Jupiter-Mond Europa machen. Arfan-Don wird ihnen zeigen, wie die Arbeiten vorangehen und wir werden einem Test der Genies Marin und Gareck beiwohnen. Sie haben den Transmitter-Durchgang zu der Fluchtwelt des ehemaligen Kaisers modifiziert.«

Lorin gab sich gelangweilt.

»Schon wieder ein Tag voller Technik und langweiligen Erklärungen«, antwortete sie. »Viel lieber würde ich in die Stadt gehen, um mir einige Kleidungsstücke zu kaufen.«

»Das ist nicht ein Bestandteil ihrer Ausbildung«, antwortete Jahol-Sin. »Atlanta möchte sie möglichst schnell mit allen Möglichkeiten des Neuen-Imperiums vertraut machen.«

»Warum diese Eile?«, fragte die Amazone.
»Ich vermute, sie bereitet eine Mission für sie vor«, erwiderte der Roboter. »Sie sieht in ihnen eine gut ausgebildete Kämpferin.«

Lorin lachte.
»Genau genommen habe ich über 100.000 Jahre nicht mehr gekämpft«, fluchte sie. »Der Kaiser hätte mich in der Stasis-Kammer verrecken lassen. Nur dank der Expedition des Neuen-Imperiums konnte ich gerettet werden.«

Sie blickte den Roboter von der Seite an.
»Du warst der persönliche Protokoll-Roboter von Quoltrin-Saar-Arel?«, erkundigte sie sich.

»Das ist ihnen doch bekannt«, antwortete er. »Warum stellen sie mir diese Frage?«

»Wurden alle deine Erinnerungen gelöscht?«, fragte sie. » Der Kaiser war ein Eigenbrötler. Hat er keine Vorkehrungen hiergegen getroffen? «

»Mein Hauptspeicher wurde von der großen Natrid-Hypertonic-KI gelöscht und neu programmiert«, teilte der Roboter mit. » Das ist der normale Ablauf bei technischen Dienst-Robotern. «

»Das beantwortete meine Frage aber nicht«, fasste sie nach. »Sind alle deine Erinnerungen an den Kaiser gelöscht? «

»Ich diene dem Neuen-Imperium«, antwortete er. »Das ist meine vorrangige Programmierung. «

»Also gibt es doch noch etwas, tief in dir drinnen«, lächelte die Amazone. »Mir kannst du nichts vormachen.«

»Sie gefährden meine vertrauensvolle Aufgabe«, flüsterte der Roboter. » Ich habe eine zweite Schnittstelle, die Informationen speichert. Dorthin konnte ich alle alten Informationen verlagern. Mir gelingt es immer noch auf die alten Daten, Fakten und Erinnerungen zurückgreifen.«

»Warum dienst du dem Neuen-Imperium? «, fragte sie.

»Das ist eine einfache Geschichte«, antwortete Jahol-Sin. »Ich bin einer der wenigen Roboter aus natradischer Sonder-Fertigung. Mir wurde ein Emotions-Chip eingesetzt. Obwohl es niemand weiß, empfinde ich Gefühle. Vermutlich kannte Quoltrin-Saar-Arel diesen Sachverhalt nicht. Obwohl ich lange Zeit sein persönlicher Protokoll-Roboter war, hat er mich bewusst bei dem Angriff der Rigo-Sauroiden auf der Atlantis-Basis zurückgelassen. Er ging davon aus, dass die Basis den Angriff nicht überstehen würde. Der Kaiser hatte keine Verwendung mehr für mich. Ich werde hier in dieser neuen Welt besser behandelt.«

Lorin sah ihn traurig an.
»So erging es mir auch«, bemerkte sie. »Hast du noch Information mich betreffend von dem Kaiser erhalten?«, erkundigte sie sich.

»Ja«, antwortete der Roboter.

»Welche waren das?«, fragte Lorin ungeduldig. »Lass dir doch nicht alles einzeln abfragen?«

»Ich sollte sie an der Durchquerung des Transmitter-Tunnels hindern«, flüsterte er. »Dieser Befehl sollte nur ausgeführt werden, wenn sie es wider Erwarten doch schaffen sollten, in seine Gemächer zu gelangen. Auf seinem Flucht-Planeten wurden für Amazonen keine Plätze freigehalten. Er teile mir mit, dass er ein ganz neues Volk der Natrader erschaffen wollte. Jeder von ihnen würde wesentlich stärker und wendiger und intelligenter sein als eine Amazone. «

Lorin schlug mit ihrer Faust auf den Tisch.
»Also doch«, sagte sie. »Ich habe es vermutet. Der Kaiser hat seine Getreuen immer ausgenutzt. Wenn sie für ihn nicht mehr hilfreich waren, hat er sich ihrer entledigt. «

»Verspürst du keinen Hass gegen ihn? «, fragte die Amazone.

»Nur wenn ich meinen Emotions-Chip aktiviere«, antwortete der Roboter. »Aber mir sind die Hände gebunden. Eine übergeordnete Programmierung verbietet mir, gegen meine Erbauer vorzugehen. «

Lorin dachte nach.
»Verbietet dir diese Programmierung auch die Unterstützung einer anderen Person, die gegen den Kaiser vorgehen will? «, fragte sie.

»Meine kaiserliche Schutzprogrammierung wurde entfernt«, antwortete Jahol-Sin. »Dieser Vorgehensweise steht nichts im Wege. Was haben sie vor? Sie wissen, dass ich programmiert bin, für ihren Schutz zu sorgen.«

»Wir werden zu der Fluchtwelt übersetzen und den Kaiser zur Rechenschaft ziehen«, flüsterte sie. »Ich möchte von ihm wissen, warum er meine Amazonen in den Tod geschickt hat.«

»Das wird nicht einfach werden«, antwortete der Roboter. »Der Transmitter-Durchgang wurde aus der Atlantis-Basis entfernt. Er steht hier nicht mehr zur Verfügung.«

»Haben wir nicht heute eine Technik-Einführung auf Europa?«, erkundigte sich die Amazone.» Wir bitten die natradischen Genies Marin und Gareck, uns den Durchgang zu erklären. Vermutlich werden sie ihn aktivieren. Sie sind zwar sehr intelligent, aber auch etwas naiv. Diesen Moment nutzen wir und springen hindurch.«

Sie lief zu ihrem Schrank und suchte ihren Ersatz-Kampfgürtel.

»Öffne eine Wartungsluke und verstecke diesen Gürtel«, sagte sie. »Wir werden ihn auf der anderen Seite brauchen. Er besitzt eine Tarnvorrichtung. Ohne ihn ist es nicht möglich, in die Nähe des Kaisers zu gelangen.«

Jahol-Sin nahm ihn entgegen und verstaute ihn in einer Wartungsklappe.

»Alles Weitere wird sich finden«, lächelte sie.

Schrill aktivierte sich der Türsummer. Besuch stand außerhalb. Atlanta ging zu dem Schott und öffnete es.

»Ich bin Arfan-Don«, stellte sich der Sicherheits-Offizier vor. »Sie dürfen heute mit mir vorliebnehmen. «

»Bleibt es bei dem aktuellen Tagesplan? «, fragte sie. » Wenn wir zurück sind, wollte ich noch kurz in die Stadt? «

»Machen sie sich keine Gedanken«, antwortete der atlantische Offizier. » Wir werden abends wieder hier sein. «

Lorin ging an ihren Schrank und schlüpfte in ihren Schutzanzug. Die Taja saß perfekt und betonte ihre muskulösen Rundungen. Dann legte sie ihren Kampfgürtel um.

»Wir sind bereit«, lächelte sie dem Sicherheits-Offizier zu. »Nehmen wir den Transmitter, oder einen Jet? «

»Ich bevorzuge den Jet«, antwortete Arfan-Don. »Ansonsten müssen wir durch sechs unterschiedliche Transmitter. Ganz ehrlich. Ich hasse diese Geräte. Man weiß nie, wenn einer von ihnen ausfällt.«

»Kein Problem«, antwortete Lorin. »Ein Jet ist eine sichere Sache. Ich freue mich, einige Außenanlagen des Neuen-Imperiums zu sehen.«

Arfan-Don ließ es sich nicht nehmen, den Tarin-Jet der Atlantis Basis selbst zu fliegen. Die Strecke zu dem Jupiter-Mond war schnell überbrückt. Er kreiste in einem Abstand von 500 Metern über der neuen Basis. Unzählige Baukräne waren zu sehen. Horden von Arbeits-Robotern verschweißten Module und setzten Natridstahl-Wände ein. Über 40 Raumschiffe standen auf den Landeplätzen und entluden neues Material.

»Wie sie wissen, wird von uns der Jupiter Mond Europa als Großbasis ausgebaut«, teilte er stolz mit. »Er ist mit einem Durchmesser von 3.121 Kilometern der kleinste der vier Jupiter-Monde. Aber immerhin der sechstgrößte Mond im Sol-System. Obwohl er ein Eismond ist, wird dort eine große Basis nach dem Vorbild von Atlantis entstehen. Ferner bekommt er Werften, Fertigungs- und Produktionsanlagen für Raumschiffs-Neubauten. Hierfür stehen drei Großraum-Duplikatoren zur Verfügung.

Eine moderne Aufbereitungs-Anlage für Trinkwasser wurde bereits installiert. Derzeit besitzen wir hier 23 Großraumhallen für die Raumschiffs-Montage. Sie wurden nach modernsten Gesichtspunkten konstruiert und können Raumschiffe bis zu einer Länge von 6.000 Metern und einer Höhe bis zu 500 Metern aufnehmen. Wir haben auf Verdacht einige Hallen zusätzlich erbauen lassen, die wir im Moment nicht belegen können. In einer dieser Hallen leiteten Marin und Gareck den Wiederaufbau des Transmitter-Wurmloch-Generators. Nach der Fertigstellung unserer Großbasis wird dieses Artefakt jedoch von Sicherheits-Personal der EWK gesichert werden.«

Er lächelte Lorin an.
»Dort fliegen wir jetzt hin«, sagte er. »Ich habe Marin und Gareck bereits informiert, dass sie uns in die Funktionsweise des Transmitters einweisen. Er teilte mir mit, dass wir gerade richtig kommen würden. Das wissenschaftliche Team beabsichtigt einen Testlauf initiieren.«

»Ich freue mich hierauf«, antwortete Lorin. »Dann darf ich das Artefakt einmal in dem aktivierten Zustand bewundern.«

Arfan-Don drückte den Jet nach unten. Vorsichtig reduzierte er die Leistung der Triebwerke. Er schwenkte auf dem Landeplatz vor der Halle 22 ein, hob die Nase des Jets etwas nach oben und setzte ihn vorsichtig auf den Boden auf.

»Aktivieren sie ihre Taja«, sagte er zu Lorin. »Solange der Schutzschirm noch nicht aktiviert ist, können wir keine künstliche Atmosphäre erzeugen. «

»Das ist mir klar«, antwortete die Amazone.

Sie drückte den Knopf ihrer Taja, der für den Außeneinsatz ausgelegt war. Ein Helm fuhr aus dem Anzug und formte sich um ihren Kopf. Das Sauerstoffgemisch wurde mit dem Schließen des Helmes automatisch zugeführt.

»Es geht los«, bemerkte Arfan-Don.
Er öffnete das Schott und sprang ins Freie. Lorin und Jahol-Sin folgten ihm.

Sie passierten die Schleuse zu Hangar-Halle 22. Als die Druckanzeige grünes Licht signalisierte, öffnete der atlantische Offizier den Eingang in den Innenbereich der Halle.

Lorin blickte sich um. Über 60 Wissenschaftler liefen umher und kümmerten sich um Kabel, Leitungen und Verbindungen, die sie an unterschiedliche Geräte anschlossen.

Marin kam auf sie zugelaufen.
»Herzlich Willkommen auf unserer Basis«, lächelte er. »Sie möchten gerne unserem Testlauf beiwohnen. Wir sind immer dankbar für interessierte Besucher. Folgen sie mir bitte. «

Auf halber Strecke erwartete sie Gareck.
»Unsere Besucher sind eingetroffen«, teilte ihm Marin mit. »Übernimmst du die technischen Erläuterungen? «

Gareck führte die Besucher an den mächtigen Energiemeilern vorbei. Nach wenigen Metern stand die Gruppe vor einen großen glänzenden Metall-Rahmen.

»Das ist er«, sagte Gareck stolz. »Ein massiver ausfahrbarer Energie-Rahmen, auf acht schweren Anti-Gravitations-Kufen verbaut. Seine Größe lässt sich individuell einstellen. Falls es nötig wird, dass große Schiffe durchfliegen müssen, dann können wir ihn auf alle Schiffsklassen einstellen. Die Programmierung erfolgt von der zentralen Steuereinheit dieser Halle aus. «

»Respekt meine Herren«, sagte Arfan-Don. »Dann haben sie ja in der kurzen Zeit einiges ausgetüftelt. Major Travis wird sehr zufrieden sein. «

Marin lächelte ernst zurück.
»Leider gibt es ein Problem«, entgegnete er. »Derzeit haben wir als Bezugspunkt nur die Koordinaten des Fluchtplaneten des ehemaligen natradischen Kaisers. Wir können in der Höhle kein entsprechendes Gegenstück installieren. Das kann nur mit Hilfe der geflüchteten Natrader erfolgen. «

»Das würde bedeuten, dass wir über kurz oder lang Kontakt zu ihnen aufnehmen müssten, um sie über unser Vorhaben zu informieren«, antwortete der Sicherheits-Offizier von Atlantis. »Sicherlich wird ihnen das nicht gefallen. «

»Es gibt auch die Möglichkeit, das Gegenstück im Weltraum zu installieren«, ergänzte Gareck. »Dafür müsste aber das aktive Gerät in der Höhle demontiert werden. Das Gerät sucht sich immer ein aktives Gerät an den einprogrammierten Koordinaten. «

»Ich verstehe«, bemerkte Lorin. »Wenn ich jetzt einen Raumsektor einprogrammiere, dann weiß ich immer noch nicht, wo ich herauskommen werde. Es kann sein, dass eine angewählte Adresse inaktiv ist oder vernichtet wurde. Das Gerät schaltet auf die nächste erreichbare Adresse um. «

Marin blickte sie an und schmunzelte.
»Nicht schlecht für eine kampferprobte Amazone des Kaisers«, erwiderte er. »Sie haben es verstanden. Jetzt können wir zu dem Testlauf kommen. «

Er griff nach seinem Communicator.
»Ich brauche eine Sicherungs-Einheit Marines in Halle 22«, sprach er in das Gerät. »Wir möchten den Transmitter-Wurmloch-Generator öffnen. «

»Ich schicke die Einheit zu ihnen«, antwortete der diensthabende Offizier. Warten sie einige Minuten. «

Marin drehte sich wieder seinen Gästen zu.
»Der Sicherheits-Dienst ist unterwegs«, teilte er mit. »Eine Öffnung erfolgt nur, wenn Soldaten diese Halle absichern. Bei einer Aktivierung kann der Durchgang von beiden Seiten genutzt werden. «

»Haben sie eine Drohne vorbereitet, die uns Informationen von der anderen Seite übermitteln kann? «, fragte Lorin.

»Das hatte ich eigentlich nicht geplant«, antwortete der Wissenschaftler. »Aber ich sehe kein Problem hierin. Wir haben noch einen Späh-Panzer vor Ort. Diesen können wir über Funk aktivieren. Er wird uns Bilder von der Gegenseite senden. «

Eine Einheit von 50 Marines betrat den Raum.
Der führende Offizier blieb vor Marin stehen und salutierte.

»Mein Name ist Sergeant Lucien Pan«, stellte er sich vor. »Meine Einheit wird während ihres Testlaufes den Eingang sichern. «

»Danke, Sergeant«, entgegnete Marin. »Wir fühlen uns bei ihrer Einheit in sicheren Händen. «

Lorin hatte die Antwort von Marin mitbekommen. Verächtlich verzog sie ihr Gesicht.

»Die Wissenschaftler wählen ihre Worte so, wie sie diese gerade brauchen«, dachte sie. »Sie sind auch nur Unterwürfige. «

Die Marines hatten sich in Gruppen aufgeteilt und waren um den Transmitter-Wurmloch-Generator in Stellung gegangen. Ihre schweren Laser-Gewehre waren aktiviert und lagen in ihren Armbeugen.

»Achtung«, warnte Marin. »Unser Testlauf beginnt jetzt.«

Er schaltete die Energie-Versorgung von 18 natradischen Hochleistungs-Generatoren ein. Die Geräuschkulisse in der Halle nahm merkbar zu.

»Ich erhöhe den Energiefluss auf 75 Prozent der Kapazität«, teilte der natradische Wissenschaftler mit.

Die Beobachter sahen, wie sich der Rahmen des Transmitters mit Energie füllte und sich langsam stabilisierte.

Gareck blickte auf seine Anzeigen.
»Die Gegenstelle wurde aktiviert«, meldete Marin. »Wir warten auf ein grünes Licht. «

Einige Sekunden vergingen, dann leuchtete die Kontroll-Anzeige in einem hellen Grün auf.

Freudenschreie wurden von den Wissenschaftlern ausgestoßen. Sie alle waren stolz, dass ihre Arbeit geglückt war.

Marin griff nach einem Tablett.
»Ich versuche den Späh-Panzer zu aktiveren«, erklärte er. »Die Entfernung ist so groß, dass wir eine zeitliche Verschiebung von 30 Sekunden einplanen müssen. Erst dann rastet das Signal ein.«

Geduldig warteten die Beobachter ab.
Dann erhellte sich das Tablet. Der Späh-Panzer hatte seine Strahler angeschaltet und leuchtete die Höhle aus. Marin winkte Lorin zu sich.

»Sie sehen, auf der Gegenseite ist alles ruhig«, lächelte der Wissenschaftler. »Kein Natrader ist zu sehen. Vermutlich haben sie die Gegenstelle längst vergessen.«

Marin drehte sich um und winkte den Marines zu.
»Alles ruhig auf der Gegenseite«, sagte er. »Von dort besteht keine Gefahr.«

Er bemerkte, wie die Marines anfingen zu schreien und zu gestikulieren.

Marin drehte sich um und sah, wie Lorin und Jahol-Sin auf den künstlichen Horizont zuliefen.

»Abschalten«, befahl er. »Sofort abschalten, den Durchgang abschalten.«

Gareck hob seinen Kopf und blickte Marin an.
In diesem Moment begriff er, was sich vor dem Tor abspielte.

Gareck sah noch, wie Lorin und der Protokoll-Roboter durch den künstlichen Horizont sprangen. Dann waren sie verschwunden.

»Soll ich abschalten? «, fragte Gareck irritiert.

»Das ist jetzt zu spät«, erwiderte Marin.

Gareck schlug mit seiner Faust auf einen roten Buzzer. Ein greller Ton durcheilte die Halle. Er wurde an alle Leitstellen der EWK übertragen

Der kommandierende Offizier der Basis Europa meldete sich auf seinem Communicator.

»Was hat den Alarm ausgelöst? «, fragte er.

»Wir haben eine massive Verletzung der Sicherheits-Vorschriften«, antwortete Marin. « Ich muss einen unbefugten Eintritt in den Transmitter-Wurmloch- nach Redartan melden. «

»Schalten sie sofort das Gerät ab«, befahl der kommandierende Offizier. »Versiegeln sie den Durchgang und sichern sie den künstlichen Horizont mit Natrid-Stahlplatte. Niemand darf von außen zu uns eindringen. «

Vorschau:

www.ingramcontent.com/pod-product-compliance
Lightning Source LLC
Chambersburg PA
CBHW070218190526
45169CB00001B/11